教育部全国职业教育与成人教育教学用书规划教材
"十一五"全国高校动漫游戏专业骨干课程权威教材

Web Design & Computer Arts

中文版 Photoshop CS4
手绘艺术技法

编著／张丕军　杨顺花

海洋出版社
2010年·北京

内 容 简 介

本书由 Photoshop CS4 手绘艺术设计专家精心编写，通过 42 个典型而时尚的案例、8 个精彩生动的视频讲解，帮助读者快速掌握使用中文版 Photoshop CS4 绘制插画、动物画、植物画、风景画、人物画以及商业绘画的技法。

本书包括两部分内容，共分为 8 章。第一部分为基础篇，包括第 1～2 章，主要介绍 Photoshop CS4 的相关工具以及功能在手绘方面的具体应用技巧。第二部分为绘画篇，包括第 3～8 章，主要介绍如何应用 Photoshop CS4 的功能来绘制插画、动物画、植物画、风景画、人物画、游戏场景以及商业绘画等。整个学习流程联系紧密，范例环环相扣，一气呵成！配合本书配套光盘的多媒体视频教学课件，让您在掌握各种创作技巧的同时，享受无比的学习乐趣！

超值 1CD 内容： 8 个完整影音视频文件+作品与素材+优秀手绘作品欣赏

读者对象： 适用于电脑手绘的初、中级读者，专业从事商业绘画或希望从事绘画的人员、广告设计与平面设计人员学习使用，也可作为大中专院校电脑艺术专业及社会各类艺术设计类培训班的教材。

图书在版编目(CIP)数据

中文版 Photoshop CS4 手绘艺术技法/张丕军，杨顺花编著. —北京：海洋出版社，2010.10
ISBN 978-7-5027-7844-6

Ⅰ.①中… Ⅱ.①张…②杨… Ⅲ.①图形软件，Photoshop CS4 Ⅳ.①TP391.41

中国版本图书馆 CIP 数据核字（2010）第 183698 号

总 策 划：刘 斌	发 行 部：(010) 62174379（传真）(010) 62132549
责任编辑：刘 斌	(010) 62100075（邮购）(010) 62173651
责任校对：肖新民	网 址：www.oceanpress.com.cn
责任印制：刘志恒	承 印：北京盛兰兄弟印刷装订有限公司
排 版：海洋计算机图书输出中心 晓阳	版 次：2010 年 10 月第 1 版
	2010 年 10 月第 1 次印刷
出版发行：海洋出版社	开 本：787mm×1092mm 1/16
地 址：北京市海淀区大慧寺路 8 号（705 房间）	印 张：18.5 （全彩印刷）
100081	字 数：420 千字
经 销：新华书店	印 数：1～4000 册
技术支持：(010) 62100055	定 价：68.00 元（含 1CD）

本书如有印、装质量问题可与发行部调换

编者按

21世纪，是电脑时代，是网络经济时代，也是电脑艺术设计时代。电脑艺术设计已经渗入到社会的方方面面，正深刻地影响和改变着我们的生活方式和思维方式。

电脑艺术设计是在计算机应用技术的基础上渗透了影视、美术等艺术类专业的特长，是艺术与计算机技术的融合。电脑艺术技术的发展也是社会诸多行业的发展需要所致，如电脑平面设计行业、计算机辅助设计行业、广告策划与设计行业、电脑美术制作行业和电脑影视制作行业等。

在激烈的市场竞争中，无论是国际还是国内企业，都把提高电脑艺术设计水平作为提升企业竞争力的一种手段，从纸介质出版物、报纸到杂志，从品牌到包装，从广告到形象设计，从光介质电影、电视、多媒体到网络出版，电脑艺术设计的功能和作用正不断放大，其影响力和创造力为企业、社会和个人提供了无限的商机！

当前，各行各业严重短缺电脑艺术设计人才。据有关部门统计，目前全国从事电脑艺术设计的专业人才数十万人，仅上海的企事业单位的电脑艺术设计人才需求缺口就近十万个。

知识经济的核心是科技，发展科技的关键是人才，而培养人才的核心内容之一是教材。为满足社会对电脑艺术设计人才严重短缺的需求，为让更多的人在较短时间内通过课堂教学、自学或培训班学习来掌握电脑艺术设计的原理和技能、成为适应新世纪用人需求的电脑艺术设计人才，海洋出版社与北京电影学院联合策划，组织一大批长期从事一线电视台、企业进行项目开发资深专家和在高等院校从事一线教学的专业教师，共同开发和编写了这套"高等院校电脑艺术设计专业教材"，包括电脑平面设计、电脑广告设计、电脑美术设计、电脑特效和电脑影视后期处理等专著。整套教材主导思路是理论基础与实践操作紧密结合，重点培养读者的动手能力，边讲解边操练，范例选材时尚、步骤详细，直接教授正确设计一个优秀作品的全过程，"授人以渔"；配套光盘是书中典型范例具体实现步骤的全程录屏动画教学，所见所得，在轻松的学习环境下掌握数十种产品的设计方法和技巧，对读者深入了解、学习和掌握电脑艺术设计的理论基础和方式方法、提高自身电脑艺术设计能力、启迪智慧和灵感、勇于创新大有益处。

当然，由于时间的紧迫以及电脑艺术设计行业本身的复杂性，在编写过程中肯定存在着诸多的不足和纰漏，恳请广大专家、同行批评指正。

电脑艺术设计行业技术方兴未艾，人才需求巨大，前景十分广阔，殷切期盼天下各路电脑艺术设计行家里手共同携手，贡献经验和智慧，开创我国更加灿烂美好的电脑艺术设计事业！

前　言

　　在科技发达的今天，人们开始将传统的手工绘画改为电脑绘画。使用电脑绘画可以不使用颜料与画纸，更不需要画错了就得重画一张。因为在电脑里已经为我们准备了各种各样的纸张与颜料，而且画错了可以随时更改，随时修复，颜色也可以大胆的使用，一但出错马上就可更改。使用电脑绘画能使我们发挥最大的想象力，从而创作出更优美的画。

　　Photoshop CS4 是Adobe公司开发的基于位图图像的优秀图像处理与绘画软件，是现在应用最为广泛的一种平面设计软件，被极为广泛地应用于广告设计、CI策划、多媒体制作、插画、绘画等行业。亲切的操作界面以及强大的功能使得几乎每一位从事出版印刷的设计者、平面设计师、插画师、绘画工作者、专业的广告创意家等都要对其进行了解和学习。它也无所不在地展示着惊人的适应力和创造力。

　　本书主要讲解如何使用Photoshop CS4软件来绘制插画、动物、植物、风景画、人物与商业绘画等。

　　全书共分为以下两部分。

　　第1部分：基础篇，包括第1～2章，主要介绍Photoshop CS4的基础知识。包括绘画的基础知识，如色彩、色彩模式与分辨率、图像格式等；绘画工具的操作与应用，绘画常用命令与功能的使用。

　　第2部分：绘画篇，包括第3～8章，主要介绍如何应用Photoshop CS4的功能来绘制插画、动物、植物、风景画、人物与商业绘画等。

　　本书突出理论与实践相结合，内容全面、语言流畅、结构清晰、实例精彩，从软件基础知识着手，利用丰富而精彩的实例讲解如何应用Photoshop CS4进行绘画与创作。其中大部分内容在培训班上使用过，能学以致用。

编　者

Hand-drawn Art Techniques

| Photoshop |

中文版Photoshop CS4手绘艺术技法
Hand-drawn Art Techniques

效果图鉴赏

替换手绘作品颜色　***P15***

选取图像内容　***P26***

使用钢笔工具绘制风景画　***P32***

填充渐变　***P39***

效果图鉴赏

为图像加上文字　***P41***

绘制时尚插画　***P90***

绘制绘图本风格插画　***P103***

绘制好的美丽公主　***P104***

绘制山水风景画　***P109***

绘制游戏场景　***P116***

中文版Photoshop CS4手绘艺术技法

Hand-drawn Art Techniques

绘制山野风景画 *P130*

绘制花卉 *P145*

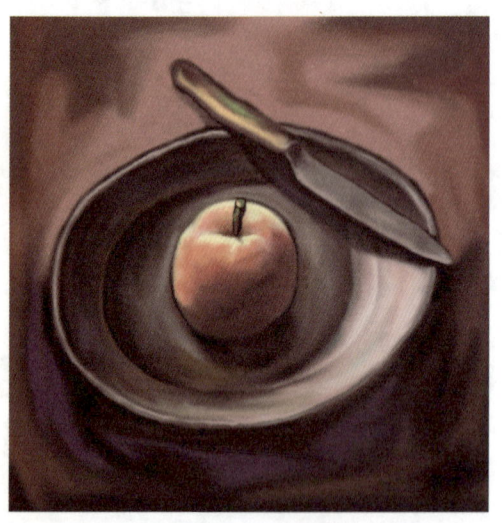

静物写生 *P148*

绘制蝴蝶 *P158*

绘制老虎 *P167*

绘制美女 *P189*

效果图鉴赏

手绘卡通效果　**P201**

绘制酒杯　**P209**

绘制花瓶　**P216**

绘制小轿车　**P227**

绘制CD盒封面　**P230**

绘制包装效果图　**P257**

目 录 Contents

第1部分　基础篇

第1章　手绘基础 2
1.1　什么是色彩 2
1.2　色彩的视觉原理 3
　　1.2.1　光与色 3
　　1.2.2　物体色 4
　　1.2.3　显示器色彩 5
1.3　什么是色彩的语言 5
1.4　色彩与印刷设计 7
1.5　色彩模式与分辨率 8
　　1.5.1　色彩模式 8
　　1.5.2　分辨率 9
1.6　图像格式 10
1.7　色彩在手绘方面的应用 10
　　1.7.1　调整手绘作品的色彩 ... 10
　　1.7.2　替换手绘作品中的颜色 ... 12
　　1.7.3　调整手绘作品的明暗度 ... 15
　　1.7.4　颜色校对 17
1.8　本章小结 17
1.9　上机练习题 17

第2章　Photoshop CS4的手绘工具与功能 18
2.1　Photoshop CS4的基本操作 18
　　2.1.1　新建文件 18
　　2.1.2　打开文件 18
　　2.1.3　保存文件 19
　　2.1.4　改变图像大小与分辨率 ... 20
　　2.1.5　修改画布大小 22
　　2.1.6　复制文件副本 23
　　2.1.7　修改错误方法 23

目录

2.2	移动工具	24
2.3	选框工具	25
2.4	魔棒工具	26
2.5	画笔工具	27
2.6	钢笔工具	32
2.7	渐变工具	35
2.8	橡皮擦工具	37
2.9	文字工具	39
2.10	减淡与加深工具	41
2.11	涂抹工具	42
2.12	【羽化】命令	45
2.13	【色相/饱和度】命令	46
2.14	【曲线】命令	47
2.15	【色彩平衡】命令	48
2.16	滤镜命令	49
2.17	【图层】调板与添加图层蒙版	51
2.18	【通道】调板	55
2.19	【历史记录】调板	56
2.20	【路径】调板	59
2.21	本章小结	60
2.22	上机练习题	61

第2部分　绘画篇

第3章　绘制插画 64

3.1	插画的概念	64
3.2	插画的应用范围	64
3.3	插画技法	65
3.4	绘制插画的软件工具	65
3.5	绘制时尚插画	67
3.6	绘制绘图本风格的插画	90
3.7	本章小结	103
3.8	上机练习题	103

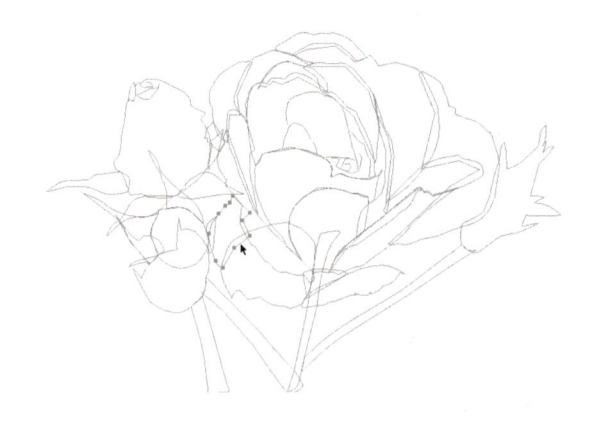

第4章　绘制风景画 105

4.1	风景画简介	105
4.2	绘制山水风景画	105
4.3	绘制游戏场景	109
4.4	绘制山野风景画	116
4.5	本章小结	130
4.6	上机练习题	130

第5章　绘制静物画 132

5.1	静物画简介	132
5.2	绘制花卉	133
5.3	静物写生	145
5.4	本章小结	148
5.5	上机练习题	148

第6章　绘制动物 149

6.1	怎样绘制动物	149
6.2	绘制蝴蝶	149
6.3	绘制老虎	158
6.4	本章小结	168
6.5	上机练习题	168

第7章 绘制人物画 169

- 7.1 人物画简介 169
- 7.2 绘制美女 170
- 7.3 把照片变成手绘卡通效果 189
- 7.4 本章小结 201
- 7.5 上机练习题 201

第8章 商业绘画 203

- 8.1 关于商业绘画 203
- 8.2 绘制酒杯 203
- 8.3 绘制花瓶 209
- 8.4 绘制小轿车 216
- 8.5 绘制CD盒封面 227
- 8.6 绘制CD盘面 230
- 8.7 CD盒封面立体效果 238
- 8.8 绘制包装效果图 243
- 8.9 绘制美少女战士 258
- 8.10 本章小结 281
- 8.11 上机练习题 281

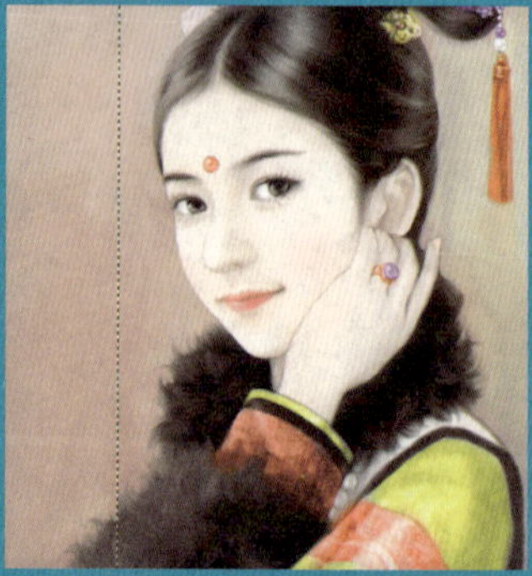

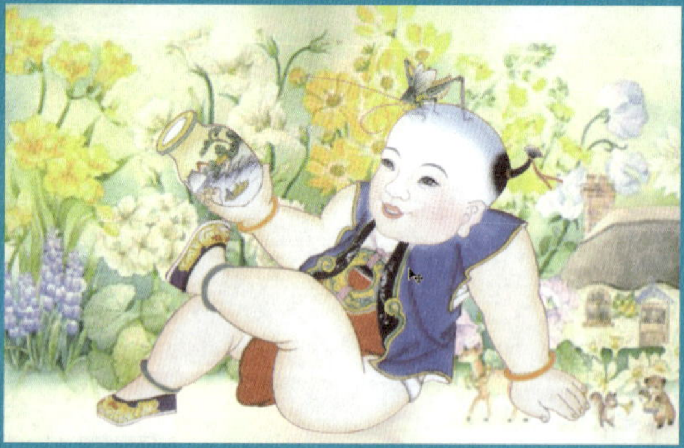

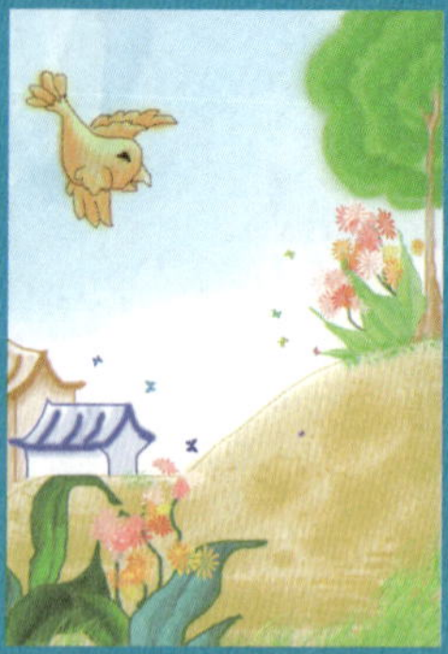

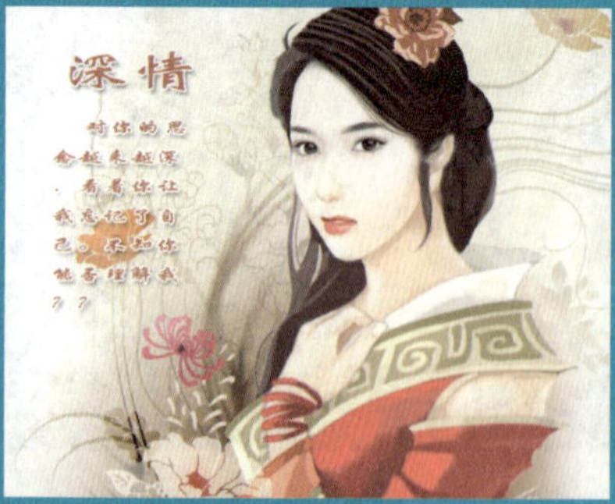

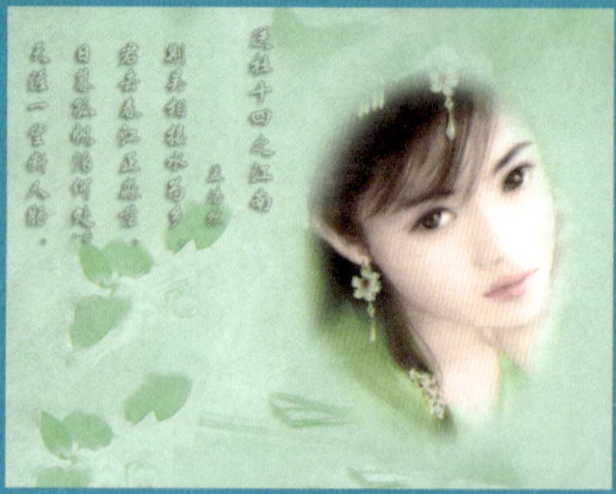

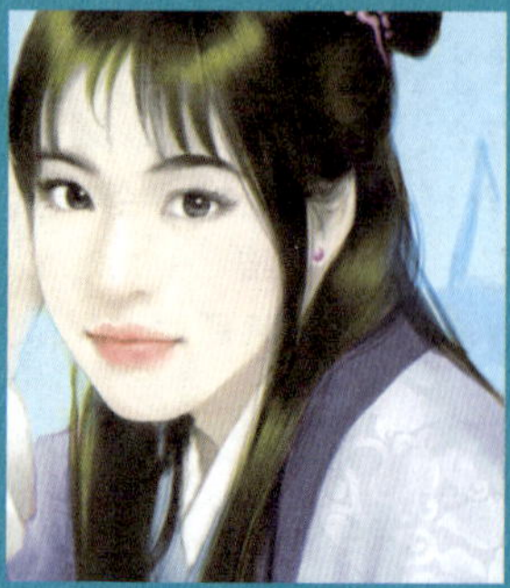

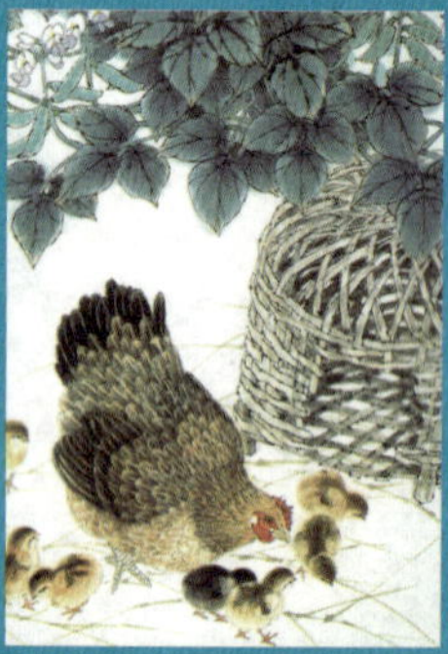

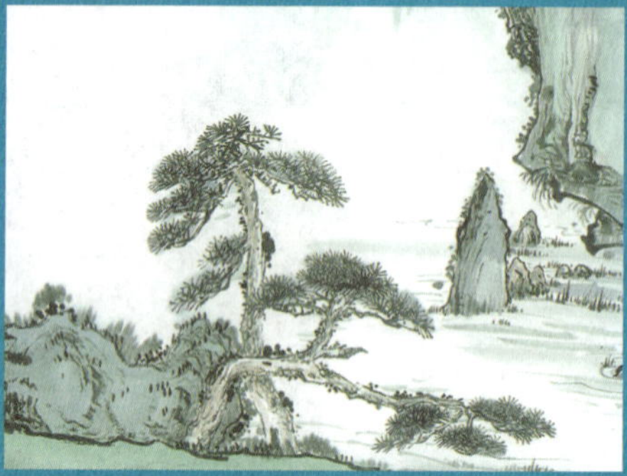

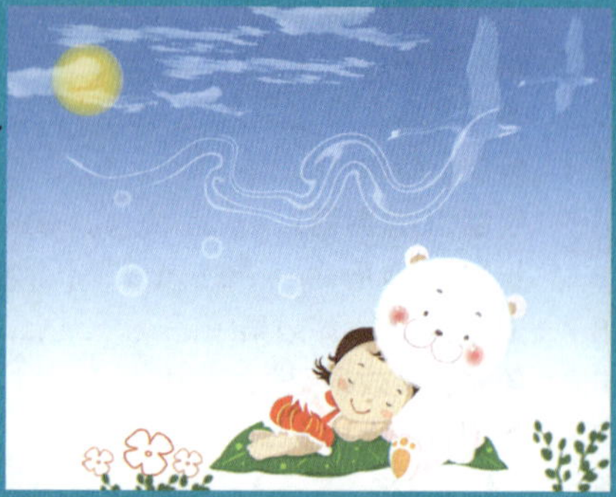

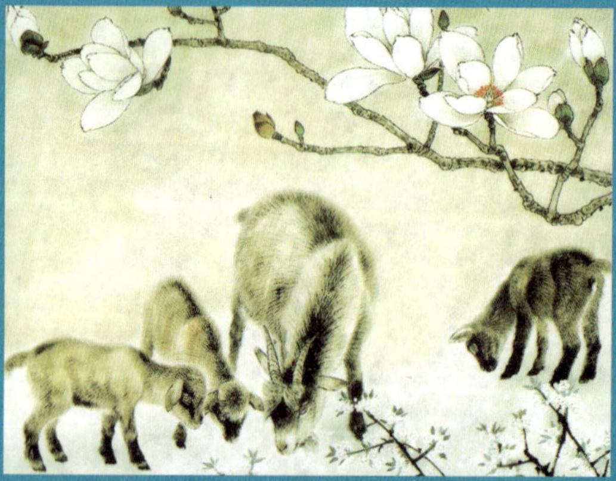

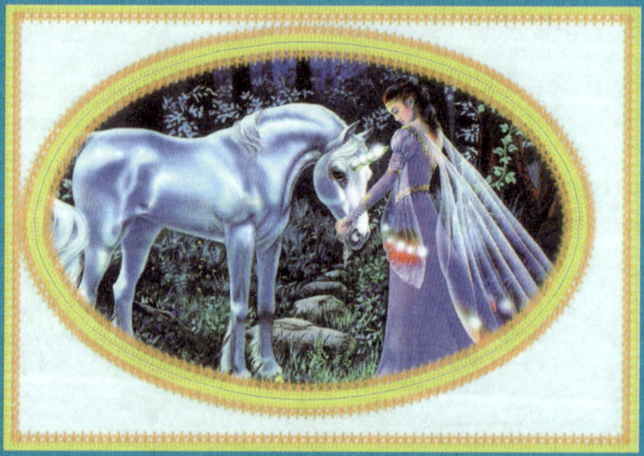

第 1 部分
基础篇

- 第 1 章　手绘基础
- 第 2 章　Photoshop CS4 的手绘工具与功能

第1章 手绘基础

本章提要

本章重点讲解手绘（也就是鼠绘）电脑作品的基础知识。主要讲解了什么是色彩，色彩的视觉原理，什么是色彩的语言，色彩与印刷设计，色彩模式与分辨率，图像格式，以及色彩在手绘方面的应用；这些都是值得大家学习的美术知识。只有在理解的基础上，才能更好地设计与绘制出优美的作品。

1.1 什么是色彩

色彩是很微妙的东西，它们本身的独特表现力可以产生一种刺激人们大脑中对某种形式存在的物体的共鸣，展现出对待生活的新的看法与态度，它可以扩大我们创作的想象空间，赋予创作的新的不定性。

色彩可分为无彩色与有彩色两大类，无彩色包括黑、白、灰，如图1-1所示；有彩色包括红、橙、黄、绿、蓝、紫等彩色，如图1-2所示。

图1-1 无彩色图像

图1-2 有彩色图像

有彩色是指具备光谱上的某种或某些色相，统称为彩调。与此相反，无彩色没有彩调。

无彩色有明有暗，表现为白与黑，也称为色调。有彩色表现很复杂，但可以用三组特征值来确定。第一组是彩调，也就是色相；第二组是明暗，也就是明度；第三组是色彩强度，也就是纯度、彩度。明度、色相、强度确定色彩的状态，称为色彩的三属性。明度与色相合并为二线的色彩状态，称为色调。

（1）色相（Hue），也叫色调，指颜色的种类和名称，是一种颜色区别于其他颜色的因素，如红、橙、黄、绿、青、蓝、紫等，如图1-3所示。色相和色彩的强弱及明暗没有关系，只是纯粹表示色彩相貌的差异。

图1-3 色相示意图

（2）明度（Value），也叫亮度，是指人们所感知到的色彩的明暗程度，没有色相和饱和度的区别。不同的颜色，反射的光量强弱不一，因而会产生不同程度的明暗，如图1-4所示。

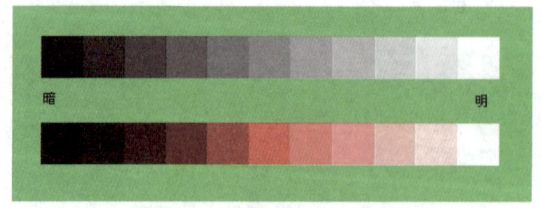

图1-4 明度示意图

（3）纯度（Chroma），也叫饱和度，是指色彩的鲜艳程度。如果某一种颜色不含白色或黑色，则它就是原色，原色彩度最高。如某一鲜亮的颜色，由于加入了白色或者黑色，因而纯度就会变低，如图1-5所示。

图1-5 纯度示意图

在生活中所见的色彩都是由三种色光或三种颜色组成，由于它们本身不能再拆分出其他的颜色成分，因此被称为三原色。而三原色由于表色介质不同被分为色光三原色和色料三原色。色光三原色包括红色（Red 简称 R）、绿色（Green 简称 G）、蓝色（Blue 简称 B），色料三原色包括黄（Yellow 简称 Y）、品红（Magenta 简称 M）、青（Cyan 简称 C）。

原色是指某种表色体系的基本颜色，即由它们可以匹配出成千上万种颜色。作为原色的颜色是有一定要求的，并不是任何一种颜色都能称作原色。作为原色的条件是：

1）原色是不能互相之间匹配的。例如，青不能由黄和品红混合而成。

2）原色的不同比例的混合能再现许许多多的其他颜色。

将红色（Red）、绿色（Green）、蓝色（Blue）三种颜色等量混合，可以混合出白色，如图1-6所示。

图1-6 三原色混合

将黄（Yellow）、品红（Magenta）、青（Cyan）三种颜色等量混合，可以混合出黑色，如图1-7所示。

图1-7 三原色混合

1.2 色彩的视觉原理

色彩的视觉原理包括的内容有光与色、物体色和显示器色彩等。

1.2.1 光与色

光色并存，有光才有色。色彩感觉离不开光。有了光我们就可以看到世间的事物了，而且还能通过颜色或形状来区分它们，如图1-8所示。没有光什么也看不见，更别谈什么颜色了。

图1-8 光与色的效果图

1. 光与可见光谱

光在物理学上是一种电磁波。在0.39微米～0.77微米波长之间的电磁波，才能引起人们的色彩视觉感受，此范围称为可见光谱，如图1-9所示。波长大于0.77微米的电磁波称为红外线，波长小于0.39的电磁波称为紫外线。其中0.77～0.622微米，感觉为红色；0.622～0.597微米，感觉为橙色；0.597～0.577微米，感觉为黄色；0.577～0.492微米，感觉为绿色；0.492～0.455微米，感觉为蓝靛色；0.455～0.39微米，感觉为紫色。

图1-9 光谱图

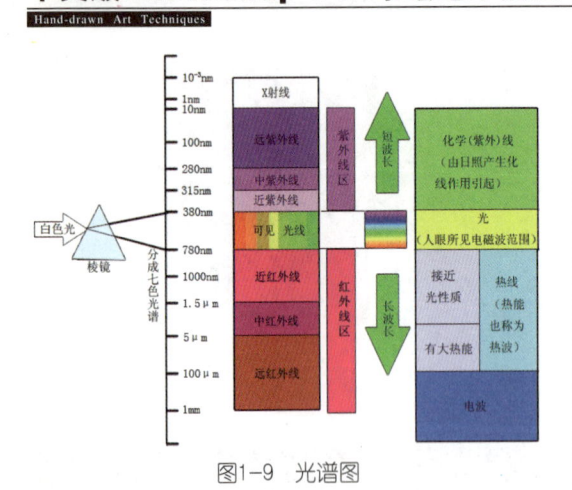

> **提示**
>
> nm即纳米，1纳米=1毫微米（即十亿分之一米）。

可见光是电磁波谱中人眼可以感知的部分，可见光谱没有精确的范围；一般人的眼睛可以感知的电磁波的波长在400～700纳米之间，但还有一些人能够感知到波长大约在380～780纳米之间的电磁波。正常视力的人眼对波长约为555纳米的电磁波最为敏感，这种电磁波处于光学频谱的绿光区域。

人眼可以看见的光的范围受大气层影响。大气层对于大部分的电磁波辐射来讲都是不透明的，只有可见光波段和其他少数如无线电通讯波段等例外。不少其他生物能看见的光波范围跟人类不一样，例如包括蜜蜂在内的一些昆虫能看见紫外线波段，对于寻找花蜜有很大帮助。

2. 光的传播

光是以波动的形式进行直线传播的，具有波长和振幅两个因素。不同的波长长短产生色相差别。不同的振幅强弱大小产生同一色相的明暗差别。光在传播时有直射、反射、透射、漫射、折射等多种形式。光直射时直接传入人眼，视觉感受到的是光源色。当光源照射物体时，光从物体表面反射出来，人眼感受到的是物体表面色彩。当光照射时，如遇玻璃之类的透明物体，人眼看到是透过物体的穿透色。光在传播过程中，受到物体的干涉时，则产生漫射，对物体的表面色有一定影响。如通过不同物体时产生方向变化，称为折射，反映至人眼的色光与物体色相同。

1.2.2 物体色

自然界的物体五花八门、变化万千，它们本身虽然大都不会发光，但都具有选择性地吸收、反射、透射色光的特性。当然，任何物体对色光不可能全部吸收或反射，因此，实际上不存在绝对的黑色或白色。

常见的黑、白、灰物体色中，白色的反射率是64%～92.3%；灰色的反射率是10%～64%；黑色的吸收率是90%以上。

物体对色光的吸收、反射或透射能力，很受物体表面肌理状态的影响，表面光滑、平整、细腻的物体，对色光的反射较强，如镜子、丝绸织物、磨光石面等，如图1-10所示。表面凹凸、粗糙、疏松的物体，易使光线产生漫射现象，故对色光的反射较弱，如海绵、呢绒、毛玻璃等，如图1-11所示。

图1-10 物体对色光反射较强的示例图

图1-11 物体对色光反射较弱的示例图

物体对色光的吸收与反射能力虽然是固定不变的，而物体的表面色却会随着光源色的不同而改变，有时甚至失去其原有的色相感觉。所谓的物体"固有色"，实际上不过是常光下人们对此的习惯而已。如在闪烁、强烈的各色霓虹灯光下，所有建筑及人物的服色几乎都失去了原有本色而显得奇异莫测。另外，光照的强度及角度对物体色也有影响。如图1-12所示的为灯光中的景色与物品。

图1-12　灯光中的景色与物品

1.2.3　显示器色彩

了解了物体的色彩是对色光反射的结果，那么计算机显示器的色彩又是如何产生的呢？传统的彩色显示器（CRT显示器）产生色彩的方式类似于大自然中的发光体。CRT显示器是目前应用最广泛的显示器之一，CRT纯平显示器具有可视角度大、无坏点、色彩还原度高、色度均匀、可调节的多分辨率模式、响应时间极短等LCD显示器（液晶显示器）难以超过的优点，而且现在的CRT显示器价格要比LCD显示器便宜不少。

在显示器内部有和电视机一样的显像管，当显像管内的电子枪发射出的电子流打在荧光屏内侧的磷光片上时，磷光片就产生发光效应。三种不同性质的磷光片分别发出红、绿、蓝三种光波，计算机程序量化地控制电子束强度，由此精确控制各个磷光发射光波的波长，再经过合成叠加，就模拟出自然界中的各种色光。如图1-13所示的显示器的色彩。

图1-13　显示器的色彩

1.3　什么是色彩的语言

当人看到不同颜色时会产生不同的情感，我们叫它为色彩的语言。

（1）红色：红色是一种给人充满激情、活力并能传递积极喜庆的氛围，但有时也会给人有暴力，容易冲动的感觉，它属于暖色系，不同的彩度和明度的红色，给人的感觉也会不一样，如图1-14所示。

图1-14　红色调图像

(2) 黄色：黄色会给人快乐、光明、纯真、活泼高贵的感觉，它和白色搭配时会给人惨淡无力的感觉；和黑色搭配会给人积极、强劲的感觉；和褐色搭配会有病态感；和红色搭配会有喜庆、喧闹的感觉，如图1-15所示。

(3) 绿色：绿色是一种温和、平静健康的颜色，给人年轻、希望活力的感觉，象征着和平，如图1-16所示。

(4) 蓝色：蓝色会有很强的收缩感，饱和的蓝色会给人理智、深邃、永恒、保守冷酷的感觉。黄色和蓝色搭配会比较自信，和紫色搭配会有退缩、无能感，和橙色搭配会很迷人，如图1-17所示。

(5) 紫色：由于紫色是由蓝色和红色组成，它既有红色的热情，又有蓝色的理智，具有矛盾的性格，因此比较神秘。高彩度的紫色会表现高贵神秘，有压抑、傲慢、哀悼的心里感受。偏红时会有娇艳甜美的心里感受；当紫色倾向于蓝色时会给人孤寂、冷酷的感觉。浅紫色会给人优雅浪漫、含蓄甜美感。因此紫色调有很强的可塑性，如图1-18所示。

(6) 橙色：由于橙色是由红色和黄色组成，高彩度的橙色会给人活泼，富丽辉煌的感觉，由于红色和黄色都是暖色，因此，橙色会给人十分温暖以及燥热感，如图1-19所示。

图1-15 黄色调图像

图1-16 绿色调图像

图1-17 蓝色调图像

图1-18 紫色调图像

图1-19　橙色调图像

总之，颜色的种类很多，语言也很丰富，这只是一些基本色彩的常见语言，了解这些，无论是对我们的工作还是创作都非常有用。

不同色度的色彩可以唤起与人们生活经验相关的各种联想，如服装直接服务于人，对于色彩的调配选择具有极大的弹性空间，精美的图案色彩可以赋予服装难以预想的魅力。色彩作为物质的表象之一，给人们带来的视觉印象，最为深刻也最富有冲击力，加上各种不同的色彩又具有不同的象征意义，决定了色彩是所有时尚元素中最能反映人们消费心理的元素之一，对消费者来讲最终选择的决定因素是型与色两种因素。

一旦色彩与人们的生活发生联系之后，便成了人们表达情感的工具。每种颜色都可以通过最佳的款形或方式得到美的最大发挥，是设计师必须具备的视觉色彩语言能力。一个好的设计师首先得是一个好的色彩设计师。远观见色近看花，色彩是设计的生命与灵魂。

1.4　色彩与印刷设计

色彩和印刷的关系非常亲密，通常最易出问题的是印刷品的印刷色彩效果并不如设计师心中所想。因此，作为一个设计师应该多了解一些印刷方面的知识。如所设计的作品要用何种印刷物料和印刷方法。同样的油墨以不同的物料、不同厚薄的纸张印刷，所得的色彩效果肯定不同；即使物料相同，但以不同的印刷方法去印刷，油墨的厚度会不同。

有经验的设计师，事前会就承印物的特点、油墨的使用及印刷方法等各方面考虑，设计时尽可能配合客观条件；另一方面，设计师也应多与印刷师傅沟通，互相了解，才可尽量减低失误的程度。

大自然为我们展示了色彩缤纷的世界，千变万化的色彩搭配使世界充满活力；同样，一个成功的色彩设计，它也拥有生命力，可以感染观众情绪。

图1-20所示的为色彩在商业中的实际应用。

图1-20　色彩在商业中的实际应用

1.5 色彩模式与分辨率

色彩模式与画面的分辨率是电脑绘画的重要元素。特别是位图图像与分辨率有着很大的关系。因此，在绘画之前要先了解色彩模式和分辨率的含义，并正确地对其进行设置，这样才能绘画出令人满意的作品。

1.5.1 色彩模式

在 Photoshop 中，图像的色彩模式有 RGB 模式、CMYK 模式、HSB 模式、GrayScale 模式以及其他色彩模式。在设计图像时采用什么模式要看设计图像的最终用途。如果设计的图像是要印刷，则最好采用 CMYK 色彩模式，这样在屏幕上所看见的颜色和输出印刷的颜色比较接近。如果图像是灰色的，则用 GrayScale 模式较好，因为即使是用 CMYK 色彩模式表达图像，看起来仍然是中性灰颜色，但其磁盘空间却大得多。另外灰色图像要印刷的话，如用 CMYK 模式表示，出菲林及印刷时有 4 个版，费用大不说，还可能会引起印刷时灰平衡控制不好时的偏色问题，当有一色印刷墨量过大时，会使灰色图像产生色偏。如果设计的图像是用于电子媒体显示（如网页、录像等），图像的色彩模式最好用 RGB 模式，因为 RGB 模式的颜色更鲜艳、更丰富，画面也更好看些。并且图像的通道只有 3 个，数据量小些，所占磁盘空间也较少。

1. RGB色彩模式

RGB 是色光的彩色模式，R 代表红色，G 代表绿色，B 代表蓝色。三种色彩相叠加形成了其他的色彩。日常生活中我们见到的颜色都是由物体吸收、反射光线形成的。所有的显示设备，包括显示器、电视机甚至手机彩屏都是基于 RGB 模式显示颜色的，即屏幕通过发射不同组合的红、绿、蓝光线使人们看到色彩。在 Photoshop 中，每一种基色的取值范围都是 0～255（如图 1-21 所示），通过改变每种基色的参数值就可以得到不同的颜色，一共可产生 16581375 种颜色。RGB 是一种加色模式，当所有基色的值都是 255，即所有基色以最大值相叠加时就产生白色；而当所有基色的值都是 0，即所有基色以最小值相叠加时则为黑色。基色值越大，颜色越亮；基色值越小，颜色越暗。

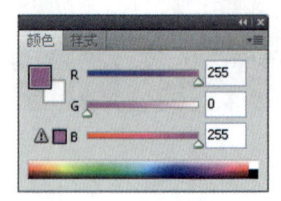

图1-21　RGB示意图

在 Photoshop 中默认的色彩模式为 RGB 模式。图像在 RGB 模式下运行速度较快，占用空间较小，并且可以使用所有的工具与滤镜。需要注意的是，RGB 色彩表现与设备有关，即使是同一幅画，用不同的显示设备显示，其显示的效果也各不相同。

RGB 模式的色光范围要比颜料的范围大，很多在显示器上看到的颜色用打印机或印刷机都无法打印与印刷，所以 RGB 模式仅适用于屏幕显示。

2. CMYK色彩模式

当阳光照射到一个物体时，这个物体将吸收一部分光线，并将剩下的光线进行反射。反射的光就是所有见到的物体颜色，这是一种减色色彩模式。不但我们看物体的颜色时用到了这种减色模式，而且在纸上印刷时应用的也是这种减色模式。按照这种减色模式，就演变出了适合于印刷的 CMYK 模式。

CMYK 模式是印刷技术的基础，电脑中绘制或处理的图像，如果要印刷出来就得将其转换为 CMYK 模式。

基于光的原理，印刷中使用了青（Cyan）——红的补色，品红（Magenta）——绿的补色，黄（Yellow）——蓝的补色作为三原色，每一种颜色范围值用百分比来表示。当三原色都为 0% 时，即没有颜色，因而显示颜色为白色；当三原色都为 100% 时，叠加出的颜色为黑色。尽管理论上由三原色即可调出所有的颜色，但用三原色叠加出的黑色并不是纯黑色，所以单独添加了黑色（Black）以调和色彩，为了与蓝色（B）区分开来，所以黑色的简写字母为 K，如图 1-22 所示，由此就产生了 CMYK 的印刷原理。

手绘基础 **第1章**

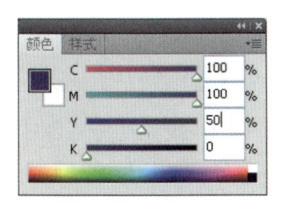

图1-22 CMYK示意图

CMYK模式的图像占用空间比较大，而且有许多滤镜在CMYK模式下不能使用。因此，一般先用RGB颜色绘画，待要印刷时再将其转换为CMYK模式。

3. HSB色彩模式

这是根据人体视觉而开发的一套色彩模式，它是最接近人类大脑对色彩辨认思考的模式。许多用传统技术工作的画家或设计者习惯使用此种模式，如图1-23所示。在HSB色彩模式中，H代表色相，S代表饱和度，B代表亮度。

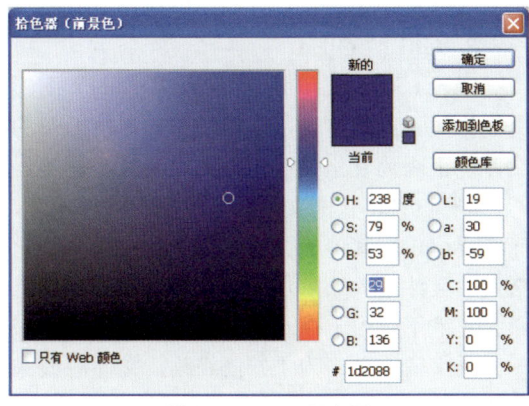

图1-23 HSB示意图

在饱和度和明度表中，左上角显示的是饱和度为0，明度为100；右上角显示的饱和度为100，明度为100；左下角显示的是饱和度为0，明度为0；右下角显示的是饱和度为100，明度为0。

由于电脑显示的颜色范围很广，因此，许多初学者会不自觉的选择纯度非常高的颜色来绘画。但实际上，由于印刷设备的限制和人类感官的特点，纯度过高的作品往往效果并不理想，所以，无论是在设计还是绘图过程中，应该尽量少使用饱和度和明度太高的颜色。

1.5.2 分辨率

分辨率（Resolution）是一个量，以每英寸多少个像素的形式来表示。

通常情况下高分辨率的图像比相同尺寸的低分辨率的图像包含的像素多，图像信息也较多，表现细节更清楚，同样大小的文字，在分辨率高的图像中所用的字体大小要小，分辨率低的图像中所用的字体大小要大，如图1-24所示，这也就是考虑输出因素确定图像分辨率的一个原因。如一幅图像若用于在屏幕上显示，则分辨率为72像素/英寸或96.012像素/英寸（新型显示器默认分辨率）即可；若用于600dpi的打印机输出，则需要150像素/英寸的图像分辨率；若要进行印刷，则需要300像素/英寸的高分辨率才行。图像分辨率设定应恰当：若分辨率太高的话，运行速度慢，占用的磁盘空间大；若分辨率太低的话，影响图像细节的表达，达不到相应的质量要求。

图1-24 分辨率比较图

在Photoshop中，分辨率需要在新建图像时就设置好，如图1-25所示。

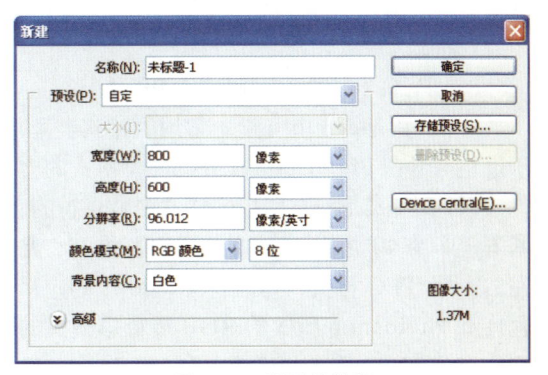

图1-25 设置分辨率

9

尽管位图图像是分辨率越高，位图图像就越清楚，但是分辨率并不是越高就越好。过高的分辨率会影响电脑的运行速度，并且占用的空间也大。

当我们准备在电脑中绘制作品时，先要考虑到该作品是用来作什么的，输出设备将是什么，再设置所需的分辨率。

印刷时分辨率达到300dpi，即可印刷出令人满意的效果。如果同样是A4纸，分辨率为300 dpi与分辨率为600dpi印刷出来的效果相差无几，用肉眼看不出什么区别。

1.6　图像格式

图像格式是指电脑识别、存储图像信息的格式。Photoshop支持几十种图像格式，下面只介绍几种常用的格式。

1. PSD（*.psd；*.pdd）

PSD文件格式是Photoshop软件专用的文件格式。它们是Adobe公司优化格式后的文件，能够保存图像数据的每一个细小部分，包括层、附加的蒙版通道以及其他少数内容。缺点是使用这两种格式存储的图像文件特别大。

2. TIFF（*.TIF;*.TIFF）

TIFF（Tag Image Filej Format）直译为标签图像文件格式。由Aldus为Macintosh机开发的文件格式。目前，它是Macintosh和PC机上使用最广泛的位图格式，它使用了一种"Lossless"无损失的压缩方案LZW（Lempeziv-Welch）压缩方案。在Photoshop中，TIFF格式已支持到了24个通道，它是除Photoshop自身格式外唯一能存储多个通道的文件格式。

3. JPEG（*.JPG;*.JPEG;*.JPE）

JPEG是Macintosh机上常用的存储类型，不过也可以在Photoshop中开启此类格式的文件。JPEG格式是所有压缩的格式中最卓越的。基本上一个40兆的PSD文件可以压缩到2兆左右。用JPEG格式，可以将Windows的应用程序如Photoshop所做的RGB等色彩模式的文件存成JPEG格式，再输入到Macintosh机上做进一步处理。或将Macintosh制作的文件JPEG格式再现于PC机上。

4. BMP（*.BMP;*.RLE;*.DIB）

BMP是微软公司Paint的自身格式，可以被多种Windows和OSP应用程序所支持。在Photoshop中，最多可以使用16兆的色彩BMP图像。因此，BMP格式的图像可以具有极其丰富的色彩。

5. TGA（*.BMP;*.RLE;*.DIB）

TGA（TARGA）是由True Vision设计的图像格式此种格式支持了32位图像，其中包括8位Alpha通道用于显示实况电视。此格式已经广泛地应用于PC机领域，而且该种格式的文件Windows与3DS相互交换图像成为可能。可以在3DS中生成色彩丰富的TGA文件，然后在Windows的应用程序中，Photoshop、Frechard、Painter等程序中都可调出此种格式文件来进行修改渲染。

6. GIF（*.GIF）

GIF（Graphics Interchange Format）图形交换格式，此类格式是一种压缩的8位图像的文件，正因为它是经过压缩的，而且又是8位的，所有这种格式的文件大多用在网络传输上，速度要比传输其他格式的图像文件快得多。此格式的文件最大缺点是最多只能处理256种色彩。它绝不能用于存储真彩的图像文件。

通常情况下，为了方便修改，文件应该保存为PSD格式。如果需要上传到网上，可以将其存储为一个低分辨率的JPG副本。如果需要印刷时，则应视具体情况可分别存储为用于PC平台或Mac平台的TIFF副本。

1.7　色彩在手绘方面的应用

使用色彩平衡命令可以调整图像中的颜色，使用渐变映射、替换颜色、匹配颜色等命令可以调整与更改图像中的颜色

1.7.1　调整手绘作品的色彩

通常一件产品会用不同颜色的包装，以适

合各类消费者的需求。同样一幅作品也可以有不同的颜色，以适合各类人的欣赏。下面就对已经绘制好的一幅作品进行色彩调整，以达到不同的效果。

上机练习 调整手绘作品的色彩

1. 从配套光盘的素材库中打开一个已经绘制好的手绘作品，如图 1-26 所示，并在【图层】调板中激活最上层的图层，如图 1-27 所示，按 Ctrl+Shift+Alt+E 键将所有可见图层合并为一个新图层，结果如图 1-28 所示。

图1-26 打开的作品

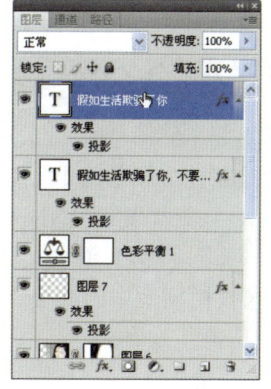

图1-27 选择图层

图1-28 合并所有可见图层为新图层

2. 在这里要改变图像的整体颜色，所以使用【渐变映射】命令将彩色图像改为双色调图像。在【图层】调板的底部单击 ⬤.（创建新的填充或调整图层）按钮，并在弹出的菜单中执行【渐变映射】命令，如图 1-29 所示，显示【调整】调板，在其中单击渐变条，弹出【渐变编辑器】对话框，在其中选择所需的渐变颜色，如图 1-30 所示，选择好后单击【确定】按钮，即可将手绘作品的颜色进行了更改，其画面效果如图 1-31 所示。

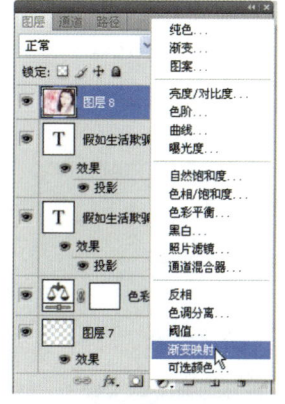

图1-29 选择【渐变映射】命令

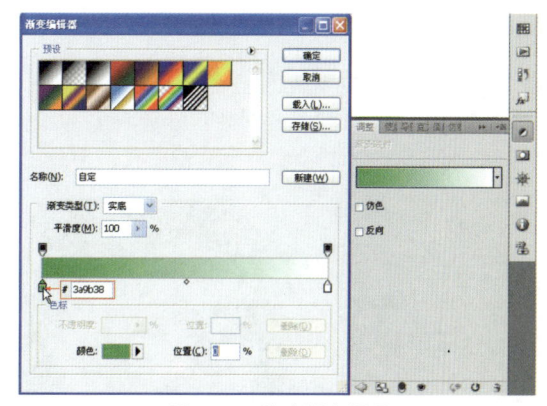

图1-30 改变渐变颜色

图1-31 调整颜色后的效果

3. 由于图像颜色还比较暗，而且绿色已经成了暗绿色，因此还需调整图像的色彩。在【图层】调板的底部单击 ◎.（创建新的填充或调整图层）按钮，在弹出的菜单中执行【色彩平衡】命令，显示【调整】调板，并在其中将青色—红色滑块向左拖至 –57，以添加青色，将洋红—绿色滑块向右拖至 +29，以添加绿色，将黄色—蓝色滑块向右拖至 –59，以添加黄色，如图 1–32 所示。这样，图像色彩就明朗多了，如图 1–33 所示。

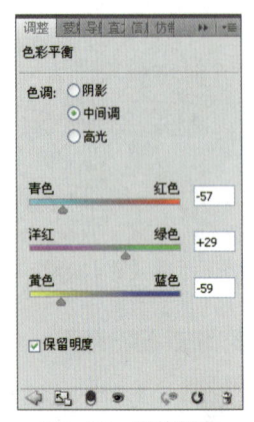

图 1–32　调整颜色

图 1–33　调整颜色后的效果

4. 如果要将图像调为黑白图像，在【图层】调板中将渐变映射与色彩平衡两个调整图层关闭，如图 1–34 所示，再单击底部的 ◎.（创建新的填充或调整图层）按钮，并在弹出的菜单中执行【黑白】命令，显示【调整】调板，在其中拖动滑杆上的滑块以调整图像的明暗度，

如图 1–35 所示，调整好后的画面效果如图 1–36 所示。

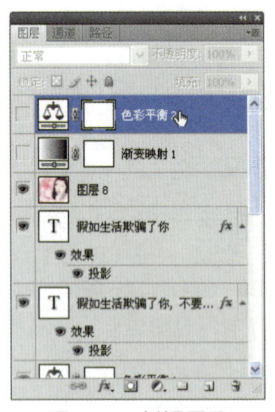

图 1–34　关闭图层　　图 1–35　【调整】调板

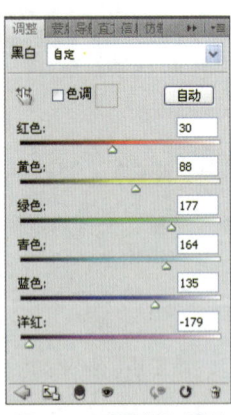

图 1–36　调整后的效果

1.7.2　替换手绘作品中的颜色

在绘制作品时，通常需要不同颜色的作品，以供选择。因此，就需要绘制几种颜色的作品。但是，同一个内容的作品，如果需要再绘制一次，未免太浪费时间了，可以通过 Photoshop 中的【替换颜色】命令来替换画面中的颜色，从而大大地节省了时间，提高了效率。

上机练习　替换手绘作品中的颜色

1. 从配套光盘的素材库中打开一个已经绘制好的手绘作品，如图 1–37 所示，其【图层】调板如图 1–38 所示，按 Ctrl+Shift+Alt+E 键将所有可见图层合并为一个新图层，结果如图 1–39 所示。

图1-37 打开的作品

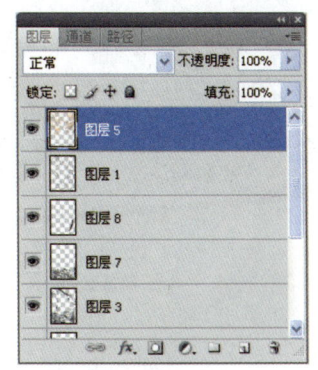

图1-38 【图层】调板

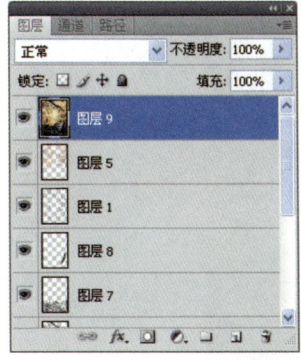

图1-39 合并所有可见图层为新图层

2 在【图像】菜单中执行【调整】→【替换颜色】命令，弹出【替换颜色】对话框，在其中设置【颜色容差】为84，点选按钮，在画面中单击吸取所需的颜色，如图1-40所示。再在【替换颜色】对话框中单击【替换】栏中的【结果】图标，在弹出的【选择目标颜色】对话框中选择所需的颜色，如图1-41所示，即可用结果颜色替换画面中选择的颜色，其画面效果如图1-42所示。

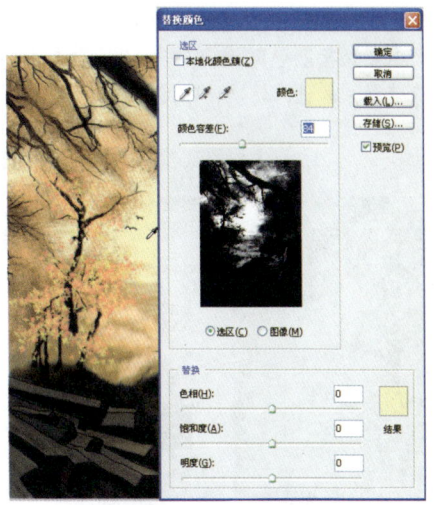

图1-40 选择要替换的颜色

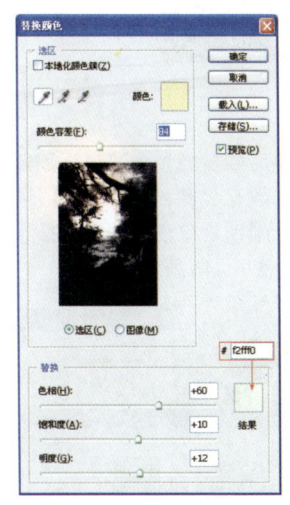

图1-41 设置替换颜色

图1-42 替换颜色后的效果

中文版Photoshop CS4手绘艺术技法

3 在【替换颜色】对话框中选择 ✏ 按钮，再在画面中要替换颜色的地方单击，即可用前面设置的结果颜色进行替换，如图 1-43 所示。

图1-43　替换颜色

4 观察图像后感觉颜色太亮了，因此需要在【替换】栏中改变结果颜色，如图 1-44 所示，选择好目标颜色后单击【确定】按钮，此时的画面效果如图 1-45 所示。

图1-45　替换颜色后的效果

5 用 ✏ 添加到取样工具在画面的地面中单击以将该所吸取的颜色进行替换，如图 1-46 所示。

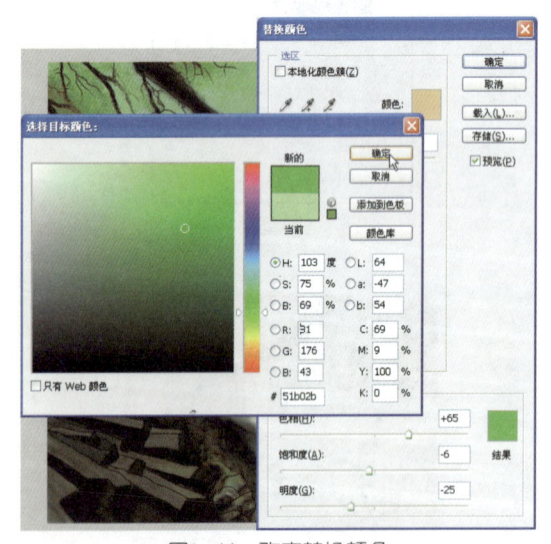

图1-44　改变替换颜色

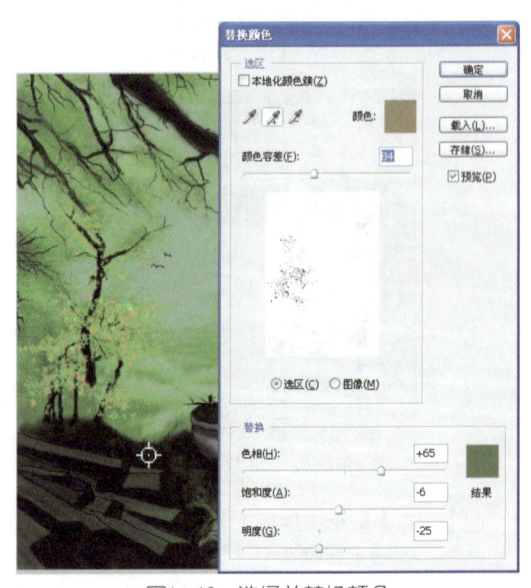

图1-46　选择并替换颜色

6 此时感觉图像还比较暗，因此还需要将图像调亮。在【替换颜色】对话框中将【饱和度】改为 -11，【明度】改为 +1，如图 1-47 所示，设置好后单击【确定】按钮，即可将图像的颜色进行了替换，结果如图 1-48 所示。

提示

在选择颜色时不要偏差太大，否则会使画面颜色失调。

14

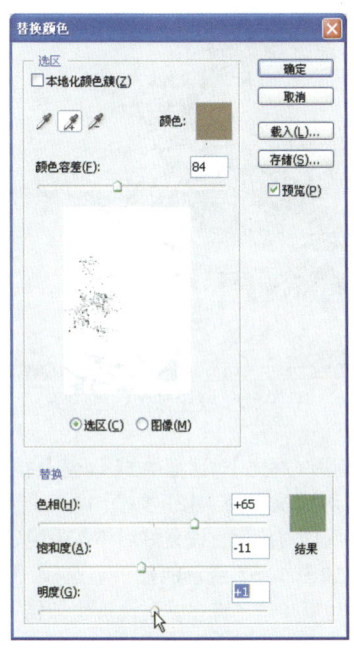

图1-47　修改饱和度与明度

图1-49　打开的作品

2　这幅手绘作品主要是比较平淡，明暗对比不够强，感觉曝光不足，因此，需要对它进行调整。在【图像】菜单中执行【调整】→【曝光度】命令，弹出【曝光度】对话框，并在其中设置【曝光度】为 +0.35，【灰度系数校正】为 0.85，如图 1-50 所示，设置好后单击【确定】按钮，以得到如图 1-51 所示的曝光充足的效果。

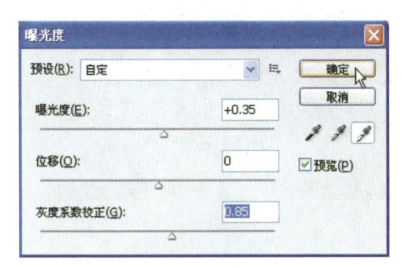

图1-50　【曝光度】对话框

图1-48　替换颜色后的效果

图1-51　调整曝光度后的效果

1.7.3　调整手绘作品的明暗度

如果一幅图像的曝光度不足，并且明暗对比不强，可以通过电脑来对其进行调整。

3　在【图像】菜单中执行【调整】→【阴影/高光】命令，弹出【阴影/高光】对话框，并在其中的【高光】栏中设置【数量】为 10%，如图 1-52 所示，以调整画面中高光部分，调整后的效果如图 1-53 所示。

上机练习　调整手绘作品的明暗度

1　从配套光盘的素材库中打开一个要调整的手绘作品，如图 1-49 所示。

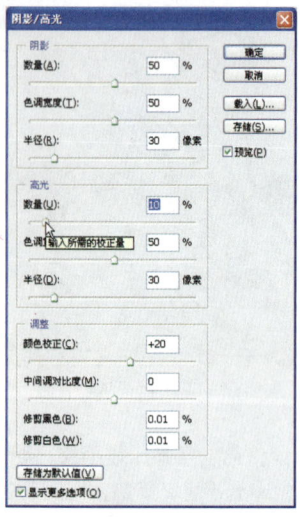

图1-52 【阴影/高光】对话框

图1-53 调整阴影/高光后的效果

4 在【阴影/高光】对话框中的【调整】栏中设置【颜色校正】为+61，如图1-54所示，以对画面中颜色进行整体校正，校正后的效果如图1-55所示。

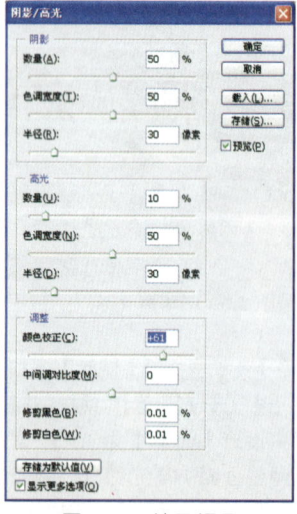

图1-54 校正颜色

图1-55 校正颜色后的效果

5 在【阴影/高光】对话框中的【调整】栏中设置【中间调对比度】为+42，如图1-56所示，以加强中间调对比度，设置好后单击【确定】按钮，得到如图1-57所示的效果。这样，作品中的颜色也就丰富了许多，对比度也加强了。

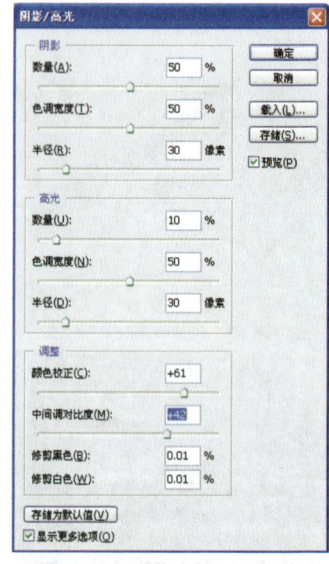

图1-56 调整中间调对比度

图1-57 调整中间调对比度后效果

1.7.4 颜色校对

颜色校对主要是将电脑显示器中显示的颜色，按照或依据CMYK四色印刷的标准进行临时性的显示，看是否适合CMYK四色印刷的标准。

在电脑中显示的颜色有很大部分是RGB颜色显示出来的，所以需要将它进行颜色校样，以使图像颜色临时性的适合CMYK四色印刷的标准，这样就可以最大程度上的纠正错误。

上机练习 校对手绘作品的颜色

1. 从配套光盘素材库中打开一个已经绘制好的作品，如图1-58所示。

图1-58 打开的作品

2. 在【视图】菜单中执行【校样颜色】命令，即可将RGB颜色转换为CMYK颜色，结果如图1-59所示。这样，就适合CMYK印刷标准了。

图1-59 校样颜色后的效果

1.8 本章小结

本章主要讲解了绘画方面的基础知识，掌握这些基础知识是使用Photoshop绘画的前提。通过本章的学习可以对色彩、色彩模式与分辨率、图像格式等基础知识有了一定的了解。

1.9 上机练习题

将如图1-60所示的原图像调整为如图1-61所示的效果。

操作提示：可以使用【色彩平衡】与【可选颜色】命令来调整，可以直接在原图层上进行调整，也可以创建调整图层来调整图像的颜色。

图1-60 原图像

图1-61 调整后的效果

第 2 章　Photoshop CS4的手绘工具与功能

本章提要

本章重点讲解了Photoshop CS4的基本操作，如新建、打开与保存文件的方法，如何改变图像/画布大小与分辨率等；介绍手绘常用的工具如画笔工具、钢笔工具、涂抹工具、减淡与加深工具、渐变工具、文字工具、移动工具、选择工具等；以及手绘常用的命令如羽化、色相/饱和度、曲线、色彩平衡、滤镜、图层、蒙版与通道等。每个知识点都结合小实例进行讲解，以达到学以致用的目的。

2.1 Photoshop CS4的基本操作

2.1.1 新建文件

在【文件】菜单中执行【新建】命令，如图 2-1 所示，或按 Ctrl+N 键，弹出【新建】对话框，根据需要在其中设置所需的图像大小与分辨率，如图 2-2 所示，设置好后单击【确定】按钮，即可新建一个图像文件，如图 2-3 所示。新建文件后即可在画布中开始我们的绘画工作了。

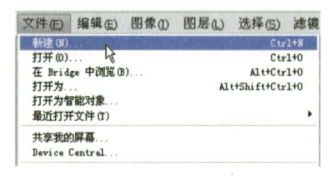

图2-1　选择【新建】命令

图2-2　【新建】对话框

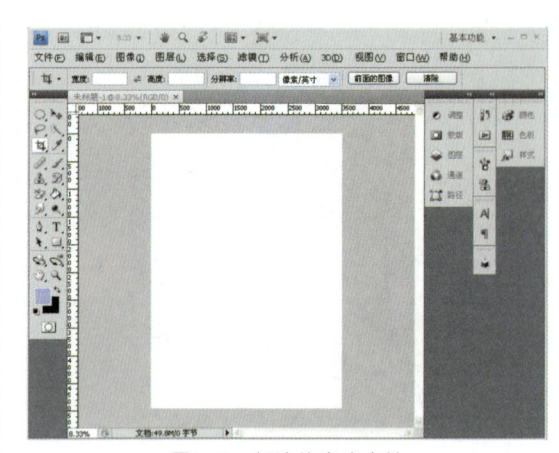

图2-3　新建的空白文件

2.1.2 打开文件

以下介绍两种打开文件的方法：

（1）在【文件】菜单中执行【打开】命令，或按 Ctrl+O 键，或在 Photoshop CS4 窗口的灰色区域双击，弹出【打开】对话框，再在打开的对话框中选择所要打开的文件，如图 2-4 所示，选择好后单击【打开】按钮，或直接在选择的文件上双击，即可将所需的文件打开到 Photoshop CS4 窗口中，如图 2-5 所示。

（2）使用 ACDSee 软件拖动图像来打开。

在平常的设计中可以用 ACDSee 软件来打开所需的图像，从而在其中查看图像的效果，然后再将所需的图像拖动到 Photoshop CS4 窗口中。

图2-4 【打开】对话框

图2-5 打开的文件

使用ACDSee软件打开并拖动图像

1 打开 ACDSee 软件，在其中打开所需图像所在的文件夹，并选择要打开的文件。
2 将选择的图像拖动到 Photoshop CS4 窗口中，当指针呈 状（如图 2-6 所示）时松开鼠标左键，即可将所选的图像打开到 Photoshop CS4 窗口中，如图 2-7 所示。

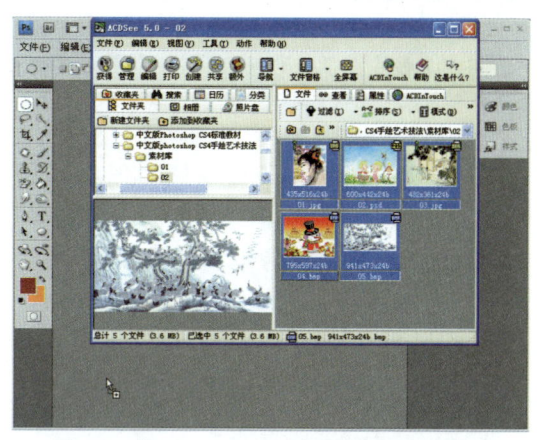

图2-6 在ACDSee软件中选择要打开的文件

图2-7 打开的文件

2.1.3 保存文件

保存文件

1 在 Photoshop CS4 程序窗口的文档标题栏中单击 03.jpg 文件标签，以 03.jpg 文件为当前可编辑文件，如图 2-8 所示。

图2-8 选择要编辑的文件

2 在【图像】菜单中执行【调整】→【色相/饱和度】命令,弹出【色相/饱和度】对话框,并在其中先勾选【着色】复选框,再设置【色相】为 68,【饱和度】为 52,其他不变,如图 2-9 所示,单击【确定】按钮,得到如图 2-10 所示的效果。

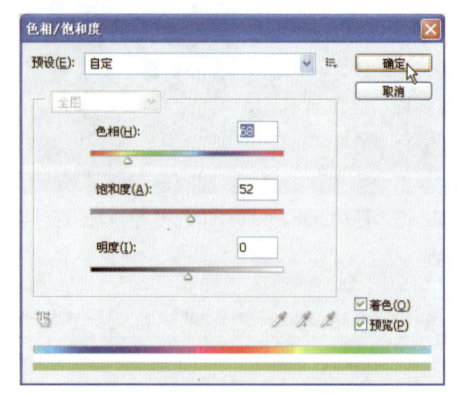

图 2-9 【色相/饱和度】对话框

图 2-10 调整色相与饱和度后的效果

3 在【文件】菜单中执行【存储为】命令,或按 Shift+Ctrl+S 键,弹出【存储为】对话框,并在其中给文件命名,再根据需要设置所需的格式,如图 2-11 所示,设置好后单击【确定】按钮,即可将文件另存。

> **提 示**
>
> 如果确实不想使用原来打开图像的效果,可以在【文件】菜单中执行【存储】命令,或按 Ctrl+S 键将原来的效果替换为现在调整后的效果。一般情况下,我们都是将调整后的效果另外命名并保存,以保护原来图像的效果。

图 2-11 【存储为】对话框

2.1.4 改变图像大小与分辨率

1. 不等比缩放图像大小

上机练习 不等比缩放图像大小

1 在 Photoshop CS4 窗口的文档标题栏中单击 04.bmp 文件标签,以 04.bmp 文件为当前可编辑的文件,如图 2-12 所示。

图 2-12 选择要编辑的文件

2 在【图像】菜单中执行【图像大小】命令,弹出【图像大小】对话框,并在其中先取消【约束比例】选项的勾选,再设置【宽度】为 500,其他不变,如图 2-13 所示,单击【确定】按钮,即可将图像不等比缩小,结果如图 2-14 所示。

Photoshop CS4的手绘工具与功能 第2章

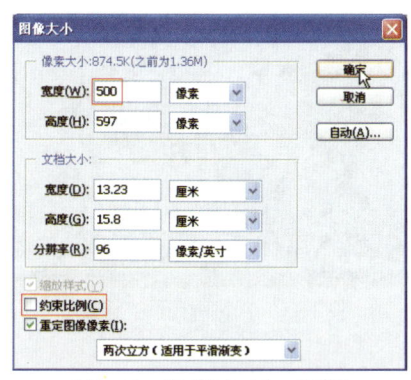

图2-13 【图像大小】对话框

上机练习　更改图像分辨率

1　同样以 04.bmp 文件为例，先按 Ctrl+Z 键撤消前面的不等比缩放，再在【图像】菜单中执行【图像大小】命令，弹出【图像大小】对话框，并在其中先勾选【约束比例】与【缩放样式】选项，如图 2-15 所示。

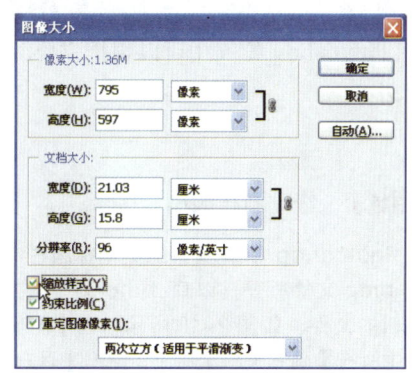

图2-15 【图像大小】对话框

2　设置【分辨率】为 72，其他不变，如图 2-16 所示，单击【确定】按钮，即可将图像的分辨率改小，同时图像大小也缩小了，结果如图 2-17 所示。

图2-14 不等比缩小后的结果

2. 等比例缩放图像大小

如果要等比例缩放图像大小，可以在【图像大小】对话框中勾选【约束比例】选项，然后直接在【宽度】或【高度】文本框中输入所需的大小即可。

提　示

如果要改变图像大小的单位，可以在【图像大小】对话框中单击【宽度】与【高度】文本框后的下拉按钮，并在弹出的列表中选择所需的单位，如：百分比、英寸、厘米、毫米、点、派卡、列。

3. 更改图像分辨率

如果要更改图像分辨率，可以在【图像大小】对话框中设置所需的分辨率。

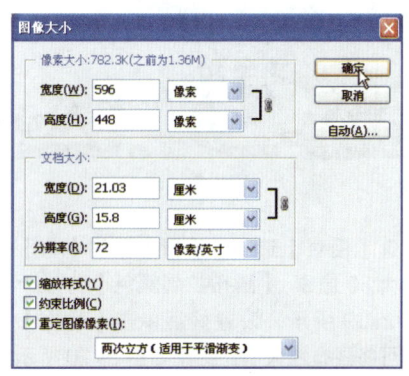

图2-16 【图像大小】对话框

图2-17 改小分辨率后的图像

21

> **提示**
>
> 如果更改的分辨率比原来图像的分辨率大，则更改后的图像将会失真。

2.1.5 修改画布大小

在 Photoshop CS4 中可以根据需要改变画布的大小。

图2-20 加宽画布后的结果

上机练习 修改画布大小

1. 在 Photoshop CS4 窗口的文档标题栏中单击 05.bmp 文件标签，以 05.bmp 文件为当前可编辑的文件，如图 2-18 所示，在【图像】菜单中执行【画布大小】命令，弹出【画布大小】对话框，在其中根据需要设置所需的参数来改变画布的大小。

> **提示**
>
> 如果在【画布大小】对话框中设置的新建大小比当前大小要小的话，则会将原图像中的一部分内容裁掉。
>
> 如果只需要放大某一边或两边，可以在定位栏中单击方框或有箭头的方框，以选择画布的中心点，然后在【宽度】或【高度】文本框中输入所需的数值，来加宽/高或缩小画布。

图2-18 激活要编辑的文件

上机练习 修改画布部分位置的大小

1. 在【图像】菜单中执行【画布大小】命令，弹出【画布大小】对话框。
2. 在其中单击【定位】栏中下边的方框，以确定画布中心点，再取消【相对】选项的勾选。
3. 在【高度】文本框中输入 500，在【画布扩展颜色】列表中选择背景，如图 2-21 所示，设置好后单击【确定】按钮，即可将画布的上边加宽了，结果如图 2-22 所示。

2. 勾选【相对】选项，设置【宽度】与【高度】均为 30 像素，【画布扩展颜色】为 #e9c810，如图 2-19 所示，设置好后单击【确定】按钮，即可将画布放大了，结果如图 2-20 所示。

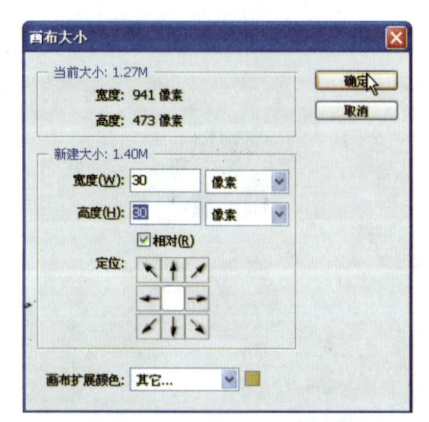

图2-19 【画布大小】对话框

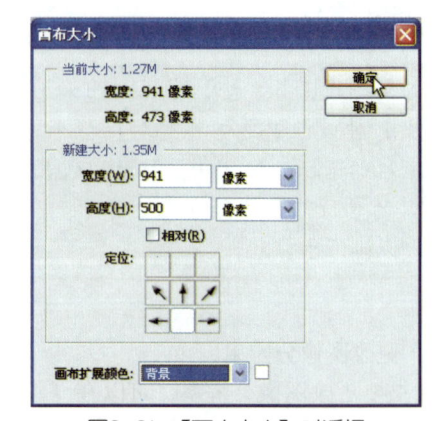

图2-21 【画布大小】对话框

Photoshop CS4的手绘工具与功能 **第2章**

图2-22 加宽画布后的结果

2.1.6 复制文件副本

上机练习　复制文件副本

1 在【图像】菜单中执行【复制】命令，弹出【复制图像】对话框，可根据需要给副本文件命名，也可采用默认值，如图2-23所示。

图2-23 【复制图像】对话框

2 设置好后单击【确定】按钮，即可复制一个副本，结果如图2-24所示。

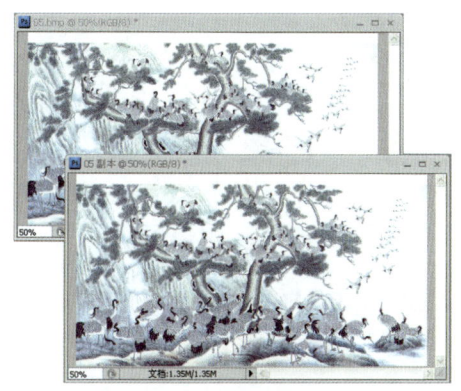

图2-24 复制图像

2.1.7 修改错误方法

在日常绘画中如果画错了就得另换一张纸，用电脑绘画就简单多了，画错了直接按Ctrl+Z键撤消刚画错的一步，如果画了几步后才发现前有一步错了，而且后面都跟着错了，按Ctrl+Alt+Z键可将其恢复到前面错的那一步；也可按Ctrl+Shift+Z键将刚撤消掉的几步重新还原到画面中。

上机练习　撤消前几步的绘画

1 按Ctrl+O键弹出【打开】对话框，并在其中选择配套光盘中素材库的06.psd文件双击，将其打开到Photoshop CS4窗口中，如图2-25所示。

图2-25 打开的文件

2 设置前景色为R：34、G：85、B：10，在工具箱中点选画笔工具，并在选项栏中设置【画笔】为草，如图2-26所示，【不透明度】为50%，在画面的底部拖动一次鼠标，以绘制出几根杂草，如图2-27所示。

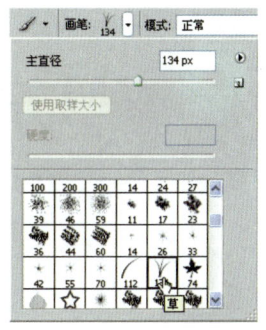

图2-26 选择画笔

图2-27 绘制杂草

23

3 拖动几次鼠标，以绘制出更多的杂草，结果如图 2-28 所示。如果发现效果并不满意，可以按 Ctrl+Alt+Z 键几次将这些杂草去除，以还原到刚打开时的效果。

图 2-28　绘制杂草

2.2　移动工具

使用移动工具可以移动图像的位置，包括在同一个文件中移动图像位置与不同文件之间移动图像位置。

使用移动工具移动图像

1 在【文件】菜单中执行【打开】命令，并在弹出的对话框中选择配套光盘素材库中所需的图像（如：08.psd 与 07.psd）双击，将它们打开到 Photoshop CS4 窗口中，如图 2-29 所示。

图 2-29　打开的文件

2 在工具箱中点选 移动工具，将 08.psd 文件中的图像拖动到 07.psd 文件中，当指针呈 状时松开鼠标左键，如图 2-30 所示，即可将 08.psd 文件中的图像复制到 07.psd 文件中，如图 2-31 所示。

图 2-30　拖动图像

图 2-31　复制图像后的结果

3 使用移动工具将刚复制的图像拖动到画面的中间位置，结果如图 2-32 所示。

图 2-32　移动图像后的结果

2.3 选框工具

使用选框工具可以选取图像中所需的内容；也可以使用选框工具绘制选框，再对选框进行描边、填充与变换。

上机练习 使用选框工具选取图像中的内容

1. 在【文件】菜单中执行【打开】命令或按 Ctrl+O 键，从配套光盘的素材库中打开如图 2-33 所示的图像。

图2-33 打开的图像

2. 在工具箱中点选 矩形选框工具，在图像上从一点向另一点拖动，以绘制出一个矩形选框，如图 2-34 所示。

图2-34 绘制矩形选框

> **提示**
> 如果在选项栏中选择 （新选区）按钮，则直接在选框外单击，即可取消选择，也可以按 Ctrl+D 键取消选择。如果要添加选区到已有选区可在选项栏中选择 （添加到选区）按钮；如果要从已有选区中减去选区，请在选项栏中选择 （从选区减去）按钮；如果要一个相交的选区，可在选项栏中选择 按钮。

3. 在工具箱中点选 椭圆选框工具，在图像上从一点向另一点拖动，以绘制出一个椭圆选框，如图 2-35 所示。

图2-35 绘制椭圆选框

4. 在工具箱中点选 单行选框工具，并在选项栏中选择 按钮，然后在图像上单击，即可向选区中添加一个单行选框，如图 2-36 所示。

图2-36 绘制单行选框

5. 在工具箱中点选 单列选框工具，采用默认值（即在选项栏中保持 按钮的选择）在图像上单击，即可创建一个单列选框，同时取消了前面的选择，结果如图 2-37 所示。

图 2-37 绘制单列选框

2.4 魔棒工具

使用魔棒工具可以选择颜色一致的区域（如：一朵黄色的菊花），而不必跟踪其轮廓。可指定魔棒工具选区的色彩范围或容差。

上机练习 使用魔棒工具选取颜色一致的区域

1. 按 Ctrl+O 键从配套光盘的素材库中打开一个文件，如图 2-38 所示。

图 2-38 打开的文件

2. 在工具箱中点选 魔棒工具或按 M 键，采用默认值，在人物的背景上单击，即可选择与所单击处颜色一致并且相连的颜色，如图 2-39 所示。

图 2-39 用魔棒工具选择背景

3. 在选项栏中选择 按钮，再在画面中单击与选区颜色相似或相同的地方，以同时选择它们，如图 2-40 所示。

图 2-40 添加选区

4. 按 Ctrl+Shift+I 键执行【反选】命令，将选区反选，结果如图 2-41 所示。

图 2-41 反选后的选区

5. 按 Ctrl+O 键从配套光盘的素材库中打开一个用于作背景的文件，如图 2-42 所示，再激活前面打开的文件，然后使用移动工具将选区内容拖动到刚打开的背景文件中，并排放到适当位置，排放好后的效果如图 2-43 所示。

图2-42 打开的背景文件

图2-43 复制人物到背景文件

2.5 画笔工具

默认情况下,画笔工具创建颜色的柔描边,而铅笔工具创建硬边手画线。不过,通过画笔选项可以更改这些默认特性。也可以将画笔工具用作喷枪,对图像应用颜色喷涂。使用画笔工具可以绘制插画、卡通画、风景画等。

上机练习 使用画笔工具绘制风景画

1. 在【文件】菜单中执行【新建】命令或按Ctrl+N键,弹出【新建】对话框,并在其中设置【名称】为风景画,【预设】为国际标准纸张,【大小】为A6,【分辨率】为200像素/英寸,其他不变,如图2-44所示,单击【确定】按钮,即可新建一个空白的文件。

2. 设置前景色为R:218、G:168、B:34,在工具箱中点选 画笔工具,并在选项栏中设置【画笔】为尖角3像素,如图2-45所示,然后在画布的中下方绘制出山坡的结构线,如图2-46所示。

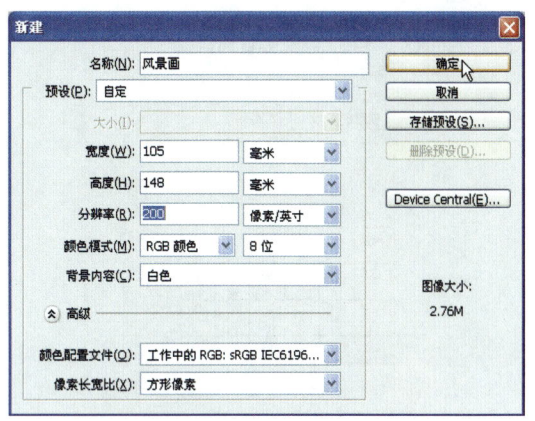

图2-44 【新建】对话框

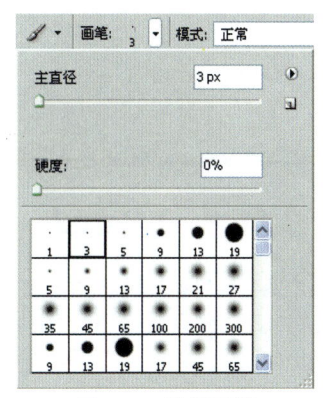

图2-45 选择画笔

图2-46 绘制表示山坡的结构线

3. 在选项栏的画笔弹出式调板中选择 画笔,并设置其【主直径】为380px,如图2-47所示,然后在画面中表示山坡的地方进行多次单击或一两次拖动,以绘制出如图2-48所示的效果。

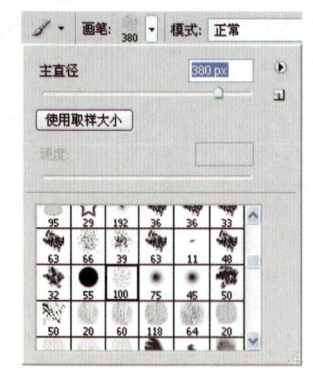

图2-47 选择画笔与设置其主直径

图2-48 绘制山坡纹理

4 在画面中右击弹出画笔调板,并在其中设置【主直径】为62px,然后继续在画面中单击或拖动,以绘制出如图2-49所示的效果。

图2-49 绘制山坡纹理

5 在选项栏的画笔弹出式调板中选择干画笔20像素,并设置【主直径】为90px,然后在画面中进行绘制,以绘制出如图2-50所示的效果。

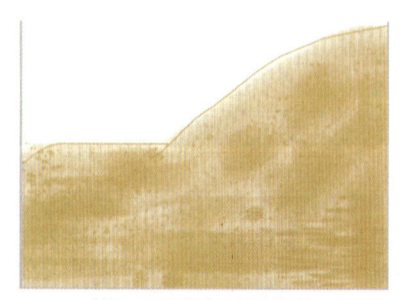

图2-50 绘制山坡纹理

6 设置前景色为R:20、G:62、B:201,在选项栏的画笔弹出式调板中选择柔角5像素,然后在画面中绘制出一个房子的形状,如图2-51所示,在选项栏的画笔弹出式调板中选择柔角17像素,在画面中绘制如图2-52所示的效果。

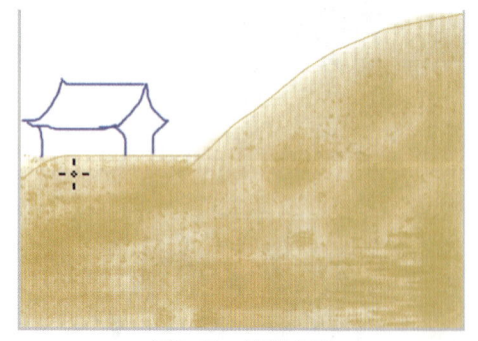

图2-51 绘制房子

图2-52 绘制屋檐与瓦缝线

7 在选项栏中设置【不透明度】为20%,接着在房子上进行绘制给它上色,上好色后的效果如图2-53所示。

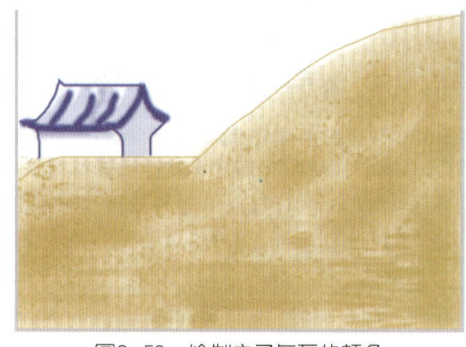

图2-53 绘制房子与瓦的颜色

8 设置前景色为R:201、G:109、B:20,用同样的方法再绘制一座房子与一棵树的树干,如图2-54所示。

图2-54 绘制房子与树干

9 设置前景色为R：53、G：139、B：15，并在选项栏中设置【画笔】为柔角5像素，【不透明度】为100%，然后在画面中绘制出树叶的外轮廓线，如图2-55所示。

图2-55 绘制树叶的外轮廓线

10 在【窗口】菜单中执行【图层】命令，显示【图层】调板，并在其中单击 （创建新图层）按钮，新建图层1，如图2-56所示。

图2-56 新建图层

11 在工具箱中先后设置前景色为R：80、G：183、B：35，R：96、G：219、B：41，R：62、G：171、B：13，R：68、G：189、B：14，并在选项栏中先后设置【画笔】为柔角100像素、柔角45像素、柔角35像素与柔角21像素，然后在画面中表示树叶的地方进行绘制，以绘制出树叶效果，如图2-57所示。

图2-57 绘制树叶

提 示

也可以不在选项栏的画笔弹出式调板中选择画笔，而是直接按"["与"]"键来调整其画笔直径。

12 用柔角3像素与5、7像素，并设置不同的前景色，然后在画面中适当位置绘制出鸟与花草的轮廓线，如图2-58所示。

图2-58 绘制鸟与花草的轮廓线

13 在【图层】调板中先单击背景层，激活它，再单击 🔲（创建新图层）按钮，新建图层2，如图2-59所示。设置前景色为R：239、G：221、B：24，在选项栏中设置【画笔】为柔角45像素，【不透明度】为50%，然后在画面中给鸟上色，绘制好亮颜色后的效果如图2-60所示。

图2-59 新建图层

图2-60 给鸟上色

14 设置前景色为R：239、G：135、B：24，将【画笔】改为柔角17像素，然后绘制鸟的暗部，绘制好后的效果如图2-61所示。

图2-61 给鸟上色

15 设置前景色为R：52、G：29、B：4，先用柔角17像素画笔绘制出小鸟眼睛，再将【不透明度】改为100%，并将【画笔】改为柔角5像素，再绘制一条曲线，同样用来表示小鸟眼睛，绘制好后的效果如图2-62所示。

图2-62 绘制鸟的眼睛

16 设置前景色为R：11、G：122、B：110，并在选项栏中设置【不透明度】为77%，在画笔弹出式调板中选择 🖌 画笔，再将【主直径】改为15px，然后在画面中给花草的叶子上色，如图2-63所示。

图2-63 给叶子上色

17 先后设置前景色为R：23、G：160、B：145，R：34、G：212、B：193，并在选项栏中设置【不透明度】为50%，再在叶片上绘制较亮面与亮面，如图2-64、图2-65所示。

图2-64 给叶子上色

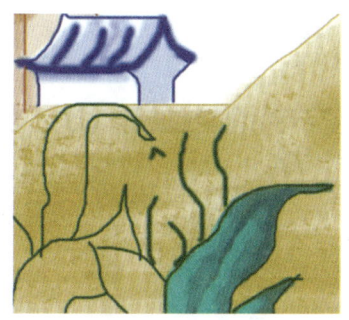

图2-65 给叶子上色

18 使用同样的方法给其他的叶片进行上色，上好色后的效果如图2-66所示。

图2-66 给叶子上色

19 在【图层】调板中单击背景层，再先后设置前景色为 R：72、G：201、B：238 与 R：207、G：244、B：255，【不透明度】为37%，在画面中右击弹出画笔调板，并在其中将【主直径】改为149px，如图2-67所示，然后在画面中绘制出天空中的蓝天白云，如图2-68所示。

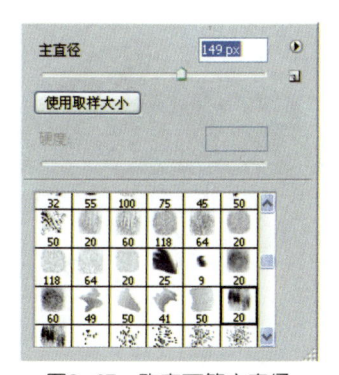

图2-67 改变画笔主直径

图2-68 绘制天空颜色

20 设置前景色为 R：254、G：14、B：20，背景色为白色，在选项栏中设置【画笔】为，【不透明度】为100%，再在【图层】调板中单击图层1，如图2-69所示，以它为当前图层，然后在画面中需要绘制花的地方进行绘制，绘制后的效果如图2-70所示。

图2-69 选择图层

图2-70 绘制花

21 设置前景色为 R：254、G：240、B：14，背景色为 R：239、G：18、B：18，再绘制出一些花，绘制好后的效果如图2-71所示。

图2-71 绘制花

22 设置前景色为 R：67、G：182、B：21，背景色为 R：205、G：250、B：83，再在选项栏中先后设置【画笔】为 ，与 ，然后在画面中绘制出一些小草与蝴蝶，绘制好后的效果如图2-72所示。

图2-72 绘制小草与蝴蝶

2.6 钢笔工具

使用钢笔工具可以绘制一些结构清晰、精细的植物、建筑物、动物、人物与一些工艺品、工业产品等。

上机练习 使用钢笔工具绘制风景画

1 按 Ctrl+N 键，弹出【新建】对话框，并在其中设置【宽度】与【高度】均为 10 厘米，【分辨率】为 150 像素/英寸，如图 2-73 所示，设置好后单击【确定】按钮，即可新建一个空白的文件。

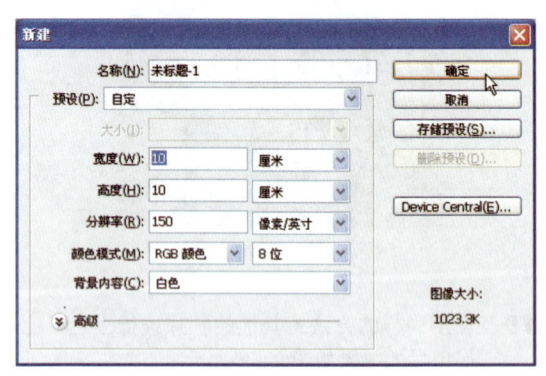

图2-73 【新建】对话框

2 设置前景色为 R：67、G：182、B：21，在工具箱中点选 钢笔工具，并在选项栏中选择 （形状图层）按钮，然后在画面中下方绘制表示山坡的图形，如图2-74所示。

图2-74 绘制山坡

3 在选项栏中选择 （路径）按钮，在画面中绘制出一个城堡的轮廓图，如图2-75所示。

图2-75 绘制城堡的轮廓图

Photoshop CS4的手绘工具与功能　第2章

4 按 Ctrl 键在画面中单击要删除的路径段选择该段，如图 2-76 所示，然后在键盘上按 Delete 键删除所选路径段，删除后的结果如图 2-77 所示。

图2-76　选择路径段

图2-77　删除路径段

5 使用钢笔工具在画面中绘制出一条曲线路径，如图 2-78 所示，再按 Esc 键完成曲线路径绘制，绘制好的曲线路径如图 2-79 所示。

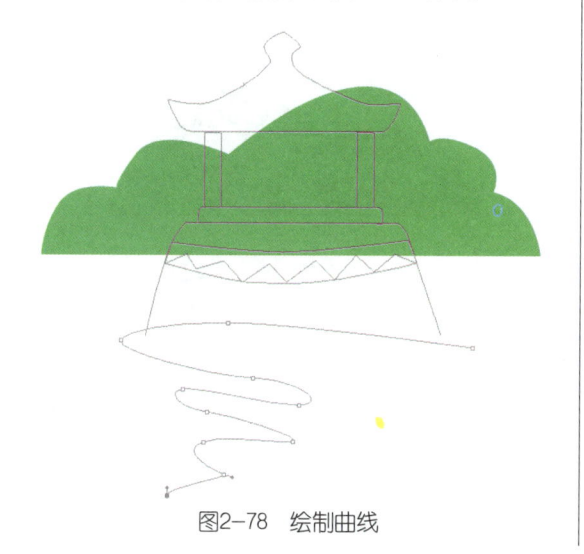

图2-78　绘制曲线

图2-79　绘制完成的曲线

6 使用钢笔工具再在画面中适当位置绘制出多条曲线路径，用来表示小鸟与水波浪的轮廓线，如图 2-80 所示。

图2-80　绘制表示小鸟与水波浪的轮廓线

7 显示【图层】调板，并在其中单击 （创建新图层）按钮，新建图层 1，如图 2-81 所示。

图2-81　新建图层

33

8. 在工具箱中点选 画笔工具,并在选项栏的画笔弹出式调板中选择 尖角3像素,再设置【主直径】为2px,如图2-82所示,然后在【窗口】菜单中执行【路径】命令,显示【路径】调板,并在其中单击 （用画笔描边路径）按钮,用画笔给路径描边,如图2-83所示。

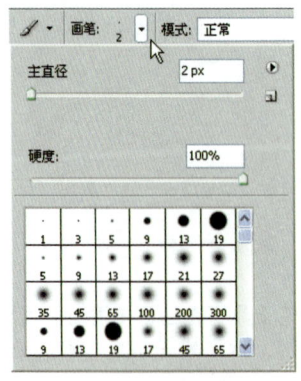

图2-82 设置画笔

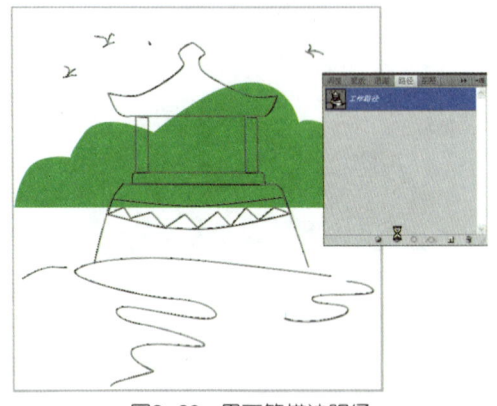

图2-83 用画笔描边路径

9. 显示【图层】调板,再按Ctrl键在调板中单击形状1的矢量蒙版缩览图,使形状1的矢量蒙版载入选区,如图2-84所示。

图2-84 将矢量蒙版载入选区

10. 在【图层】调板中先激活形状1,再在底部单击 （创建新图层）按钮,新建图层2,如图2-85所示,然后在【编辑】菜单中执行【描边】命令,弹出【描边】对话框,并在其中设置【宽度】为2px,【颜色】为黑色,【位置】为居外,如图2-86所示,其他不变,单击【确定】按钮,即可给选框进行描边,结果如图2-87所示。

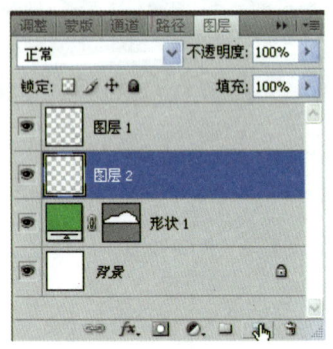

图2-85 新建图层

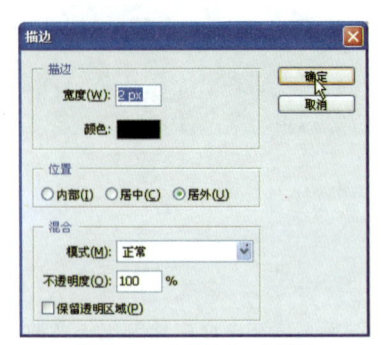

图2-86 【描边】对话框

图2-87 描边后的效果

11. 设置前景色为R:16、G:180、B:233,在【图层】调板中先激活背景层,再新建一个图层

Photoshop CS4的手绘工具与功能 **第2章**

为图层3，如图2-88所示，在选项栏中设置【画笔】为 ，【不透明度】为50%，然后在画面中绘制表示水的对象，如图2-89所示。

图2-88 新建图层

图2-89 绘制水面

图2-90 选择路径并载入选区

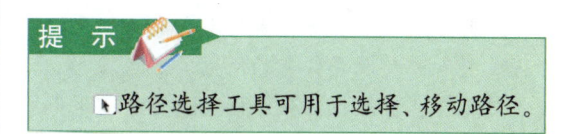

> **提 示**
>
> 路径选择工具可用于选择、移动路径。

2 设置前景色为R:233、G:225、B:16，在【图层】调板中先激活形状1图层，再单击【创建新图层】按钮，新建图层4，如图2-91所示。

图2-91 新建图层

3 在工具箱中点选 渐变工具，并在选项栏的渐变拾色器中选择前景色到背景色渐变，如图2-92所示，然后用渐变工具在画面中拖动鼠标，以给选区进行渐变填充，填充渐变颜色后的效果如图2-93所示。

图2-92 选择渐变

2.7 渐变工具

使用渐变工具可以给选区或画面进行渐变填充，以得到色彩丰富的作品。可以在photoshop CS4中使用预设的渐变颜色，也可以编辑所需的渐变颜色。

上机练习 使用渐变工具对画面进行渐变填充

1 显示【路径】调板，并在其中激活工作路径，在工具箱中点选 路径选择工具，接着在画面中单击要载入选区的路径，然后在【路径】调板中单击 （将路径作为选区载入）按钮，使选择的路径载入选区，如图2-90所示。

35

中文版Photoshop CS4手绘艺术技法
Hand-drawn Art Techniques

图2-93 填充渐变颜色

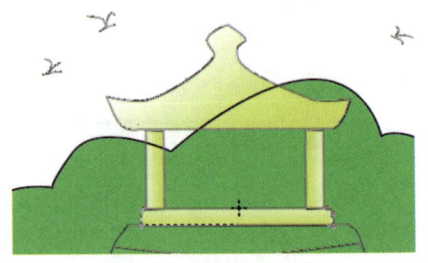

图2-95 填充渐变颜色

5 设置前景色为R：233、G：78、B：16，背景色为R：244、G：251、B：61，使用路径选择工具在画面中单击要载入选区的路径，再在【路径】调板中单击 ◯（将路径作为选区载入）按钮，使选择的路径载入选区，然后用渐变工具在画面中拖动鼠标，以给选区进行渐变填充，填充渐变颜色后的效果如图2-96所示。

> **提示**
> 如果要自定渐变颜色，可以在选项栏中单击 ▭ 按钮，弹出【渐变编辑器】对话框，可在其中的渐变条下方单击添加色标，再根据需要双击要改变颜色的色标，然后在弹出的【选择色标颜色】对话框中设置所需的颜色，设置好后单击【确定】按钮，完成双击色标的颜色更改，直至编辑好所需的渐变颜色为止，再在【渐变编辑器】对话框中单击【确定】按钮完成渐变颜色编辑，如图2-94所示。

图2-96 填充渐变颜色

6 由于表示山坡的轮廓线错放在城堡的上方，因此需要调整图层的顺序，以改变其位置。在【图层】调板中拖动图层2至形状1图层的上方，如图2-97所示。

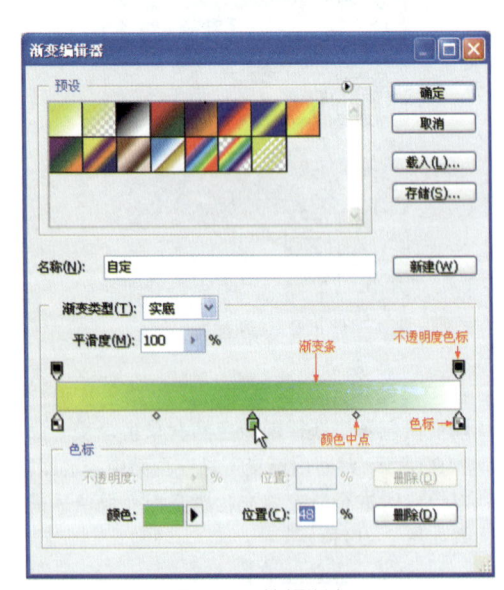

图2-94 编辑渐变

4 使用路径选择工具在画面中单击要载入选区的路径，再在【路径】调板中单击 ◯（将路径作为选区载入）按钮，使选择的路径载入选区，然后用渐变工具在画面中拖动鼠标，以给选区进行渐变填充，填充渐变颜色后的效果如图2-95所示。

图2-97 改变图层顺序

36

7 在【图层】调板中激活形状 1 图层，按 Ctrl 键在【图层】调板中单击形状 1 图层的矢量蒙版缩览图，使矢量蒙版载入选区，如图 2-98 所示。

图2-98　将矢量蒙版载入选区

8 设置前景色为 R：75、G：255、B：66，背景色为 R：16、G：140、B：22，在【图层】调板中新建图层 5，接着在选项栏中设置【不透明度】为 60%，然后用渐变工具在画面中拖动鼠标，以给选区进行渐变填充，填充渐变颜色后的效果如图 2-99 所示。

图2-99　填充渐变颜色

2.8　橡皮擦工具

使用橡皮擦工具可以将不需要的内容擦除，也可以设置其不透明度与流量来擦除一部分内容。

> **提示**
> 如果在选项栏中勾选了【抹到历史记录】选项，则可以将当前的内容擦除，以显示出在【历史记录】调板选择的历史记录画笔的源时的内容，如图 2-100 所示。

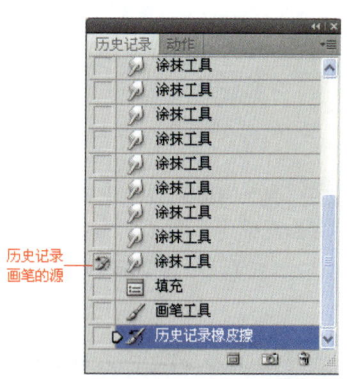

图2-100　【历史记录】调板

上机练习　使用橡皮擦工具清除图像内容

1 如果要在形状图层中进行绘制与擦除，需要先将其栅格化。在形状 1 图层上右击，弹出快捷菜单，并在其中选择【栅格化图层】命令，如图 2-101 所示，即可将形状图层改为普通图层。

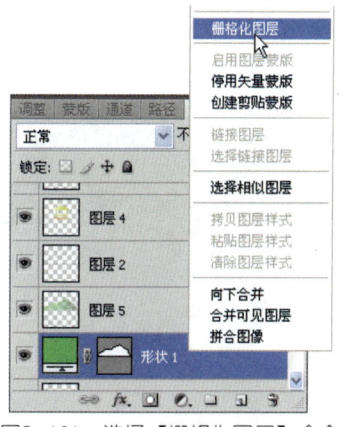

图2-101　选择【栅格化图层】命令

2 在工具箱中点选橡皮擦工具，并在选项栏中设置【流量】为"10%"，再在画笔弹出式调板中选择画笔，将【主直径】改为 49px，然后在画面中表示山坡的地方进行擦除，以体现为立体效果，如图 2-102 所示。

37

图2-102　擦除山坡的一部分颜色

图2-105　绘制城堡颜色

3. 在【图层】调板中选择图层3,如图2-103所示，同样用橡皮擦工具对表示水的对象进行擦除，以减淡一些颜色，擦除后的效果如图2-104所示。

5. 设置前景色为R：255、G：242、B：133，在选项栏中设置【不透明度】为50%，然后在画面中绘制出亮部,绘制后的效果如图2-106所示。

图2-103　选择图层

图2-106　绘制城堡亮面

6. 设置前景色为R：237、G：27、B：27，在【图层】调板中新建图层7,并在选项栏中设置【不透明度】为50%与100%，【画笔】为，然后在画面中绘制出屋顶的花纹,如图2-107所示。

图2-104　擦除多余的水面颜色

4. 先后设置前景色为R：242、G：220、B：36，R：255、G：232、B：39，在【图层】调板中新建图层6,在工具箱中点选画笔工具,并在选项栏中设置【画笔】为，然后在画面中进行绘制,绘制好后的效果如图2-105所示。

图2-107　绘制屋顶花纹

7 显示【路径】调板,并在其中单击调板右上角的按钮,弹出下拉菜单,并在其中选择【存储路径】命令,如图2-108所示,弹出【存储路径】对话框,如图2-109所示,直接单击【确定】按钮,即可将临时的工作路径保存为路径1,然后单击按钮,新建路径2。

图2-108 选择【存储路径】命令

图2-109 【存储路径】对话框

8 使用钢笔工具在画面中花纹的上下两边绘制两条路径,如图2-110所示。

图2-110 用钢笔工具绘制路径

9 在工具箱中点选画笔工具,并在选项栏的画笔弹出式调板中选择尖角3像素,再设置【主直径】为2px,然后【路径】调板中单击（用画笔描边路径）按钮,用画笔给路径描边,如图2-111所示。

图2-111 用画笔描边路径

2.9 文字工具

使用文字工具可以为画面增添一些关键性与修饰性的文字,以丰富画面。

上机练习 使用文字工具在图像上添加文字

1 按Ctrl+O键从配套光盘的素材库中打开一个背景图像,如图2-112所示。

图2-112 打开的图像

2 设置前景色为R：180、G：80、B：54,在工具箱中点选横排文字工具,移动指针到画面中适当位置单击,显示一闪一闪的光标,再在选项栏中设置参数为,然后再输入所需的文字,如图2-113所示,输入了文字后在选项栏中单击按钮,完成文字输入。

中文版Photoshop CS4手绘艺术技法

图2-113 输入文字

3. 在刚输入文字的下方拖出一个文本框，如图 2-114 所示，再在选项栏中设置参数为 ，然后输入所需的文字，如图 2-115 所示，输入好文字后在选项栏中单击 ✓ 按钮，完成段落文本输入。

图2-114 拖出文本框

图2-115 输入文字

4. 在【图层】菜单中执行【图层样式】→【描边】命令，弹出【图层样式】对话框，并在其中设置【大小】为2像素，【颜色】为白色，再勾选【投影】选项，其他不变，如图 2-116 所示，设置好后单击【确定】按钮，即可为文字添加描边与投影效果，画面效果如图 2-117 所示。

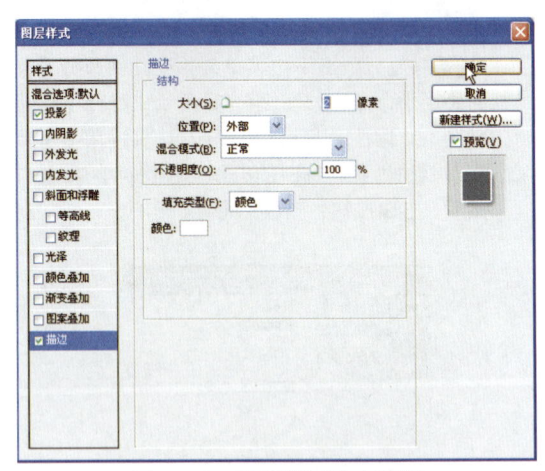

图2-116 【图层样式】对话框

图2-117 添加描边与投影后的效果

5. 在【图层】调板中右击刚输入的段落文本所在文字图层，弹出快捷菜单，并在其中选择【拷贝图层样式】命令，如图 2-118 所示；再在深情文字图层上右击，弹出快捷菜单，并在其中选择【粘贴图层样式】命令，如图 2-119 所示，即可将段落文本所在图层的图层样式复制到深情文字图层中，画面效果如图 2-120 所示。

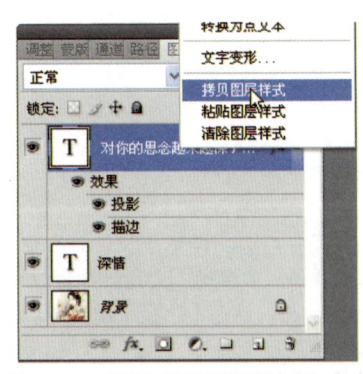

图2-118 选择【拷贝图层样式】命令

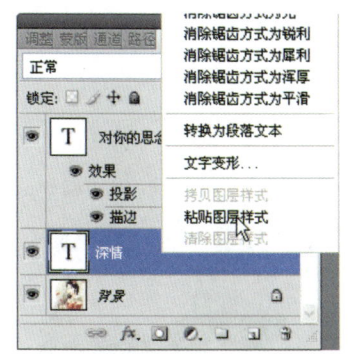

图2-119 选择【粘贴图层样式】命令

图2-120 复制图层样式后的效果

2.10 减淡与加深工具

使用减淡工具可以将图像中指定区域变亮，以加强立体效果。使用加深工具可以将图像中指定区域变暗，以加强立体效果。

上机练习 使用减淡与加深工具改变图像的明暗度

1. 按 Ctrl+O 键从配套光盘的素材库中打开一个图像文件，如图 2-121 所示。

图2-121 打开的文件

2. 在工具箱中点选加深工具，并在选项栏中设置参数为画笔： ，范围：阴影 ，曝光度：50% ， 保护色调，然后在画面中荷花上需要加深颜色（即变暗）的地方进行涂抹，涂抹后的效果如图 2-122 所示。

图2-122 用加深工具绘制的效果

3. 在【图层】调板中激活图层 5——即荷叶所在图层，如图 2-123 所示，然后用加深工具在荷叶上进行涂抹，以将需要变暗的部分变暗，涂抹后的效果如图 2-124 所示。

图2-123 【图层】调板

图2-124 用加深工具加深颜色后的效果

4. 在选项栏中设置参数为画笔： 13 ，范围：阴影 ，曝光度：10% ，然后在画面中荷叶上需要变暗的部分进行涂抹，涂抹后的效果如图 2-125 所示。

41

图2-125 用加深工具加深颜色后的效果

5. 在【图层】调板中激活图层7，再在选项栏中设置参数为 画笔： 范围：中间调 曝光度：20%，然后在荷花上需要加深颜色的地方进行涂抹，涂抹后的效果如图2-126所示。

图2-126 用加深工具加深颜色后的效果

6. 在工具箱中点选 减淡工具，并在选项栏中设置参数为 画笔： 范围：中间调 曝光度：75% 保护色调，然后在画面中需要变亮的地方进行涂抹，涂抹后的效果如图2-127所示。

图2-127 用减淡工具加亮后的效果

7. 在【图层】调板中激活图层5，用减淡工具在画面中需要变亮的地方进行涂抹或单击，涂抹与单击后的效果如图2-128所示。

图2-128 用减淡工具加亮后的效果

2.11 涂抹工具

涂抹工具模拟在湿颜料中拖移手指的动作。该工具拾取描边开始位置的颜色并沿拖移的方向展开。也就是说使用涂抹工具，像在日常生活中，用手指头在还未干的画纸上涂沫一样，产生一种水彩般的效果。

事先可准备一朵花放在一块布上或一朵花的照片，然后照着这朵花进行涂画。

上机练习 使用涂抹工具绘制图像

1. 在【文件】菜单中执行【新建】命令，新建一个500×350像素的RGB颜色，分辨率为96像素/英寸，背景内容为白色的图像文件。

2. 在工具箱中先设置前景色为 R：246、G：227、B：200；背景色为 R：211、G：177、B：168；再点选 渐变工具，在选项栏中点选 （线性渐变）按钮，在渐变拾色器中选择前景色到背景色渐变，其他为默认值，如图2-129所示，在画面上按住Shift键从左边拖到右边，得到如图2-130所示的渐变。

图2-129 选择渐变颜色

Photoshop CS4的手绘工具与功能 第2章

图2-130 填充渐变颜色

图2-133 用涂抹工具涂抹后的效果

3 设置前景色为R:70,G:75,B:9;从工具箱点选 画笔工具,并在选项栏的画笔弹出式调板中选择 笔触,再设置【主直径】为18px,其他为默认值;然后在画面上适当的位置画出一朵花的柄如图2-131所示图形。

5 从工具箱点选 画笔工具,并在选项栏中设置【画笔】为 ,其他为默认值;然后在画面上适当的位置画出一朵花的轮廓,如图2-134所示。

图2-131 绘制花的柄

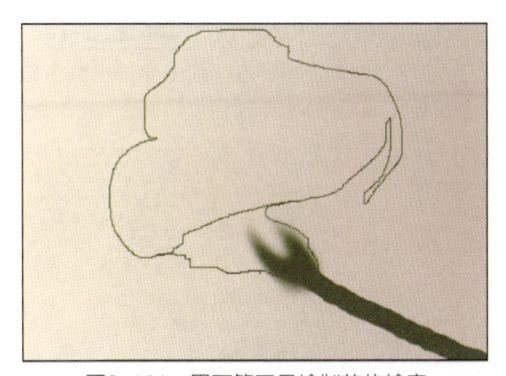

图2-134 用画笔工具绘制的花的轮廓

6 设置前景色为R:224、G:205、B:137;然后在工具箱中点选 油漆桶工具,采用默认值,在画面中轮廓图中单击以对花进行颜色填充,填充颜色后的效果如图2-135所示。

4 在工具箱中点选 涂抹工具,并在选项栏中设置【画笔】为 ,【强度】为50%,其他为默认值,如图2-132所示,然后在柄的上端按下鼠标向上拖动进行两次涂抹得到如图2-133所示,也可多次涂抹。

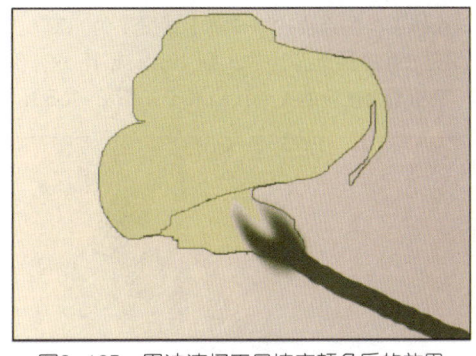

图2-135 用油漆桶工具填充颜色后的效果

图2-132 设置画笔

7 现在开始画内部的结构,先在工具箱中设置前景色为R:214、G:174、B:92,再点选 涂抹工具,并在选项栏中设置【画笔】为

43

,【强度】为100%，勾选【手指绘画】复选框，其他为默认值，然后在画面上绘制出强烈对比的部位如图2-136所示。

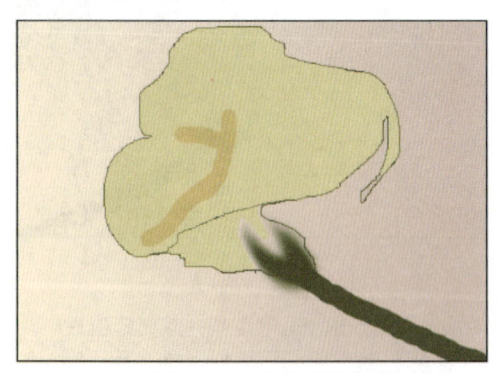

图2-136 用涂抹工具绘制的花的主要结构线

8 设置前景色为 R：120、G：113、B：45，再在选项栏中设置【画笔】为 ，【强度】为80%，其他不变，在画面上涂抹出颜色较深的部位，如图2-137所示。

图2-137 用涂抹工具绘制颜色较深的部位

9 设置前景色为 R：227、G：212、B：155，在涂抹工具的选项栏中设置【强度】为100%，再按] 键将画笔直径放大到10px或15px，然后在画面上把花的亮部绘出来，如图2-138所示。

图2-138 用涂抹工具绘制颜色较深的部位

10 在选项栏中取消【手指绘画】选项的勾选，再设置【强度】为50%（可以根据需要设置不同的强度），开始对花朵进行修饰涂抹，经过多次慢慢的涂抹得到如图2-139所示的效果。

图2-139 用涂抹工具将颜色进行混合

> **提 示**
>
> 如果你想画得逼真点的话，就得花时间长一点啊，而且要更改涂抹画笔的大小、压力大小和前景色的颜色；如果需要用前景色进行涂抹请勾选【手指绘画】复选框；如果只是进行修饰即从这种颜色扩展到那种颜色，则取消【手指绘画】复选框的勾选。

11 设置前景色为 R：212、G：122、B：25，再在涂抹工具的选项栏中设置【画笔】为 ，【强度】为100%，勾选【手指绘画】复选框，其他不变，然后在画面上画出花蕊，如图2-140所示。

图2-140 用涂抹工具绘制花蕊

12 改变前景色为 R：247、G：207、B：18，然后把涂抹画笔直径改小为3个像素，在花蕊上连续单击可得到如图2-141所示效果。

图2-141　绘制花蕊

13 在选项栏上把【强度】改小为50%，并取消【手指绘画】的勾选，然后对过渡强硬的部分进行处理，即可完成了这朵花的绘画，如图2-142所示。

图2-142　最终效果图

2.12 【羽化】命令

使用【羽化】命令可以将选框边缘的像素进行模糊。

上机练习　使用羽化命令模糊选框边缘的像素

1. 按Ctrl+O键从配套光盘的素格库中打开013.psd与014.psd两个文件，如图2-143所示。
2. 在程序窗口的文档标题栏中单击013.psd文件的标签，以它为当前文件，接着在工具箱中点选 椭圆选框工具，并在选项栏中设置【羽化】为15px，其他不变，如图2-144所示，然后在画面中框选出所需的内容，如图2-145所示。

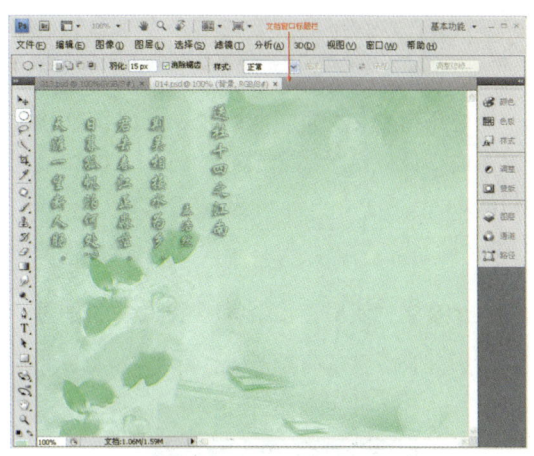

图2-143　打开的文件

图2-144　选项栏

图2-145　用椭圆选框工具绘制椭圆选框

3. 按Ctrl+C键执行【拷贝】命令，再在文档标题栏中单击014.psd文件标签，激活014.psd文件，然后按Ctrl+V键执行【粘贴】命令，将拷贝的图像粘贴到014文件中，再按Ctrl键将其移动到适当位置，排放好后的效果如图2-146所示。

图2-146　将选区内容复制到另一个文件中的效果

45

2.13 【色相/饱和度】命令

使用【色相/饱和度】命令可以调整整个图像或图像中单个颜色成分的色相、饱和度和明度。

上机练习　使用色相/饱和度命令调整图像

1. 按 Ctrl+O 键从配套光盘的素材库中打开如图 2-147 所示的绘画作品。

图2-147　打开的文件

2. 在工具箱中点选钢笔工具，并在选项栏中选择按钮，然后在画面中勾选出要改变颜色的区域，如图 2-148 所示。

图2-148　用钢笔工具勾画路径

3. 在选项栏中选择（添加到路径区域）按钮，再在画面中勾选出另一个要改变颜色的区域，如图 2-149 所示。

4. 在工具箱中点选路径选择工具，在键盘上按 Shift 键在画面中单击刚绘制的两条路径，如图 2-150 所示。

图2-149　用钢笔工具勾画路径

图2-150　用路径选择工具选择路径

5. 显示【路径】调板，并在其中单击（将路径作为选区载入）按钮，如图 2-151 所示，将路径载入选区，以便于我们只对于选区进行编辑与修改，如图 2-152 所示。

图2-151　【路径】调板

图2-152　载入的选区

6 在【图像】菜单执行【调整】→【色相/饱和度】命令,或按Ctrl+U键,弹出【色相/饱和度】对话框,在其中先勾选【着色】选项,再设置【色相】为234,【饱和度】为31,其他不变,如图2-153所示,设置好后单击【确定】按钮,然后按Ctrl+D键取消选择,即可将选区中的内容进行了颜色更改,效果如图2-154所示。

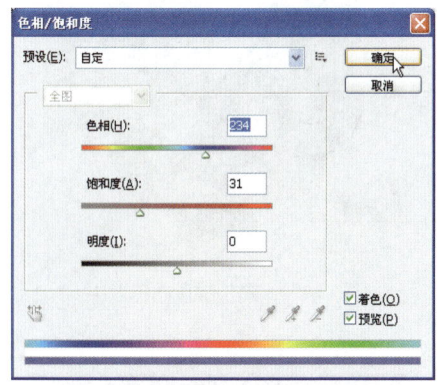

图2-153 【色相/饱和度】对话框

图2-154 调整色相与饱和度后的效果

提 示

在【色相/饱和度】对话框中调整色相、饱和度、明度等时也可以不勾选【着色】选项,而直接调整其参数,也可以达到调整图像色相、饱和度与明度的目的。

2.14 【曲线】命令

使用【曲线】命令可以调整图像的整个色调范围,它可以使用三个变量(高光、暗调、中间调)来进行调整,而且还可以调整 0～255 范围内的任意参数,同时保持 15 个其他值不变。也可以使用【曲线】命令对图像中的个别颜色进行精确调整。

上机练习 使用曲线命令调整图像

1 按Ctrl+O键从配套光盘的素材库中打开一个图像文件,如图2-155所示。

图2-155 打开的文件

2 在【图像】菜单中执行【调整】→【曲线】命令,或按Ctrl+M键弹出如图2-156所示的【曲线】对话框,在网格中直线的中间位置单击确定一点,并向上拖动一点点,以调整灰度区域,再在直线右上方单击添加一点,同样向左上方拖动以将图像的亮部再调亮,然后在直线的左下方单击添加一点,并向右下方拖动,以将图像的暗部再调暗,以加强图像的明暗度,如图2-157所示,此时的画面效果如图2-158所示。

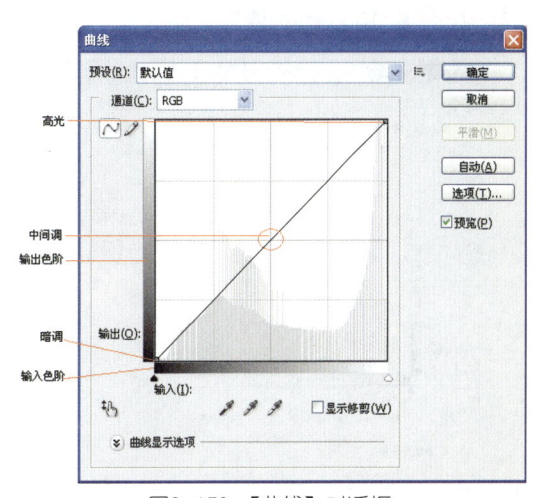

图2-156 【曲线】对话框

47

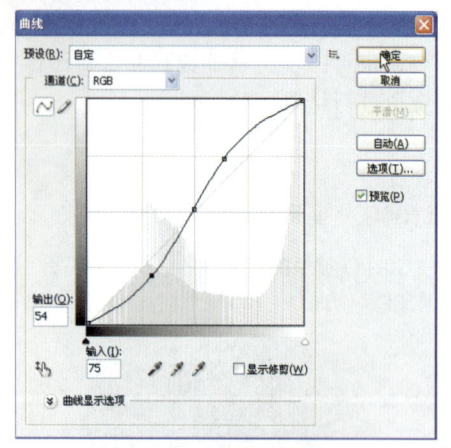

图2-157 【曲线】对话框

图2-158 调整亮部与暗部后的效果

3. 在【曲线】对话框的【通道】下拉列表中选择绿，以调整图像中的绿色，同样在网格中的直线中间位置单击添加一点，再将该点向左上方拖动到适当位置，以向图像中添加绿色，如图2-159所示，设置好后单击【确定】按钮，得到如图2-160所示的效果。

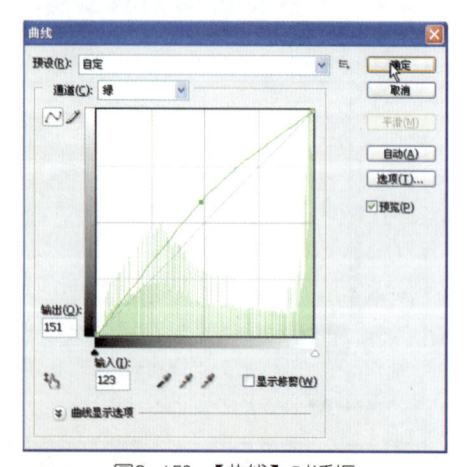

图2-159 【曲线】对话框

图2-160 添加绿色后的效果

2.15 【色彩平衡】命令

使用【色彩平衡】命令可以更改图像的总体颜色混合，适用于普通的色彩校正。

上机练习 使用色彩平衡命令更改图像的颜色

1. 按 Ctrl+O 键从配套光盘的素材库中打开一个图像文件，如图 2-161 所示。

图2-161 打开的文件

2. 在【图像】菜单中执行【调整】→【色彩平衡】命令，或按 Ctrl+B 键弹出【色彩平衡】对话框，在其中设置【色阶】为 −41、+16、−55，如图 2-162 所示，设置好后单击【确定】按钮，得到如图 2-163 所示的效果。

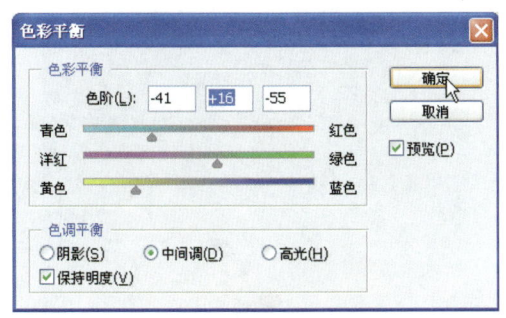

图2-162 【色彩平衡】对话框

图2-163 调整颜色后的效果

2.16 滤镜命令

使用滤镜命令可以创建出各种各样精彩绝伦的图像效果，让绘画作品丰富而美丽。

上机练习 使用滤镜命令为图像增添特效

1 按Ctrl+O键从配套光盘的素材库中打开一个图像文件，如图2-164所示。

图2-164 打开的文件

2 显示【图层】调板，并在其中单击 (创建新图层)按钮，新建图层7，如图2-165所示，接着在工具箱中点选 椭圆选框工具，并在选项栏 中设置【羽化】为1px，然后在画面中左上角的适当位置绘制一个椭圆选框，如图2-166所示。

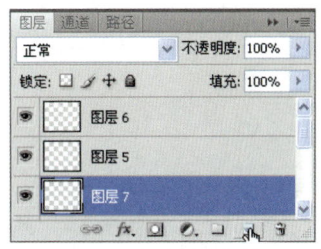

图2-165 创建新图层

图2-166 用椭圆选框工具绘制椭圆选框

3 设置前景色为R：239、G：196、B：22，再按Alt+Delete键填充前景色，得到如图2-167所示的效果。

图2-167 填充颜色

49

4 在【滤镜】菜单中执行【模糊】→【高斯模糊】命令，弹出【高斯模糊】对话框，并在其中设置【半径】为7.8像素，如图2-168所示，设置好后单击【确定】按钮，即可将选区内的内容进行模糊，画面效果如图2-169所示。

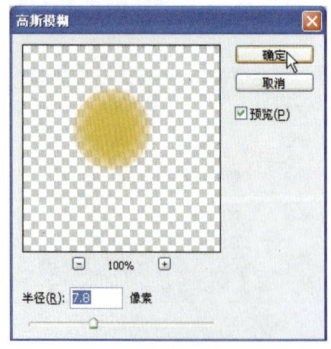

图2-168 【高斯模糊】对话框

图2-171 绘制椭圆选框并填充白色

图2-172 【羽化选区】对话框

图2-169 模糊后的效果

图2-173 删除选区内容后的效果

5 设置前景色为白色，再在【图层】调板中单击 ▫（创建新图层）按钮，新建图层8，如图2-170所示。

7 用上步同样的方法再绘制多个汽泡，绘制好后的效果如图2-174所示，再按Ctrl+D键取消选择。

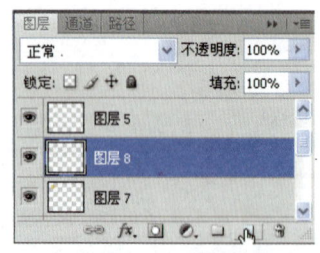

图2-170 创建新图层

6 用椭圆选框工具在画面中适当位置绘制一个椭圆选框，如图2-171所示，接着在【选择】菜单中执行【修改】→【羽化】命令，弹出【羽化选区】对话框，并在其中设置【羽化半径】为3像素，如图2-172所示，单击【确定】按钮，将选区羽化，再在键盘上按Delete键清除选区内容，得到如图2-173所示的效果。

图2-174 绘制汽泡

8 在【图层】调板中单击【创建新图层】按钮，新建图层9，如图2-175所示，接着在工具箱中点选 ▫ 画笔工具，并在选项栏中设置参数为

50

Photoshop CS4的手绘工具与功能 第2章

然后按Shift键在画面中绘制几条直线，如图2-176所示。

图2-175 创建新图层

图2-176 用画笔工具绘制直线

9 在【滤镜】菜单中执行【液化】命令，弹出【液化】对话框，并在其中勾选【显示背景】选项，再在【模式】下拉列表中选择背后，设置【不透明度】为100%，如图2-177所示，然后用向前变形工具在预览窗口中的直线上进行拖动，以将直线进行扭曲变形，如图2-178所示，达到所需的效果后单击【确定】按钮，即可得到所需的效果如图2-179所示。

图2-177 【液化】对话框

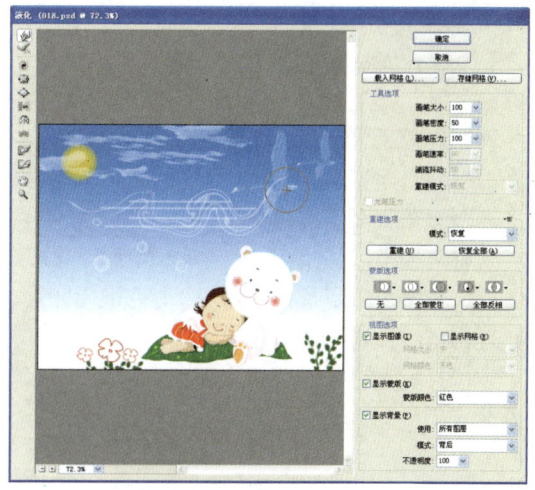

图2-178 【液化】对话框

图2-179 液化后的效果

2.17 【图层】调板与添加图层蒙版

使用图层可以在不影响图像中其他图素的情况下处理某一图素。如果图层上没有任何像素，则该图层是完全透明的，就可以一直看到底下的图层。通过更改图层的顺序和属性，可以改变图像的合成。另外利用调整图层、填充图层和图层样式等特殊功能可创建出复杂效果。

Photoshop CS4中的新图像只有一个图层，该图层称为背景层。既不能更改背景层在堆叠顺序中的位置（它总是在堆叠顺序的最底层），也不能将混合模式或不透明度直接应用于背景层（除非先将其转换为普通图层）。可以添加到图像中的附加图层、图层组和图层效果。而

51

中文版Photoshop CS4手绘艺术技法

可添加的图层的数目只受计算机内存的限制。

蒙版控制图层或图层组中的不同区域如何隐藏和显示。通过更改蒙版，可以对图层应用各种特殊效果，而不会实际影响该图层上的像素。然后可以应用蒙版并使这些更改永久生效，或者删除蒙版而不应用更改。

有两种类型的蒙版：

（1）图层蒙版是位图图像，与分辨率相关，并且由绘画或选择工具创建。

（2）矢量蒙版与分辨率无关，并且由钢笔或形状工具创建。

上机练习　使用图层蒙版调整图像

1 按Ctrl+O键从配套光盘的素材库中打开两个图像文件，如图2-180所示。

图2-180　打开的文件

2 单击020.psd使其成为当前文件，显示【图层】调板，在其背景层上右击，弹出快捷菜单，在其中选择【复制图层】命令，如图2-181所示。在弹出的【复制图层】对话框中设置【为】为图层1，【文档】为019.psd，如图2-182所示，设置好后单击【确定】按钮，即可将020.psd文件的图像复制到019.psd文件中，再激活019.psd文件，即可看到画面中已经发生了变化，画面效果如图2-183所示，其【图层】调板中则自动添加了一个图层，如图2-184所示，然后按Ctrl键将复制的图像向下拖动到底部，如图2-185所示。

图2-181　选择【复制图层】命令

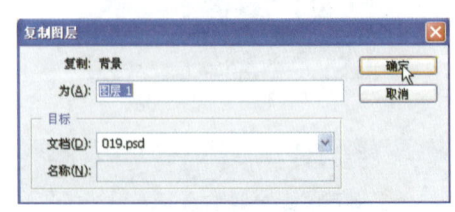

图2-182　【复制图层】对话框

图2-183　复制图层后的结果

图2-184　【图层】调板

图2-185　移动图像后的效果

Photoshop CS4的手绘工具与功能 第2章

3 在【图层】调板的底部单击 ◻ (添加图层蒙版) 按钮,给图层1添加图层蒙版,如图2-186所示。在工具箱中设置前景色为黑色,并点选 ✏ 画笔工具,再在选项栏的画笔弹出式调板中选择柔角45像素画笔,如图2-187所示,然后在画面中不需要的部分进行涂抹,以将其隐藏,涂抹后的效果如图2-188所示,同时【图层】调板中的缩览图也随之更新,如图2-189所示。

图2-186 添加图层蒙版

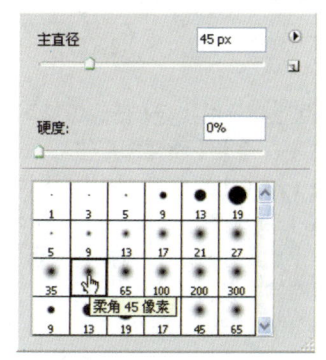

图2-187 选择画笔

图2-188 修改蒙版后的效果

图2-189 【图层】调板

4 在【图层】调板的底部单击 ⬤ (创建新的填充或调整图层)按钮,并在弹出的菜单中选择【曲线】命令,如图2-190所示,从而显示【调整】调板,再在其中的网格中将直线向左上方调整为曲线,如图2-191所示,调整后的画面效果如图2-192所示。

图2-190 选择【曲线】命令

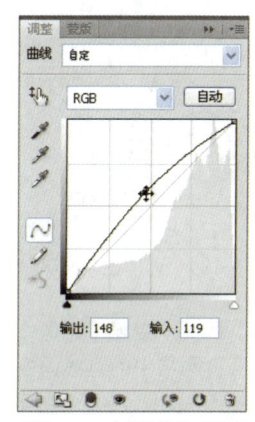

图2-191 【调整】调板

图2-192 调亮后的效果

5 在【调整】调板中设置【通道】为绿,以调整绿通道,再将网格中的直线向左上方调整为曲

53

线，如图2-193所示，调整好后的画面效果如图2-194所示。

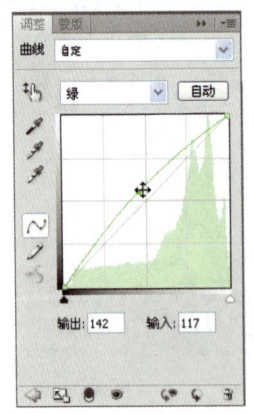

图2-193 【调整】调板

图2-194 添加绿色后的效果

6 在【调整】调板中设置【通道】为蓝，以调整蓝通道，再将网格中的直线向右下方拖动以将其调整为曲线，如图2-195所示，调整好后的画面效果如图2-196所示，此时【图层】调板中则自动添加一个调整图层，如图2-197所示。

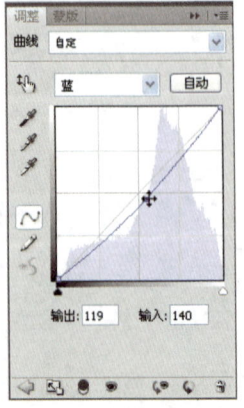

图2-195 【调整】调板

图2-196 减少蓝色后的效果

图2-197 【图层】调板

7 在【图层】菜单中执行【新建调整图层】→【色阶】命令，弹出【新建图层】对话框，并在其中设置【颜色】为红色，【模式】为柔光，【不透明度】为80%，如图2-198所示，设置好后单击【确定】按钮，紧接着显示色阶调整调板，再在其中设置【色阶】为65、1.31、236，如图2-199所示，设置好后的效果如图2-200所示。

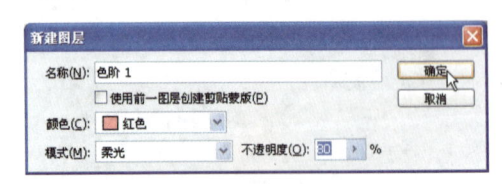

图2-198 【新建图层】对话框

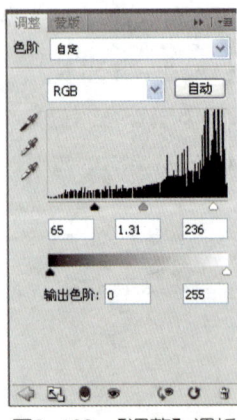

图2-199 【调整】调板

Photoshop CS4的手绘工具与功能 第2章

图2-200 调整色阶后的效果

2.18 【通道】调板

打开新图像时，Photoshop 将自动创建颜色信息通道；所创建的颜色通道的数量取决于图像的颜色模式，而非其图层的数量。例如，RGB 图像有4个默认通道：红色、绿色和蓝色各有一个通道，以及一个用于编辑图像的复合通道。

使用【通道】调板可以创建并管理通道，以及监视编辑效果。【通道】调板列出了图像中的所有通道，首先是复合通道（对于 RGB、CMYK 和 Lab 图像），然后是单个颜色通道，专色通道，最后是 Alpha 通道；通道内容的缩览图显示在通道名称的左侧，缩览图在编辑通道时自动更新。

上机练习 使用通道调板调整图像

1 按 Ctrl+O 键从配套光盘的素材库中打开一个图像文件，如图 2-201 所示。

图2-201 打开的文件

2 感觉图像中的绿色过多，因此在【通道】调板中单击绿通道，以它为当前通道，如图 2-202 所示，再按 Ctrl+M 键执行【曲线】命令，弹出【曲线】对话框，并在其中将网格中的直线向右下方拖动成曲线，以减少绿色，如图 2-203 所示，调整好后单击【确定】按钮，其画面效果如图 2-204 所示。

图2-202 选择红色通道

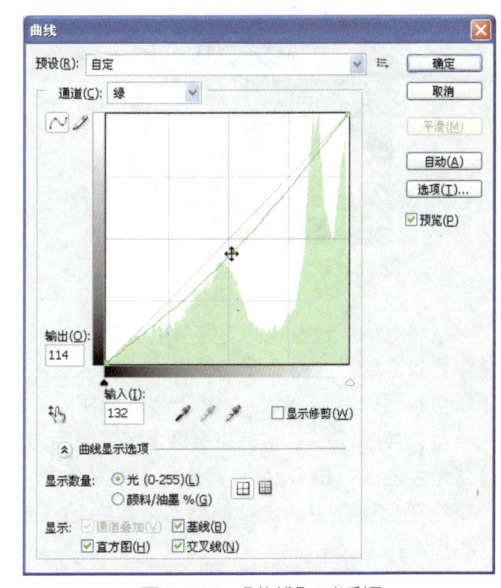

图2-203 【曲线】对话框

图2-204 调整红色通道后的效果

55

3. 在【通道】调板中激活RGB复合通道，如图2-205所示，即可看到我们修改后的彩色图像效果，如图2-206所示。

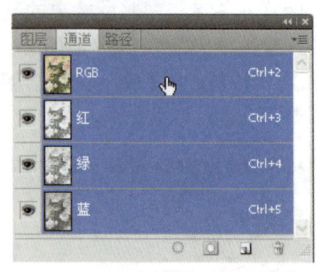

图2-205　选择RGB复合通道

图2-206　调整颜色后的效果

4. 可以将绿单色通道中的内容复制到蓝单色通道中，以达到修改图像颜色的目的。再次激活绿单色通道，并按Ctrl+A键全选，如图2-207所示，再按Ctrl+C键拷贝选区内容，然后激活蓝单色通道，按Ctrl+V键执行【粘贴】命令，将绿单色通道中的内容粘贴到蓝单色通道中，如图2-208所示。

图2-207　选择绿色通道并拷贝

图2-208　选择蓝色通道并粘贴

5. 在【通道】调板中激活RGB复合通道，即可看到我们修改后的彩色图像效果，如图2-209所示。

图2-209　调整颜色后的效果

2.19 【历史记录】调板

使用【历史记录】调板可以一次性撤消多步操作，也可以一次性恢复多步操作——其前提是撤消后还没有做其他的操作。我们也可以通过快捷键Ctrl+Alt+Z键与Shift+Ctrl+Z键来达到目的。如果要撤消或还原一步请按Ctrl+Z键。

使用【历史记录】调板与历史记录画笔还可以绘画出各种奇特的效果。

Photoshop CS4的手绘工具与功能 **第2章**

上机练习 使用历史记录调板绘制图像

1. 按 Ctrl+O 键从配套光盘的素材库中打开一个图像文件，如图 2-210 所示，显示【历史记录】调板，如图 2-211 所示。

图2-210 打开的文件

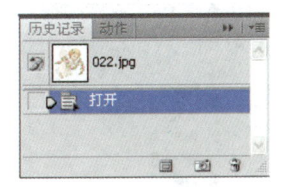

图2-211 【历史记录】调板

2. 先在工具箱中设置前景色为 R：245、G：248、B：18，背景色为 R：242、G：20、B：25，再点选 画笔工具，并在选项栏的画笔弹出式调板中选择 杜鹃花串画笔，如图 2-212 所示，然后在画面的底部绘制出一些杜鹃花，如图 2-213 所示，同时【历史记录】调板中就记录了该操作，如图 2-214 所示。

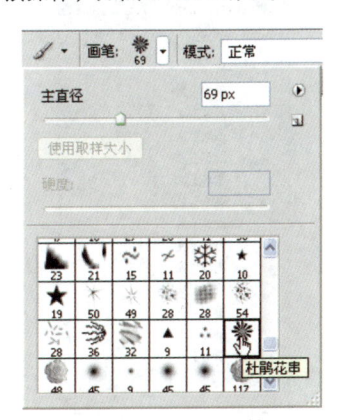

图2-212 选择画笔

图2-213 绘制花串

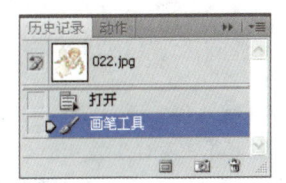

图2-214 【历史记录】调板

3. 在画面的左上角与右上角绘制出两丛杜鹃花，如图 2-215 所示，同时【历史记录】调板中就记录了这两步操作，如图 2-216 所示。

图2-215 绘制花串

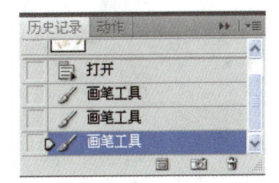

图2-216 【历史记录】调板

4. 如果要撤消刚绘制的两丛杜鹃花，可以直接在【历史记录】调板中单击第一步画笔工具的操作，一次性撤消到第一步画笔工具操作的画面，如图 2-217 所示。当然，也可以连 Alt+Ctrl+Z 键两次撤消这两步操作。

57

图2-217 撤消两步操作

图2-220 【历史记录】调板

5. 在选项栏的画笔弹出式调板中选择缤纷蝴蝶画笔，并设置其【主直径】为49px，如图2-218所示，然后在画面的右上角多次单击，以绘制出一些蝴蝶，如图2-219所示，同时【历史记录】调板中就记录了这些操作，如图2-220所示。

6. 在【历史记录】调板中单击最后一步画笔工具操作前面的方框，显示历史记录画笔，如图2-221所示，以它作为源，再在工具箱中设置前景色为R：31、G：220、B：254，然后按Alt+Delete键填充前景色，以将画面填满，其【历史记录】调板如图2-222所示。

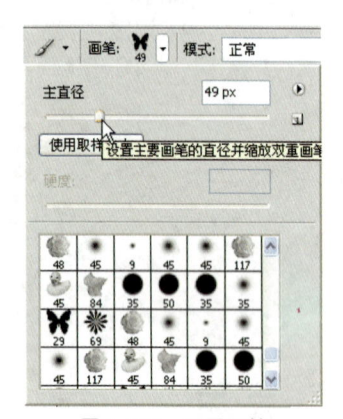

图2-218 设置画笔

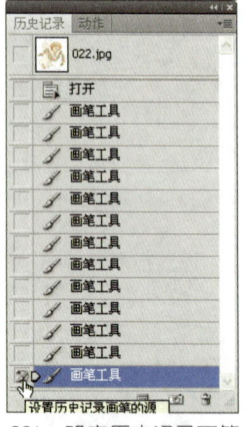

图2-221 确定历史记录画笔的源

图2-219 绘制蝴蝶

图2-222 【历史记录】调板

Photoshop CS4的手绘工具与功能 第2章

7 在工具箱中点选 历史记录画笔工具，并在选项栏的画笔弹出式调板中选择 杜鹃花串画笔，然后在画面中进行绘制，以将填充的颜色擦除，同时在没有完全擦除的地方留出了一些杜鹃花，如图2-223所示，同时【历史记录】调板中就记录了这些操作，如图2-224所示。

图2-223 用历史记录画笔工具擦除填充的颜色

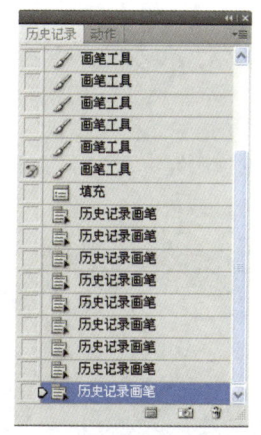

图2-224 【历史记录】调板

2.20 【路径】调板

使用【路径】调板可以对绘制的路径进行填充与描边，也可以使路径载入选区，还可以将现有选区转换为路径。

上机练习 使用路径调板进行填充与描边

1 按Ctrl+O键从配套光盘的素材库中打开一个图像文件，接着在工具箱中点选 椭圆选框工具，并在画面中拖出一个椭圆选框，如图2-225所示。

图2-225 用椭圆选框工具绘制椭圆选框

2 在【选择】菜单中执行【修改】→【羽化】命令，弹出【羽化选区】对话框，并在其中设置【羽化半径】为20像素，如图2-226所示，设置好后单击【确定】按钮，将椭圆选框进行羽化，再按Ctrl+Shift+I键反选选区，结果如图2-227所示。

图2-226 【羽化选区】对话框

图2-227 反选选区

3 设置背景色为R：224、G：254、B：252，在键盘上按Delete键清除选区内容，清除后的效果如图2-228所示。

图2-228 删除选区内容后的效果

59

4 显示【路径】调板,并在其中单击 （从选区生成工作路径）按钮,由选区建立工作路径,如图2-229所示,同时画面中的选框已经转换为路径了,如图2-230所示。

图2-229 【路径】调板

图2-230 由选区生成工作路径

5 在工具箱中先设置前景色为 R:244、G:158、B:22,再点选 画笔工具,并在选项栏的画笔弹出式调板中选择雪花画笔与设置【主直径】为63px,如图2-231所示,然后在【路径】调板中单击 （用画笔描边路径）按钮,如图2-232所示,给路径进行描边,描边后的效果如图2-233所示。

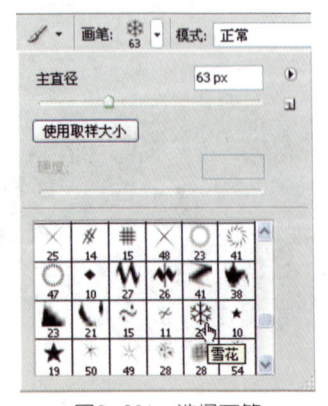

图2-231 选择画笔

图2-232 用画笔描边路径

图2-233 描边后的效果

6 设置前景色为 R:231、G:244、B:22,在画面中右击弹出画笔调板,并在其中将【主直径】改为30px,然后在【路径】调板中单击 （用画笔描边路径）按钮,给路径再次进行描边,描边后的效果如图2-234所示。

图2-234 描边后的效果

2.21 本章小结

本章主要讲解了 Photoshop CS4 软件的基础操作,如新建、保存、打开、保存与改变图像与画布的大小、复制文件、修改错误等的几种方法;绘画常用工具如画笔工具、钢笔工具、渐变工具、橡皮擦工具、文字工具、减淡与加深工具、涂抹工具等;辅助完成绘画工具如移动工具、选框工具、魔棒工具等；绘画常用命令如羽化、曲线、色相/饱和度、色彩平衡、滤镜等命令；以及常用功能如图层调板、通道调板、历史记录调板、路径调板等。

2.22 上机练习题

根据本章所学内容将如图 2-235 所示的双面斧绘制出来。操作流程图如图 2-236 所示。

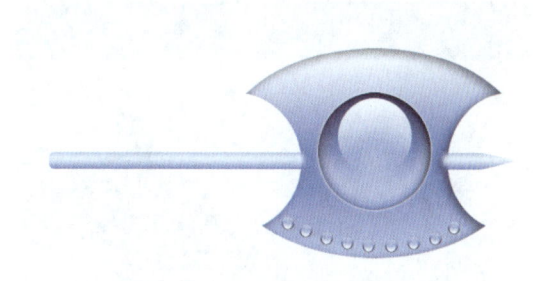

图2-235　绘制好的双面斧

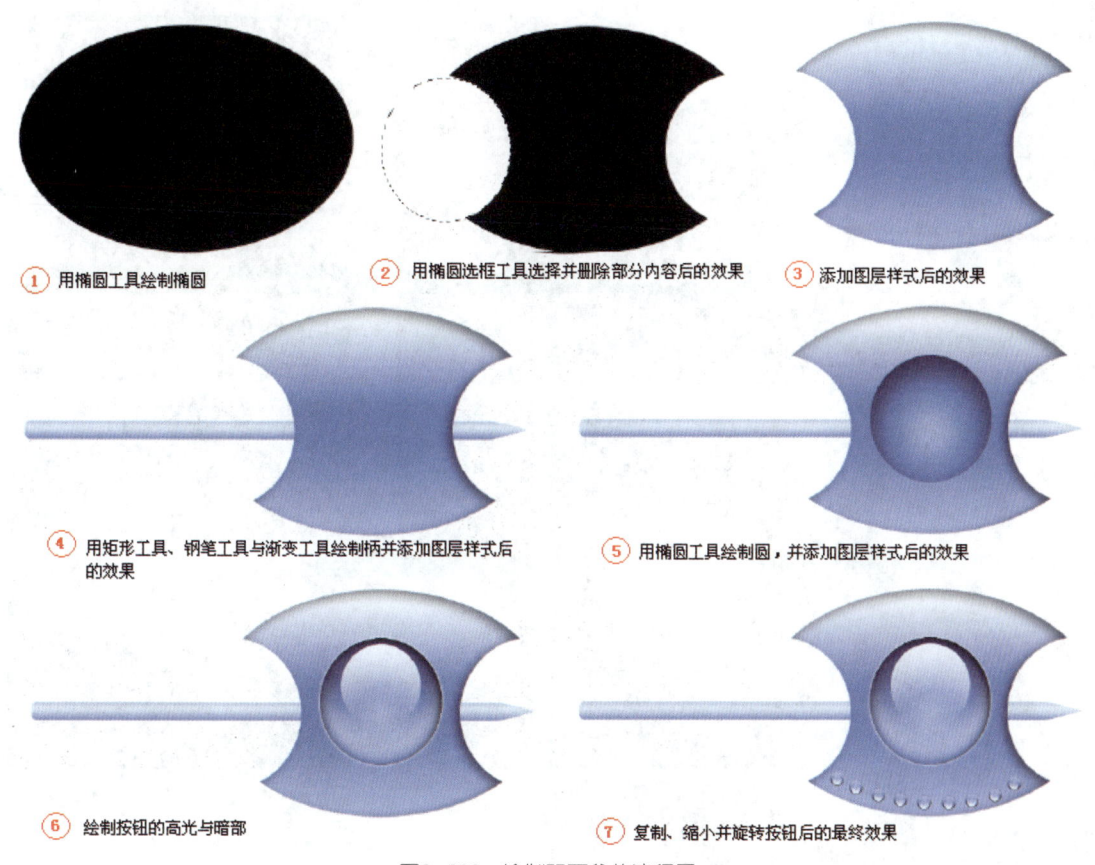

① 用椭圆工具绘制椭圆

② 用椭圆选框工具选择并删除部分内容后的效果

③ 添加图层样式后的效果

④ 用矩形工具、钢笔工具与渐变工具绘制柄并添加图层样式后的效果

⑤ 用椭圆工具绘制圆，并添加图层样式后的效果

⑥ 绘制按钮的高光与暗部

⑦ 复制、缩小并旋转按钮后的最终效果

图2-236　绘制双面斧的流程图

BestRose 芳心
国际知名品牌
芳心国际化妆品有限公司出品

绿色食品
好喝就是这个味！
草莓酸牛奶
含乳饮料超高温灭菌
天然果汁　天然营养
广州天时利乳业有限公司

第 2 部分
绘画篇

- 第 3 章　绘制插画
- 第 4 章　绘制风景画
- 第 5 章　绘制静物画
- 第 6 章　绘制动物
- 第 7 章　绘制人物画
- 第 8 章　商业绘画

第3章 绘制插画

> **本章提要**
> 本章重点讲解使用Photoshop CS4中的功能绘制矢量时尚插画与绘图本风格的插画,同时讲解插画应用范围、插画技法等。希望读者通过本章的学习能够绘制出时尚的经典插画作品。

3.1 插画的概念

插画,就是用来解释说明一段文字的画。简单的说,就是我们平常所看的报纸、杂志、各种刊物或儿童图画书里,在文字间所加插的图画,统统称为"插画"。其主要作用为增强文字的感染力及趣味性,使文字部分更生动、更具体,给读者更直观的视觉刺激。其中,以商业为目的绘制的插画则称为商业插画。

插画在中国被人们俗称为插图。现在通行于国外市场的商业插画包括出版物插图、影视与游戏美术设计、卡通吉祥物和广告插画4种形式。在我们中国,插画已经遍布于平面和电子媒体、商业场馆、公众机构、商品包装、企业广告、影视演艺海报甚至T恤、日记本、贺年片。

插画是绘画艺术的一分支。它与普通绘画作品(如图3-1所示)相比,它有着更鲜明的目的性,也就是每幅插画都有明确的主题,从人物设计、绘画草稿到正式绘画上色,都需要与主题相符(如图3-2所示的为绘画师特别为书籍绘制的封面)。因此,插画的创作比普通绘画要严谨得多。

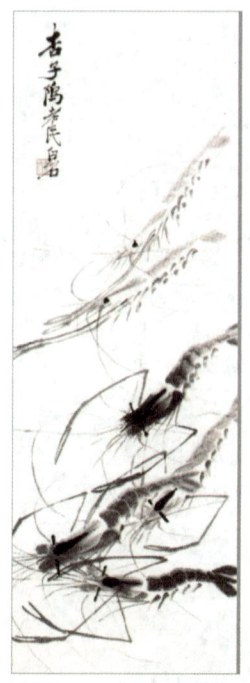

图3-1 齐白石作品

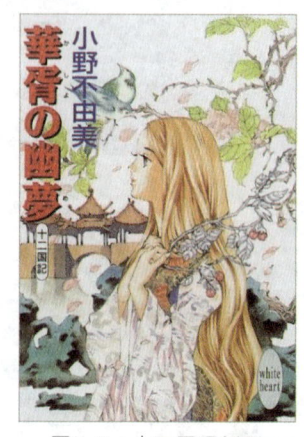

图3-2 十二国记封面

3.2 插画的应用范围

插画艺术的发展,可以说是有着悠久的历史。在古老的年代,人类就懂得利用"绘画"的形式,以线条色彩等图像,使用对方了解表示的内容。

插画的创作表示可以具象，也可抽象，创作的自由度极高，当摄影无法拍摄到实体影像时，则用插画来表现是最佳的选择。插画依照用途可以区分为书刊插画、广告插画和科学插画等类。现在插画主要应用到如下范围：

（1）出版物：书籍的封面，书籍的内页，书籍的外套，书籍的内容辅助等所使用的插画。包括报纸、杂志等编辑上所使用的插画。

（2）商业宣传：广告类——包括报纸广告、杂志广告、招牌、海报、宣传单、电视广告中所使用的插画。

（3）商业形象设计：商品标志与企业形象（吉祥物）。

（4）商品包装设计：图解——消费指导、商品说明、使用说明书、图表、目录等。

（5）影视多媒体：影视剧、广告片、游戏、网络等方面的角色及环境美术设计或介面设计。

凡是用来做"解释说明"用的都可以算在插画的范畴。

3.3　插画技法

无论是使用传统画笔，还是电脑绘制，插画的绘制都是一个相对比较独立的创作过程，有很强烈的个人情感归依。有关插画的工作很多种，像儿童的、服装的、书籍的、报纸副刊的、广告的、电脑游戏的，不同性质的工作需要不同性质的插画人员，所需风格及技能也有所差异。就算是专业的杂志插画，每家出版社所喜好的风格也不一定。所以现在的插画越来越商业化，要求也越来越高，已经走向了专业化的水平，再也不同于以前只为表达个人某时某刻的那份想法。

画插画，最好是先把基本功先练好，像素描、速写。素描是训练对光影、构图的了解。而速写则是训练记忆，用简单的笔调快速的绘出影像感觉，让手及脑更灵活。然后就可多尝试用不同颜料作画，像水彩、油画、色铅笔、粉彩等等，找到适合自己上色方式。

本书讲解是使用计算机绘画，准确的讲是使用Photoshop绘画。绘制插画通常可以使用Illustrator、Photoshop、Painter等等绘图软件。其中Illustrator是矢量式的绘图软件，Photoshop是点阵式的，而Painter则是可以模仿手绘笔调的。

3.4　绘制插画的软件工具

使用电脑绘制插画有两种类型，即矢量插画与点阵（像素）插画。

（1）矢量插画：它可以无限制的放大或缩小，而画面不会有任何失真，并且所占用的空间较小。但是画面通常不够逼真、细腻，如图3-3所示。绘制矢量式的绘图软件主要有Illustrator、FreeHand与CorelDRAW。

图3-3　矢量插画

（2）点阵插画：又称像素插画或位图插画。它可以绘制出色彩和色调丰富而逼真的图像，如图3-4所示。如可以绘制出逼真的自然现象和细致的毛发、肌肤等效果。但是它所占用的空间比较大，放大会使图像模糊而失真。

图3-4　点阵插画

中文版Photoshop CS4手绘艺术技法

目前绘制点阵式图像的主要软件有Painter和Photoshop。Painter具备其他图形软件没有的功能，它包含各种各样的画笔，具有强大的油画、水墨画绘制功能，由于具备了如此新颖的绘图功能，以致Painter 5.0一推出就引起了很大的轰动。

Painter还是非常出色的仿自然绘画软件，有丰富的纸纹材质和笔刷类型为作品提供特殊的肌理效果，同时还允许用户自定义笔刷和材质。在Painter中可以轻松创作出效果真实的数码水彩画、素描、粉笔画、油画等，让创意的自由度更加广阔。Painter软件目前最高版本是Painter 11，如图3-5所示。

图3-5　Painter 11的启动界面

Painter与Photoshop有相似的窗口形式和环境外观，如图3-6所示，Photoshop用户可以轻松地使用Painter。但是，Painter必须与手写板配合使用才能完全发挥它的功能，如果使用鼠标，其功能只能发挥30%。而且Painter很消耗系统资源。

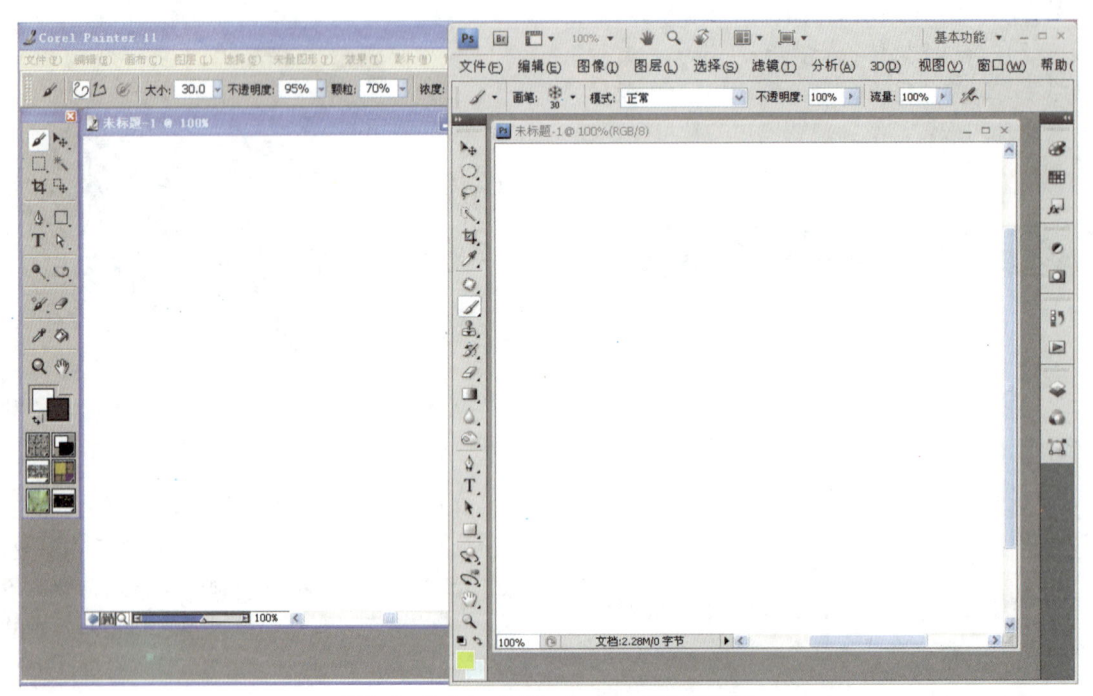

图3-6　Painter与Photoshop的程序窗口

Photoshop是目前平面设计中最常用的软件，如图3-7所示，该软件通常用于图像处理，但是为了吸引更多的手绘用户，与Painter争夺市场，于是在Photoshop 7版本之后大幅度加强了画笔工具的功能，同时还专门增加了一个【画笔】调板（如图3-8所示），通过不同的控制选项使笔触效果更加多样化，如图3-9所示，对手写板的控制也进一步增强。

图3-7　Photoshop CS4的启动界面

66

3.5 绘制时尚插画

时装插画（FASHION ILLUSTRATION），是一种以时装为表现主体的插图绘画形式。它自17世纪诞生以来便与商业紧密结合，它曾经是时装信息、时尚流行传播的主要媒介，或穿插在杂志书籍中，或出现在各种广告宣传中，像现在的摄影图片那样普遍发行。从20世纪初直至50年代，时装插画可谓鼎盛一时，众多杂志和平面媒体都需要利用大量的时装插画来为文字和服装增加艺术氛围和可视性。随着70年代电视的普及和90年代摄影作品的流行，曾使时装插画在大众艺术中的地位受到严重威胁。而今天，当人们在生活中重新追求艺术返璞归真的原初境界时，时装插画又以其深邃的寓意和高雅的艺术品位与摄影平分天下，时装插画存在的意义已经远远超出纯粹的商业插图和设计效果图，作为一种具有独特审美价值的艺术形式，它再度受到世人的关注。

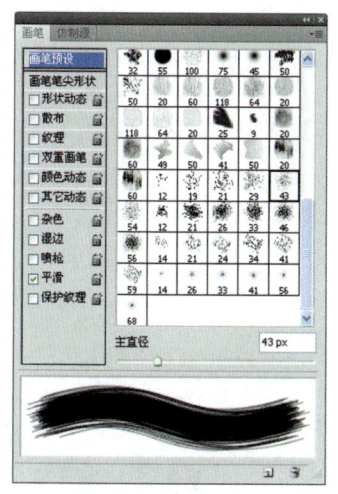

图3-8 【画笔】调板

图3-9 用画笔工具绘制的各种笔触

Photoshop中的画笔工具虽然不能与Painter中的笔刷库相媲美，但是它作为绘画软件使用已经足够了。而且现在使用Photoshop的人远远超过使用Painter的人，Photoshop的应用领域也比Painter广得多。最重要的是即使没有手写板，使用鼠标同样能发挥Photoshop的全部功能。

使用Photoshop可以用钢笔工具绘制出矢量插画（但它不是真正意义上的矢量插画），矢量插画一般使用矢量绘画软件来绘制，如：Illustrator、FreeHand与CorelDRAW。不过作为印刷品，只要图像分辨率不低于300像素/英寸，就可以印刷出令人满意的效果，因此完全可用Photoshopg来绘制仿矢量插画。

【实例分析】

先在画面中显示网格，并用钢笔工具在画面中勾画出人物的基本姿势图，再用创建新图层、创建新组、钢笔工具、用前景色填充路径、多边形套索工具、椭圆工具、橡皮擦工具、路径选择工具、将路径作为选区载入、画笔工具、吸管工具等工具与命令依次在画面中绘制人物的脸、五官、颈、肩、头发、衣服、手、脚与手提包等，最后用创建新图层、钢笔工具、路径选择工具、渐变工具、用前景色填充路径、自定形状工具来绘制背景。

实例效果如下图所示。

时尚插画效果图

中文版Photoshop CS4手绘艺术技法

【实例制作】

（1）绘制人体基本姿势图

一般情况下，服装模特的形体特征为身体细长，人物身高一般都在9个头的高度之上，人物五官绘画简单而夸张。为了方便绘制与确定基本位置，应先确定人体的基本姿势后再进行细致绘制。因此我们需要用简单明了的直线绘制出人体的基本姿势图。

1. 按 Ctrl+N 键新建一个大小为 16×23 厘米，分辨率为 300 像素/英寸，颜色模式为 RGB 模式的空白图像文件。

2. 在【编辑】菜单中执行【首选项】→【参考线、网格和切片】命令，弹出【首选项】对话框，并在其中设置网格颜色为 #68d1fe，【网格线间隔】为 20 毫米，【子网格】为 1，其他不变，如图 3-10 所示，设置好后单击【确定】按钮，结果如图 3-11 所示。

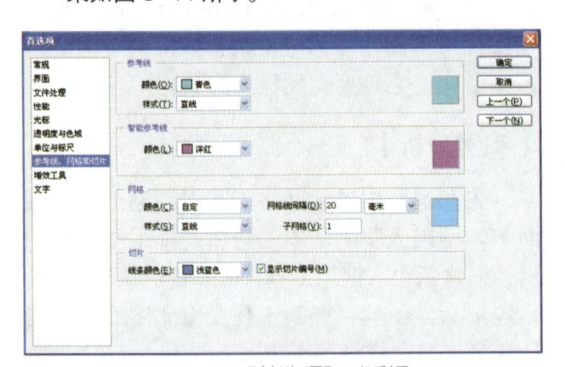

图3-10 【首选项】对话框

图3-11 显示与设置网格

3. 在工具箱中点选钢笔工具，并在选项栏中选择（路径）按钮，然后在画面中勾画出人物的架构，如图 3-12 所示，再按 Ctrl 键在画面中单击取消路径的选择。

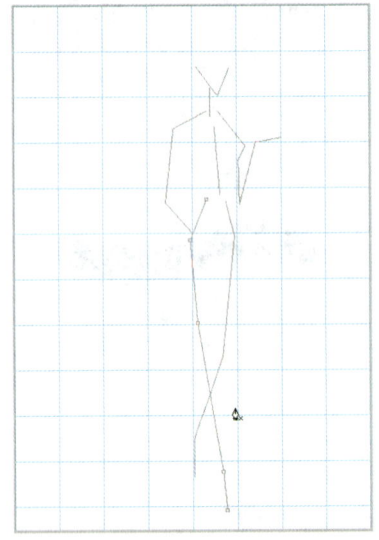

图3-12 用钢笔工具绘制人物的架构

4. 在【图层】调板中单击（创建新图层）按钮，新建图层 1，如图 3-13 所示，接着在工具箱中点选画笔工具，在选项栏中设置【画笔】为，然后在【路径】调板中单击（用画笔描边路径）按钮，如图 3-14 所示，给路径描边，再在【路径】调板的灰色空白区域单击隐藏路径显示，得到如图 3-15 所示的结果。这样，人体基本姿势绘制完成。

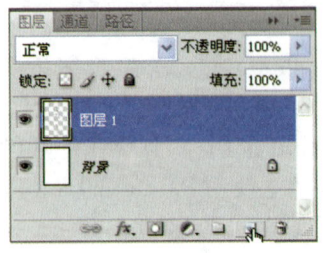

图3-13 创建新图层

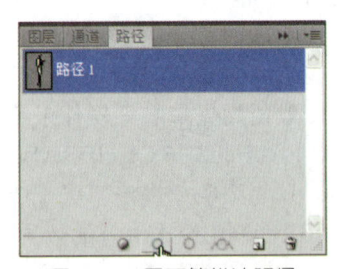

图3-14 用画笔描边路径

68

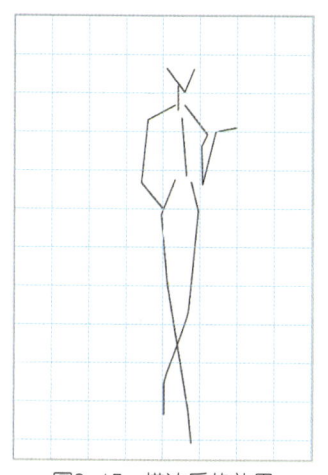

图3-15 描边后的效果

（2）绘制人物头部

绘制好人物的大概姿势后，开始深入细致的刻画人体的各个部位。头部是人体比例的基础，脸是一幅人物画中最引人注目的部位，因此整幅画应从头部开始。

1. 设置前景色为 R:252、G:215、B:197，在【图层】调板中单击 ■（创建新组）按钮，新建一个组，并将该组名改为脸部，如图 3-16 所示，然后再单击 ■（创建新图层）按钮，新建图层 2，如图 3-17 所示。

   图3-16 创建新组

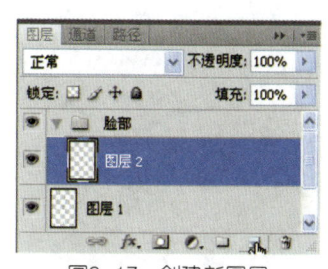

   图3-17 创建新图层

2. 在【路径】调板中单击右上角的 按钮，弹出下拉菜单，并在其中选择【存储路径】命令，如图 3-18 所示，接着弹出如图 3-19 所示的对话框，并在其中直接单击【确定】按钮，将绘制的工作路径存储为路径 1，如图 3-20 所示。

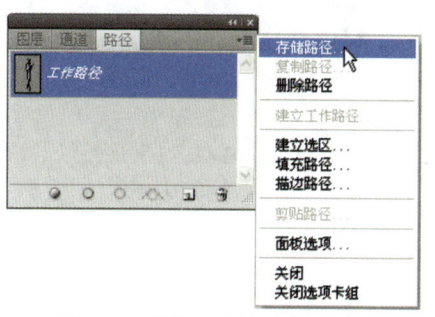

   图3-18 选择【存储路径】命令

   图3-19 【存储路径】对话框

   图3-20 【路径】调板

3. 用钢笔工具在画面中表示头部的位置绘制出一个脸部轮廓路径，如图 3-21 所示，再在【路径】调板中单击 ●（用前景色填充路径）按钮，如图 3-22 所示，将路径填充为前景色，如图 3-23 所示。

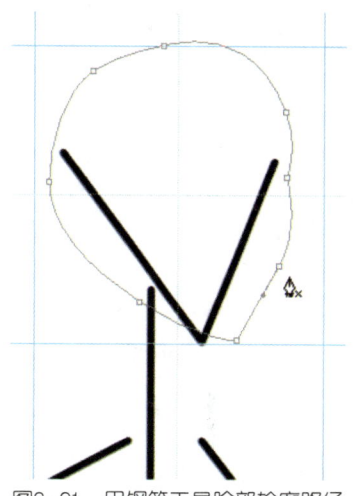

   图3-21 用钢笔工具脸部轮廓路径

中文版Photoshop CS4手绘艺术技法

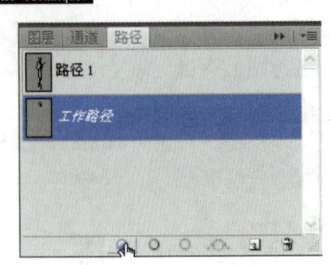

图3-22 【路径】调板

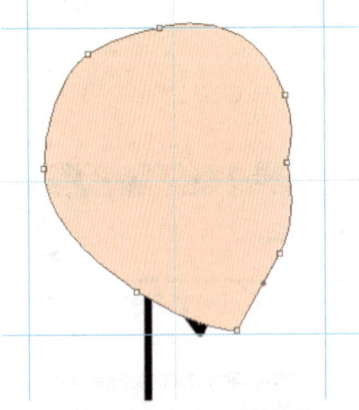

图3-23 填充颜色后的效果

4 在【图层】调板中新建图层3，如图3-24所示，使用钢笔工具勾画出表示眉毛、睫毛、鼻子等结构，如图3-25所示。

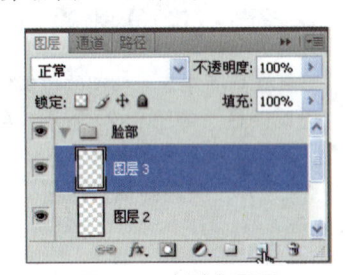

图3-24 创建新图层

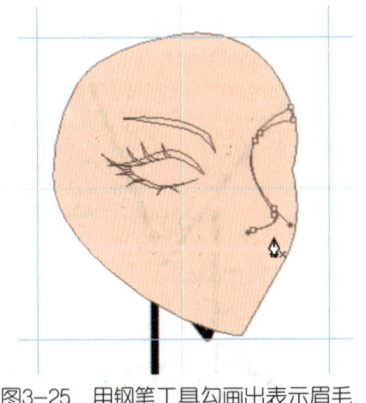

图3-25 用钢笔工具勾画出表示眉毛、睫毛、鼻子等结构

5 设置前景色为 R：69、G：37、B：0，在【路径】调板中单击 ◉ （用前景色填充路径）按钮，用前景色填充路径，填充好颜色后的效果如图3-26所示。

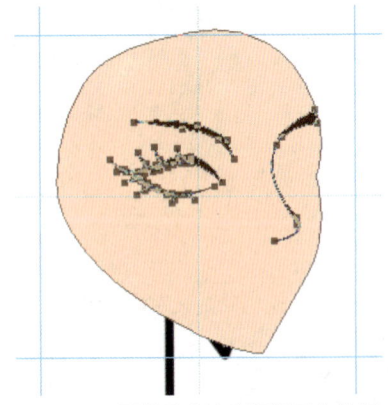

图3-26 用前景色填充路径后的效果

6 设置前景色为白色，在【图层】调板中先激活图层2，再新建图层4，如图3-27所示，接着在工具箱中点选 ▽ 多边形套索工具，或按 L 键，在画面中要绘制眼睛的地方勾选出一个选框，如图3-28所示，再按 Alt+Delete 键填充白色，以得到如图3-29所示的效果。

图3-27 新建图层

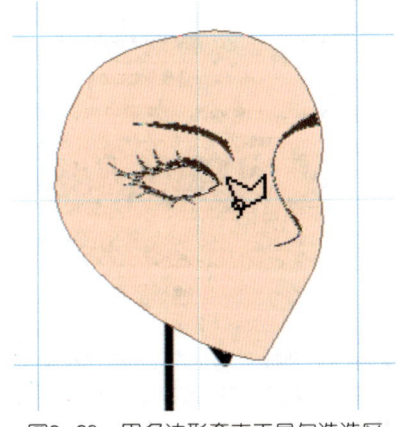

图3-28 用多边形套索工具勾选选区

70

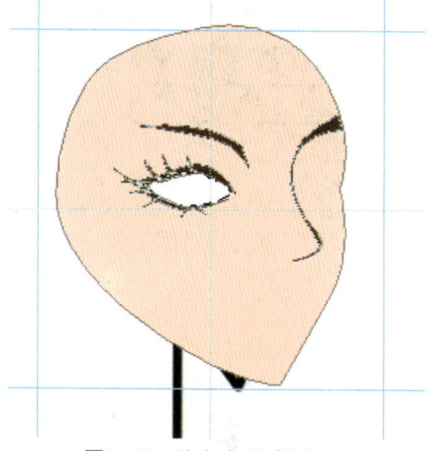

图3-29 填充白色后的效果

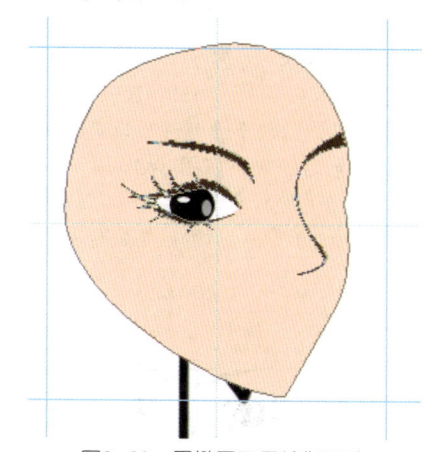

7. 分别设置前景色为黑色、灰色与白色，在工具箱中点选◯椭圆工具，并在选项栏中选择◻（填充像素）按钮，再在画面中绘制出眼珠，绘制好后的效果如图3-30所示。

图3-30 用椭圆工具绘制眼珠

8. 使用前面同样的方法将工作路径存储为路径2，再单击◻（创建新路径）按钮，新建路径3，如图3-31所示，接着在工具箱中点选钢笔工具，并在选项栏中选择◻按钮，然后在画面中眉毛下方绘制出睫毛与眼睛的阴影部分结构，如图3-32所示。

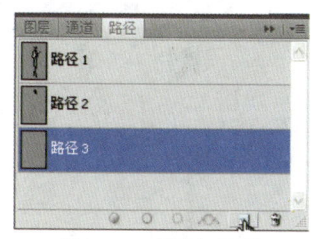

图3-31 创建新路径

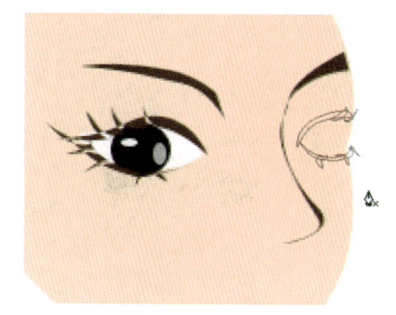

图3-32 绘制路径

9. 设置前景色为R:69、G:37、B:0，在【图层】调板中新建图层5，再在【路径】调板中单击◉按钮，使用前景色填充路径，填充好颜色后的效果如图3-33所示。

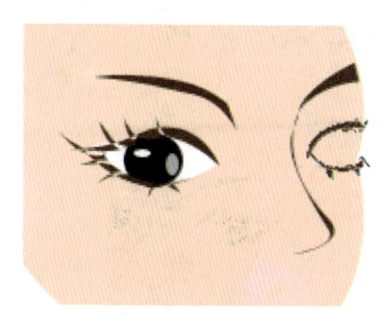

图3-33 填充路径

10. 在【图层】调板中新建图层6，并使图层6位于图层5的下层，然后用前面同样的方法绘制出眼珠，绘制好后的效果如图3-34所示。

图3-34 绘制眼睛

11. 从工具箱中点选◻橡皮擦工具，在画面中将不需要的部分擦除，擦除后的效果如图3-35所示。

图3-35 用橡皮擦工具擦除不需要的部分

12 在【路径】调板中新建一个路径，按P键选择钢笔工具，在画面中鼻子的下方绘制出嘴部结构，如图3-36所示。

图3-36 用钢笔工具绘制嘴的结构

13 设置前景色为R：239、G：22、B94，背景色为R：255、G：127、B：220，按A键选择路径选择工具，在画面中选择上嘴唇，再在【路径】调板中单击 ○（将路径作为选区载入）按钮，如图3-37所示，将选择的路径载入选区，然后按G键选择渐变工具，并在选项栏中渐变拾色器中选择前景色到背景色渐变，如图3-38所示，然后在画面中拖动，以给选区进行渐变填充，如图3-39所示。

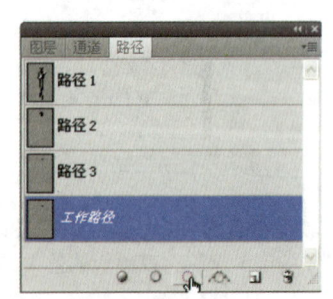

图3-37 【路径】调板

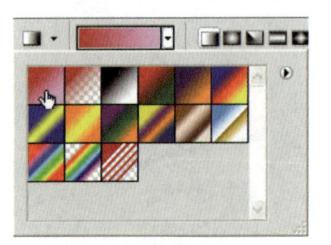

图3-38 选择渐变颜色

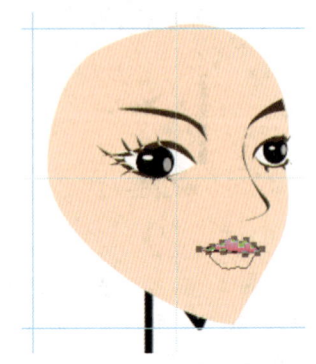

图3-39 填充渐变颜色后的效果

14 设置前景色为R：209、G：13、B：32，背景色为R：237、G：152、B：230，使用上步同样的方法对下嘴唇进行渐变填充，填充渐变颜色后的效果如图3-40所示，然后按Shift键在【路径】调板中单击工作路径，以隐藏路径，隐藏路径后的效果如图3-41所示。

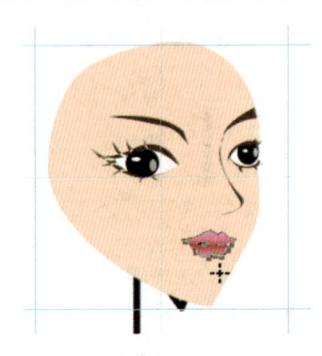

图3-40 填充渐变颜色后的效果

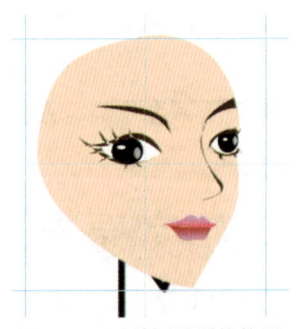

图3-41 隐藏路径后的效果

第3章 绘制插画

15 在工具箱中点选画笔工具，并在选项栏中设置【画笔】为，【不透明度】为10%，然后在画面中绘制出腮红，绘制后的效果如图3-42所示。

图3-42 用画笔工具绘制腮红

16 在工具箱中点选橡皮擦工具，在选项栏中设置【画笔】为，然后在画面中将多余的腮红擦除，擦除后的效果如图3-43所示。

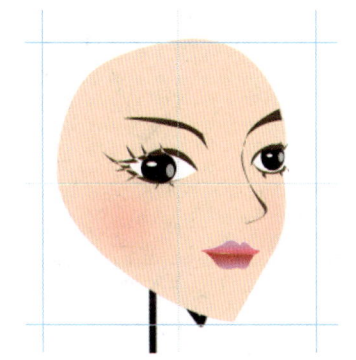

图3-43 用橡皮擦工具擦除多余的腮红

17 在工具箱中点选吸管工具，在画面中额头上单击，如图3-44所示，以吸取该颜色为前景色，再在【图层】调板中新建图层8，然后将图层8拖动到图层2的下层，如图3-45所示。

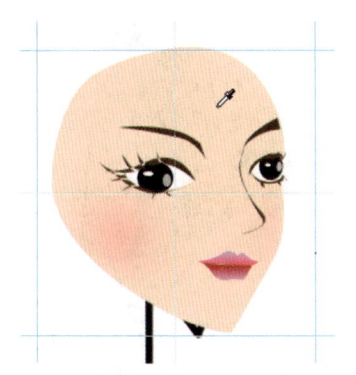

图3-44 用吸管工具吸取颜色

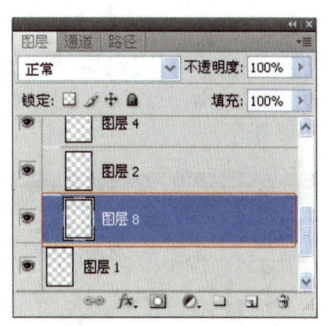

图3-45 【图层】调板

18 在【路径】调板中新建一个路径，使用钢笔工具在画面中脸部下方绘制出颈部与肩部形状，再在【路径】调板中单击按钮，将路径填充为前景色，填充颜色后的效果如图3-46所示。

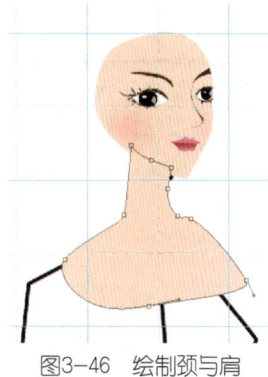

图3-46 绘制颈与肩

（3）绘制头发

先用钢笔工具勾画出长发的结构图，然后再上色。

1 在【路径】调板中新建一个路径，再用钢笔工具在画面中勾画出头发的轮廓路径，绘制好后的结构图如图3-47所示。

图3-47 绘制表示头发的路径

73

2 设置前景色为 R：233、G：133、B：26，背景色为 R：247、G：215、B：40，在【图层】调板中新建图层9，并使它位于图层7的上层，如图3-48 所示。

图3-48 创建新图层

图3-50 创建新图层

3 按 A 键选择路径选择工具，在画面中选择顶部头发轮廓路径，再在【路径】调板中单击 ○（将路径作为选区载入）按钮，将路径载入选区，按 G 键选择渐变工具，并在选项栏中选择 □（径向渐变）按钮，然后在画面中拖动，以给选区进行渐变填充，填充渐变颜色后的效果如图3-49 所示。

图3-51 选择并用渐变颜色填充路径

5 使用路径选择工具在画面中选择肩旁边的头发轮廓路径，在【路径】调板中单击 ○（将路径作为选区载入）按钮，将路径载入选区，按 G 键选择渐变工具，并在选项栏中选择 □（线性渐变）按钮，然后在画面中拖动，以给选区进行渐变填充，填充渐变颜色后的效果如图3-52 所示。

图3-49 选择并用渐变颜色填充路径

4 在【图层】调板中激活图层8，再新建图层10，如图3-50 所示，使用路径选择工具在画面中选择左边头发轮廓路径，再在【路径】调板中单击 ○（将路径作为选区载入）按钮，将路径载入选区，按 G 键选择渐变工具，然后在画面中拖动，以给选区进行渐变填充，填充渐变颜色后的效果如图 3-51 所示。

图3-52 选择并用渐变颜色填充路径

绘制插画 **第3章**

6. 使用同样的方法对其他的头发轮廓路径进行渐变填充，填充渐变颜色后的效果如图3-53所示。

图3-53 选择并用渐变颜色填充路径

7. 在【图层】调板中激活图层9，使它为当前可用图层，如图3-54所示，再用前面同样的方法对头发轮廓路径进行渐变填充，填充渐变颜色后的效果如图3-55所示。

图3-54 【图层】调板

图3-55 选择并用渐变颜色填充路径

8. 设置前景色为R：78、G：33、B：6，使用路径选择工具在画面中选择表示头发的开放式路径，如图3-56所示，再按B键选择画笔工具，并在【画笔】调板中设置【画笔】为 ̄，再单击【形状动态】选项，然后在其中设置【控制】为渐隐，其参数为600，【最小直径】为21%，其他不变，如图3-57所示。

图3-56 选择表示头发的开放式路径

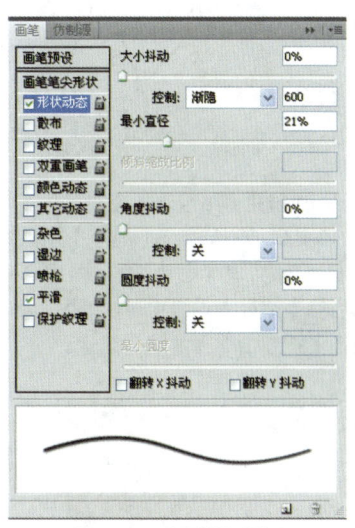

图3-57 【画笔】调板

9. 在【路径】调板中单击 ○（使用画笔描边路径）按钮，使用画笔描边路径，描好边后按Shift键在【路径】调板中单击路径6，使路径隐藏，得到如图3-58所示的效果。

10. 按Ctrl+'键隐藏网格，在【路径】调板中新建一个路径，再使用钢笔工具在画面中勾画出头发的轮廓线，如图3-59所示。

75

图3-58 描边后的效果

图3-59 用钢笔工具勾画头发的轮廓线

11. 按 Shift 键用路径选择工具在画面中选择路径，如图3-60所示，在【画笔】调板中设置【控制】为渐隐，其参数为200，如图3-61所示，然后在【路径】调板中单击（用画笔描边路径）按钮给选择的路径描边。

图3-60 选择路径

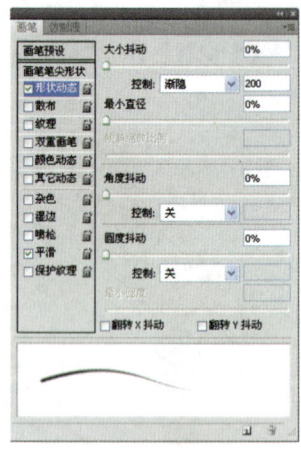

图3-61 【画笔】调板

12. 使用路径选择工具在画面中选择头发顶部的路径，如图3-62所示，在【画笔】调板中设置控制参数为3000，如图3-63所示，然后在【路径】调板中单击（用画笔描边路径）按钮，给选择的路径描边，在【路径】调板的灰色区域单击，隐藏路径，隐藏路径后的效果如图3-64所示。

图3-62 选择头发顶部的路径

图3-63 【画笔】调板

绘制插画 **第3章**

图3-64 描边后效果

13 从工具箱中点选 ⌀ 橡皮擦工具，在画面中对绘制的头发的末端进行擦除，以使头发自然，擦除后的效果如图3-65所示。

图3-65 用橡皮擦工具擦除后的效果

（4）绘制衣服

为这个女孩绘制一件长风衣，至使只看到一双腿，因此就不用画人物的身体了，只需将长风衣绘制好就行了。

1 在【图层】调板中单击 ▢（创建新组）按钮，新建一个组，并将该组名改为衣服，再单击 ▢（创建新图层）按钮，新建图层11，如图3-66所示，然后在【路径】调板中新建一个路径，再使用钢笔工具在画面中绘制出衣服的结构图，如图3-67所示。

2 显示【色板】调板，并在其中单击黑紫洋红，如图3-68所示，使它为前景色，再单击 ▶ 路径选择工具在画面中选择衣服的外轮廓，如图3-69所示，在【路径】调板中单击 ⬤ 按钮，使用前景色填充路径，填充颜色后的效果如图3-70所示。

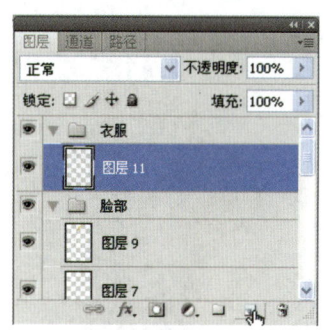

图3-66 【图层】调板

图3-67 用钢笔工具绘制出衣服的结构图

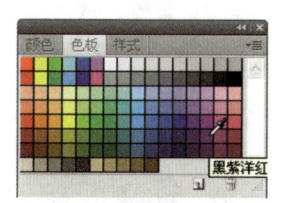

图3-68 【色板】调板

图3-69 选择路径

77

中文版Photoshop CS4手绘艺术技法

图3-70 填充路径的效果

图3-73 填充路径后效果

3 使用路径选择工具，在画面中选择衣服中的结构线，如图3-71所示，在【色板】调板中选择纯紫洋红，如图3-72所示，然后在【路径】调板中单击 ◉ （使用前景色填充路径）按钮，给路径进行颜色填充，再在灰色空白区域单击隐藏路径，填充颜色后的效果如图3-73所示。

4 按Ctrl键在【图层】调板中单击图层8，使它的内容载入选区，再激活它，如图3-74所示。

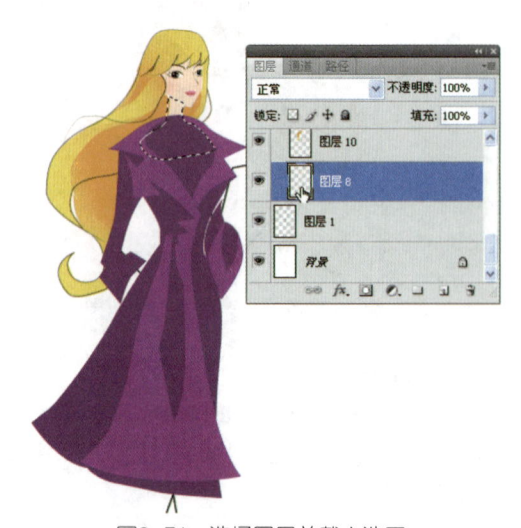

图3-74 选择图层并载入选区

5 在工具箱中点选 多边形套索工具，并在选项栏中 （从选区减去）按钮，将一些不需要的选区减去，如图3-75所示，再按Ctrl+C键进行拷贝，然后在【图层】调板中激活图层11，如图3-76所示，按Ctrl+V键，将选择的内容粘贴到新图层，其画面效果如图3-77所示。

6 按Ctrl++键在画面放大，再按Ctrl键将刚复制的内容拖动到适当位置，如图3-78所示，使用橡皮擦工具将多余的部分擦除，擦除后的效果如图3-79所示。

图3-71 选择路径

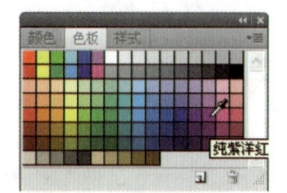

图3-72 【色板】调板

78

绘制插画 **第3章**

图3-75 用多边形套索工具减去不要的选区

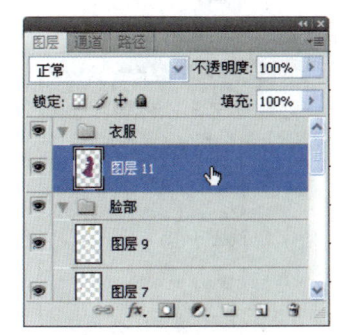

图3-76 【图层】调板

图3-77 复制后的效果

7 在【路径】调板中新建一个路径，使用钢笔工具在画面中人物的腰部绘制出腰带结构，如图3-80所示。

图3-78 移动复制的内容   图3-79 擦除后的效果

图3-80 绘制腰带结构

8 在【图层】调板中新建图层 13，如图 3-81 所示，使用路径选择工具在画面中选择刚绘制的一部分路径，在【路径】调板中单击 ◎（用前景色填充路径）按钮，给选择的路径进行颜色填充，画面效果如图 3-82 所示。

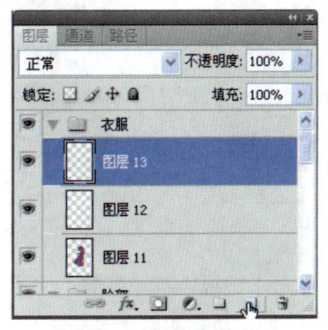

图3-81 新建图层

图3-82 填充路径后的效果

79

9. 切换前景与背景色，在【色板】调板中选择所需的颜色，如图3-83所示，使用路径选择工具在蝴蝶结上选择用于填充较深颜色的路径，在【路径】调板中单击 ◎（使用前景色填充路径）按钮，给选择的路径进行颜色填充，在空白处单击取消路径的选择，其画面效果如图3-84所示。

图3-83　选择颜色　　图3-84　填充路径后的效果

10. 切换前景与背景色，使用同样的方法对蝴蝶结上的路径进行颜色填充，填充颜色后的效果如图3-85和图3-86所示。

图3-85　填充路径后的效果　　图3-86　填充路径后的效果

11. 在【图层】调板中新建图层14，并使它位于图层11的下层，如图3-87所示，使用同样的方法对蝴蝶结上的路径进行颜色填充，填充颜色后的效果如图3-88所示。

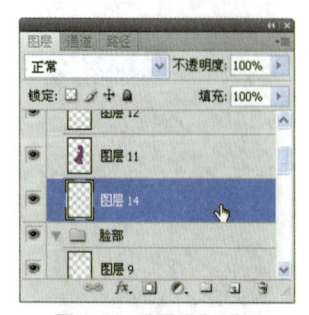

图3-87　【图层】调板

图3-88　填充路径后的效果

12. 在【图层】调板中激活图层13，新建图层15，如图3-89所示，接着在【色板】调板中选择深黑紫洋红，如图3-90所示，在工具箱中点选 ◎ 椭圆工具，并在选项栏中选择 □（填充像素）按钮，然后在画面中衣服上绘制出两个椭圆，以表示钮扣，绘制好后的效果如图3-91所示。

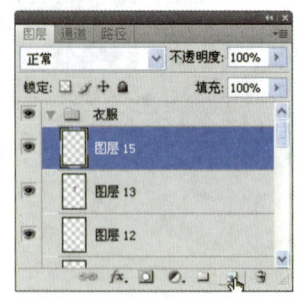

图3-89　【图层】调板

图3-90　选择颜色　　图3-91　用椭圆工具绘制钮扣

13. 在【图层】调板中新建图层16，如图3-92所示，在工具箱中点选 ✏ 画笔工具，并在选项栏中设置【画笔】为尖角5像素，如图3-93所示。

14. 在【路径】调板中激活蝴蝶结路径所在的路径，如图3-94所示，使用路径选择工具选择要描边的路径，在【路径】调板中单击 ◎（用画笔描边路径）按钮，给选择的路径描边，如图3-95所示。

绘制插画 **第3章**

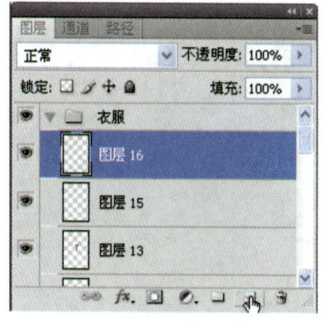

图3-92 创建新图层

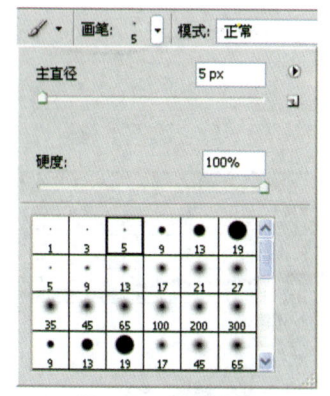

图3-93 选择画笔

图3-94 【路径】调板

图3-95 描边路径后的效果

15 在【路径】调板中激活衣服路径所在的路径，如图 3-96 所示，在【路径】调板中单击 ◯（使用画笔描边路径）按钮，给路径描边，描好边后隐藏路径显示，其画面效果如图 3-97 所示。

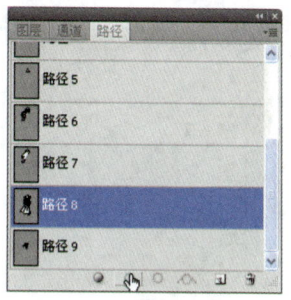

图3-96 【路径】调板

图3-97 描边路径后的效果

16 在工具箱中点选 ◯ 橡皮擦工具，在画面中将不需要的线条擦除，擦除后效果如图 3-98 所示。

图3-98 用橡皮擦工具擦除线条后的效果

> **提 示**
>
> 在擦除线条时需要按"["与"]"键来调整画笔的直径。

81

17 在【图层】调板中新建图层 17，如图 3-99 所示，在【路径】调板中新建一个路径，如图 3-100 所示，然后在画面中沿着脸部、颈部的边缘绘制出轮廓路径，如图 3-101 所示。

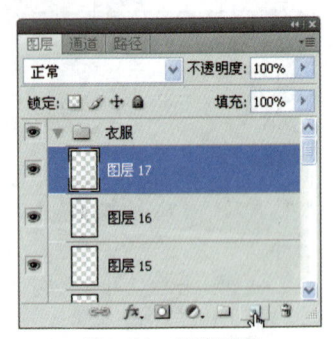

图3-99　新建图层

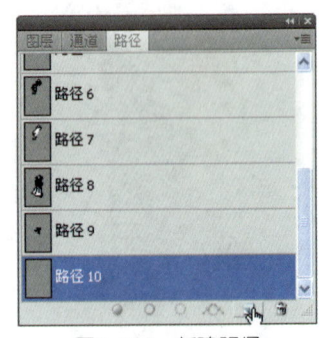

图3-100　新建路径

图3-101　绘制轮廓路径

18 在工具箱中点选 画笔工具，显示【画笔】调板，并在其中选择【形状动态】选项，设置【控制】为渐隐，其参数为 500，其他不变，如图 3-102 所示，然后选择【画笔笔尖形状】选项，设置【角度】为 45 度，【圆角】为 40%，其他不变，如图 3-103 所示。

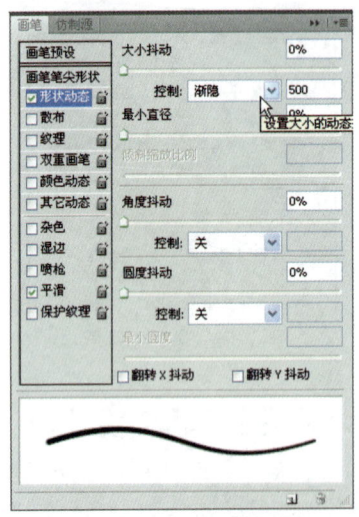

图3-102　【画笔】调板

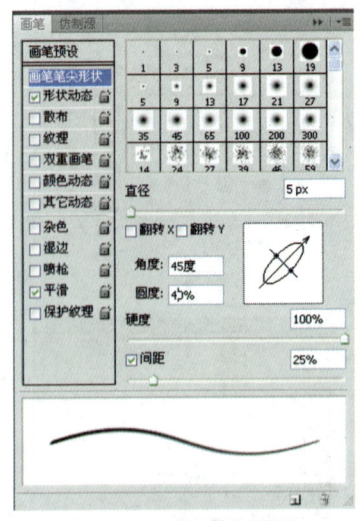

图3-103　【画笔】调板

19 在【路径】调板中单击 按钮，使用画笔描边路径，描边后的效果如图 3-104 所示，再按 Shift 键单击路径 10 隐藏路径，隐藏路径后的效果如图 3-105 所示。

图3-104　描边后的效果　　图3-105　隐藏路径后的效果

（5）绘制手与脚

绘制好衣服后，人体部位就只剩下手与腿了，同时还要绘制一些装饰品，如手镯、鞋等。先用钢笔工具勾画手与腿的轮廓图，再分别上色。

1. 在【图层】调板中新建一个组，并命名为手脚，再在该组中新建一个图层，如图 3-106 所示，接着在工具箱中点选 吸管工具，在画面中颈部单击吸取所需的颜色为前景色，然后在【路径】调板中新建一个路径，如图 3-107 所示。

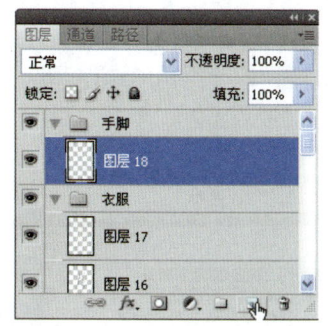

图3-106　创建新图层

图3-107　创建新路径

2. 使用钢笔工具在画面中勾画出手、脚、鞋与手镯等的轮廓线，如图 3-108 所示，接着使用路径选择工具在画面中选择要填充为同一种颜色的轮廓线，再在【路径】调板中单击 按钮，使用前景色给路径进行颜色填充，填充颜色后的效果如图 3-109 所示。

3. 切换前景与背景色，设置前景色为 R:243、G:133、B:82，使用路径选择工具在画面中选择路径，在【路径】调板中单击 （将路径作为选区载入）按钮，将选择的路径载入选区，然后用 渐变工具对选区进行渐变填充，填充渐变颜色后的效果如图 3-110 所示。

图3-108　用钢笔工具绘制轮廓线

图3-109　选择路径并填充颜色

图3-110　选择路径并填充渐变颜色

4. 使用路径选择工具在画面中选择路径，在【路径】调板中单击 （将路径作为选区载入）按钮，将选择的路径载入选区，然后使用 渐变工具对选区进行渐变填充，填充渐变颜色后的效果如图 3-111 所示。

图3-111　选择路径并填充渐变颜色

5 在【图层】调板中新建图层 19，如图 3-112 所示，使用路径选择工具在画面中选择路径，在【路径】调板中单击 按钮，将选择的路径载入选区，然后使用渐变工具对选区进行渐变填充，填充渐变颜色后的效果如图 3-113 所示。

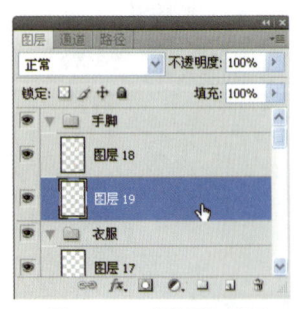

图3-112 【图层】调板　　图3-113 选择路径并填充渐变颜色

6 在【色板】调板中选择所需的颜色，如图 3-114 所示，按 B 键选择画笔工具，再显示【画笔】调板，并在其中选择【形状动态】选项，设置【控制】为渐隐，其参数为 2000，其他不变，如图 3-115 所示，然后在【路径】调板中单击 （用画笔描边路径）按钮，给路径描边，描边后的效果如图 3-116 所示。

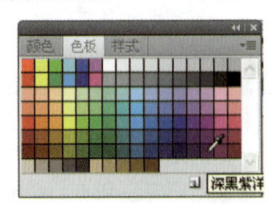

图3-114 【色板】调板

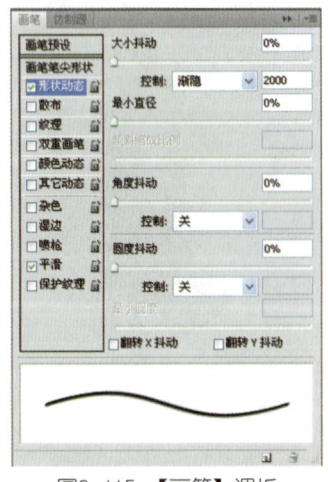

图3-115 【画笔】调板

图3-116 描边后的效果

7 在【图层】调板中激活图层 18，如图 3-117 所示，使用前面同样的方法给另一只脚的轮廓路径进行描边，描边后的效果如图 3-118 所示。

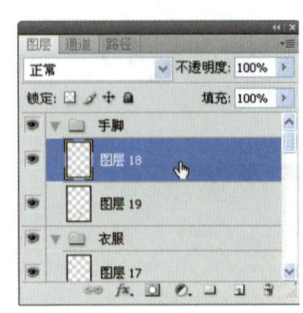

图3-117 【图层】调板　　图3-118 描边后的效果

8 在【图层】调板中隐藏图层 1，如图 3-119 所示，将基本姿势图隐藏，如图 3-120 所示。

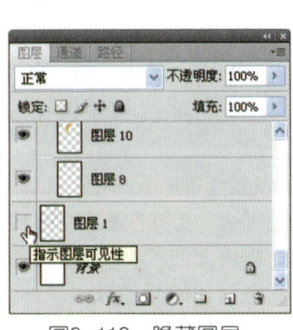

图3-119 隐藏图层　　图3-120 隐藏图层后的效果

9 在【图层】调板中新建一个组,并命名为装饰品,在该组中新建一个图层,如图 3-121 所示,然后使用同样的方法给鞋子与系带进行填充与描边,填充与描边后的效果如图 3-122 所示。

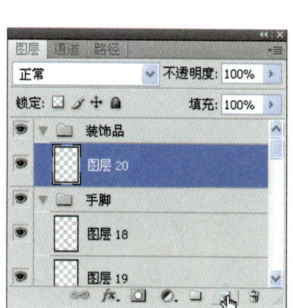

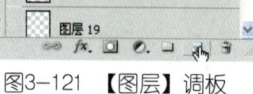

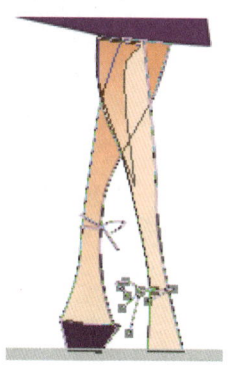

图3-121 【图层】调板　　图3-122 填充与描边后的效果

10 设置前景色为 R:243、G:152、B:0,背景色为 R:255、G:241、B:0,使用路径选择工具,在画面中分别选择手镯并载入选区,然后用渐变工具分别对它们进行渐变填充,填充渐变颜色后的效果如图 3-123 所示。

图3-123 选择路径并填充渐变颜色

11 设置前景色为蜡笔洋红、背景色为纯洋红,使用同样的方法对围巾进行渐变颜色填充,填充好颜色后的效果如图 3-124 所示。

图3-124 绘制路径并填充渐变颜色

12 设置前景色为深黑紫洋红,按 B 键选择画笔工具,并在【路径】调板中单击 ◯（使用画笔描边路径）按钮,给路径描边,然后使用路径选择工具再选择围巾的另一个轮廓,同样给它描边,描好边后的效果如图 3-125 所示。

图3-125 描边后的效果

13 按 Shift 键在【路径】调板中单击路径 11,隐藏路径显示,再显示【图层】调板,并在其中新建一个图层,如图 3-126 所示,然后在工具箱中点选椭圆工具,并在选项栏中选择（填充像素）按钮,在画面中头顶上绘制一个椭圆,如图 3-127 所示。

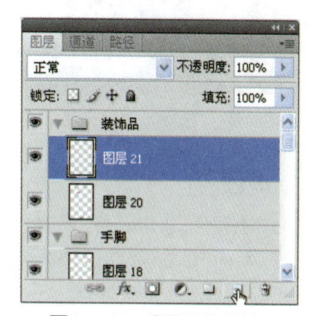

图3-126 【图层】调板

图3-127 用椭圆工具绘制椭圆

14 设置前景色为纯紫洋红,在椭圆上绘制一个稍小一点的椭圆,如图 3-128 所示。

85

图3-128　用椭圆工具绘制椭圆

15 按B键选择画笔工具，在两个椭圆之间绘制两条曲线，如图3-129所示。这样，一顶帽子就绘制好了。

图3-129　用画笔工具绘制曲线

（6）绘制手提包

为了搭配时装效果，还得为她绘制一个手提包，同样是先使用钢笔工具绘制结构图，再上色。

1 在【图层】调板中新建一个组并命名为手提包，在该组中新建一个图层，如图3-130左所示，再在【路径】调板中新建一个路径，如图3-130右所示，然后用钢笔工具在画面中勾画出手提包的结构图，如图3-131所示。

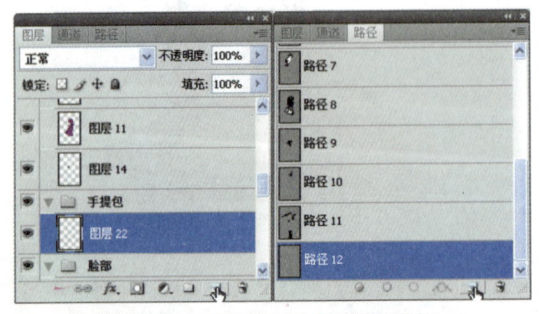

图3-130　【图层】与【路径】调板

图3-131　用钢笔工具绘制手提包的结构图

2 设置前景色为蜡笔紫洋红，使用路径选择工具在画面中选择路径，在【路径】调板中单击（用前景色填充路径）按钮，使用前景色给路径进行颜色填充，填充颜色后的效果如图3-132所示。

图3-132　选择路径并填充颜色

3 设置前景色为深黑紫洋红，背景色为纯紫洋红，先使用路径选择工具先选择路径，再将路径载入选区，然后使用渐变工具对选区进行渐变填充，填充渐变颜色后的效果如图3-133所示。

图3-133　选择路径并填充渐变颜色

86

绘制插画 **第3章**

4. 设置前景色为蜡笔紫洋红，背景色为蜡笔洋红，使用路径选择工具先选择路径，再将路径载入选区，然后使用渐变工具对选区进行渐变填充，填充渐变颜色后的效果如图 3-134 所示。

图3-134 选择路径并填充渐变颜色

5. 按 Ctrl+D 键取消选择，在【图层】调板中新建一个图层，如图 3-135 所示，使用路径选择工具在画面中选择要描边的路径，然后按 B 键选择画笔工具，在【路径】调板中单击 ○（用画笔描边路径）按钮，使用画笔描边路径，描边后的效果如图 3-136 所示。

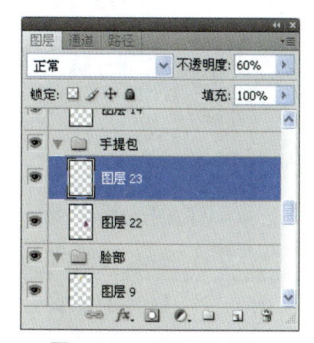

图3-135 【图层】调板

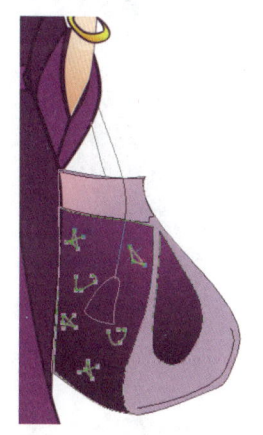

图3-136 描边后的效果

6. 设置前景色为深黑紫，在【图层】调板中新建一个图层，如图 3-137 所示，使用路径选择工具在画面中选择要描边的路径，然后按 B 键选择画笔工具，在【路径】调板中单击 ○（用画笔描边路径）按钮，使用画笔描边路径，描边后的效果如图 3-138 所示。

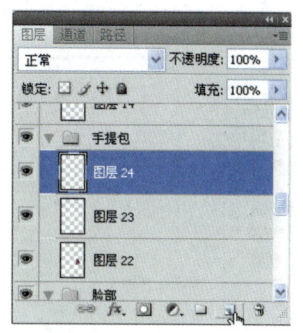

图3-137 【图层】调板

图3-138 描边后的效果

7. 切换前景背景色，设置前景色为蜡笔洋红，使用路径选择工具在画面中选择要描边的路径，然后按 B 键选择画笔工具，在【路径】调板中单击 ○（用画笔描边路径）按钮，使用画笔描边路径，描边后的效果如图 3-139 所示。

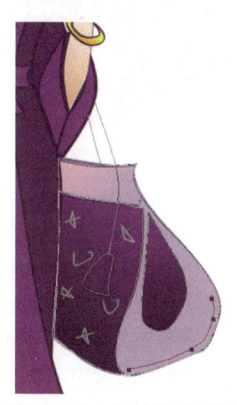

图3-139 描边后的效果

87

8 切换前景与背景色，使用路径选择工具在画面中选择路径，再按B键选择画笔工具，显示【画笔】调板，并在其中选择【画笔笔尖形状】选项，设置【直径】为10px，其他不变，如图3-140所示，然后在【路径】调板中单击（使用画笔描边路径）按钮，给路径描边，描边后的效果如图3-141所示。

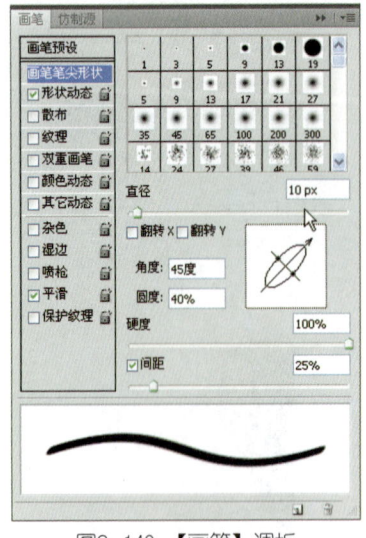

图3-140 【画笔】调板

图3-141 描边后的效果

9 设置前景色为蜡笔紫洋红，使用路径选择工具在画面中选择路径，在【路径】调板中单击【用前景色填充路径】按钮，给路径进行颜色填充，填充颜色后的效果如图3-142所示，再按Shift键在【路径】调板中单击路径12，隐藏路径，整体画面效果如图3-143所示。

图3-142 选择路径并填充渐变颜色

图3-143 隐藏路径后的效果

(7) 绘制背景

人物绘制好后，通常会为她绘制一个背景，以加强画面效果。

1 在【图层】调板的背景上新建一个图层，如图3-144所示，在【路径】调板中新建一个路径，然后使用钢笔工具在画面中绘制出几个路径，用来绘制地面，如图3-145所示。

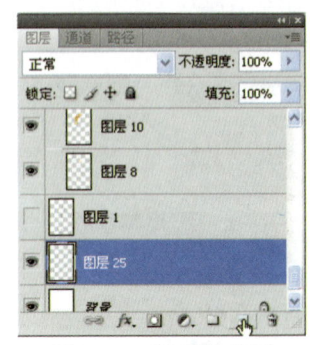

图3-144 【图层】调板

图3-145 用钢笔工具绘制路径

2 设置前景色为 R∶211、G∶234、B∶184，背景色为 R∶246、G∶255、B∶254，使用路径选择工具选择最大的路径，并将其载入选区，然后使用 渐变工具对其进行渐变填充，填充渐变颜色后的效果如图 3-146 所示。

图3-146 选择路径并填充渐变颜色

3 用同样的方法对另两个路径进行渐变填充，填充渐变颜色后的效果如图 3-147 所示，再按 Ctrl+D 键取消选择。

图3-147 选择路径并填充渐变颜色

4 用路径选择工具在画面中选择表示人体投影的路径，在【路径】调板中单击【用前景色填充路径】按钮，用前景色填充路径，填充颜色后

的效果如图 3-148 所示，再按 Shift 键在【路径】调板中单击刚建的路径，以隐藏路径。

图3-148 选择路径并填充颜色

5 在工具箱中点选 自定形状工具，并在选项栏的【形状】调板中分别选择 与 形状，然后在画面中依次绘制出所选的形状，绘制好后的效果如图 3-149 所示。

图3-149 用自定形状工具绘制草与斑点

6 设置前景色为 R∶147、G∶183、B∶104，在选项栏的【形状】调板中分别选择 、 、 与 形状，然后在画面中依次绘制出这些形状，以组合成一幅简单的风景画，绘制好后的效果如图 3-150 所示。

89

图3-150　用自定形状工具绘制对象

7 设置前景色为 R：237、G：252、B：190，在选项栏的【形状】调板中选择☑形状，然后在画面中天空处绘制几只鸟，以丰富画面，绘制好后的效果如图3-151所示。这样，我们的时尚插画就绘制了。

图3-151　用自定形状工具绘制鸟

3.6　绘制绘图本风格的插画

【实例分析】

先使用钢笔工具勾画出插画的轮廓图路径，再结合使用画笔工具、路径调板中的用画笔描边路径功能给路径描边。然后用橡皮擦工具将一些不需要的线条擦除。

也可以根据构图要求，先在纸上用铅笔画出绘图本插画的线描图，再用扫描仪以灰度模式、300分辨率将其扫描到 Photoshop 中。但是，扫描完成后并不能直接使用，而是需要进行简单的处理才能使用。如使用【色阶】命令将图像的对比度提高，以只显示线条为好，然后用套索工具选中要删除的杂点，并按 Delete 键将杂点清除，最后只剩下清晰的线描图。

实例效果如下图所示。

绘图本风格的插画

【实例制作】

（1）绘制肤色

绘制肤色是人物上色的第一步，肤色决定着整个人物的种族、相貌特征及画面光源的方向。通过绘制不同的明暗度来体现立体感。

1 按 Ctrl+O 键从配套光盘的素材库中打开一个线描图，如图3-152所示。

图3-152　打开的线描图

90

绘制插画 **第3章**

2 在工具箱中点选 多边形套索工具，并在选项栏中 设置【羽化】为2px，然后在画面中勾选出要脸部、手部与颈部的区域，如图3-153所示；再显示【图层】调板，并在其中单击 （创建新图层）按钮，新建一个图层为图层2，如图3-154所示。

图3-153 多边形套索工具选择要上色的区域

图3-154 创建新图层

> **提 示**
>
> 选择时不需要紧沿着线稿，与衣服、头发等处相交处可以多选一些。因为，在电脑中绘画，可以使它们在不同的图层中。并且衣服、头发等应该放在皮肤的上层，这样多余的部分就会被覆盖。

3 在工具箱中双击前景色图标，弹出【拾色器】对话框，并在其中设置所需的颜色，如：# fff3ec，如图3-155所示，设置好后单击【确定】按钮，再按Alt+Delete键填充前景色，得到如图3-156所示的效果。

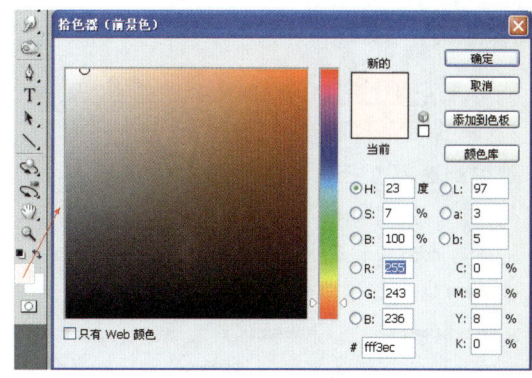

图3-155 设置前景色

图3-156 填充颜色后的效果

4 设置前景色为 #f48751，再点选 画笔工具，并在选项栏中设置【不透明度】为30%，其他不变，如图3-157所示，然后使用画笔工具在选区内绘制人物脸上、脖子与手上的阴影，绘制好后得到如图3-158所示的效果。

图3-157 选项栏

图3-158 用画笔工具绘制阴影后的效果

91

中文版Photoshop CS4手绘艺术技法

> **提示**
>
> 在绘制过程中，根据需要调整画笔的直径，按"["与"]"键来调整画笔的直径。按"["键缩小画笔直径，按"]"键放大画笔直径。按"["与"]"键来调整画笔的直径不仅只用于画笔工具，还用于铅笔工具、颜色替换工具、仿制图章工具S、图案图章工具S、历史记录画笔工具Y、历史记录艺术画笔工具Y、背景橡皮擦工具E、模糊工具、涂抹工具、锐化工具、减淡工具O、加深工具O与海绵工具O等工具。

5. 切换前景色与背景色，再设置前景色为 #facad2，使用画笔工具在画面中绘制腮红，绘制好后按Ctrl+D键取消选择，得到如图3-159所示的效果。

图3-159 绘制腮红

（2）刻画五官

虽然在线描图中五官已经很明显的显示了，但是，由于绘制了肌肤颜色，特别是眼睛受到的光的影响，而且嘴唇的颜色在脸部中也很重要，因此需要对五官进行更精细的绘制，以使人物看起来更生动。

1. 切换前景色与背景色，再使用画笔工具对眼睛、耳朵与嘴唇进行刻画，绘制后的效果如图3-160所示。

2. 设置前景色为 #773b1e，并在画笔工具的选项栏中将【模式】改为颜色，其他不变，在【图层】调板中先激活图层1，再单击【创建新图层】按钮，新建一个图层为图层3，如图3-161所示，然后在画面中绘制眼珠颜色，绘制后的效果如图3-162所示。

图3-160 刻画眼睛、耳朵与嘴唇

图3-161 创建新图层

图3-162 绘制眼珠颜色

3. 设置前景色为 #a75228，使用画笔工具在眼珠上给表示眼珠的透明体上色，上好色后的效果如图3-163所示。

图3-163 给眼珠的透明体上色

4 在画笔工具的选项栏中将【模式】改为正常，再设置前景色为 #b7300c，然后在画面中给嘴上色，上好色后的效果如图 3-164 所示。

图3-164 给嘴上色

5 在【图层】调板中先激活图层 2，再新建图层 4，如图 3-165 所示，设置前景色为白色，再使用画笔工具在画面中画眼白、反光与高亮部位，画好后的效果如图 3-166 所示。

图3-165 创建新图层

图3-166 画眼白、反光与高亮部位

6 在工具箱中点选涂抹工具，并在选项栏中设置【强度】为 50%，其他为默认值，如图 3-167 所示，接着在【图层】调板中选择图层 2，如图 3-168 所示，然后在画面中表示鼻子的曲线的上端按下左键向上拖动，以将线端涂小，并使其过渡柔和，绘制后的效果如图 3-169 所示。

图3-167 选项栏

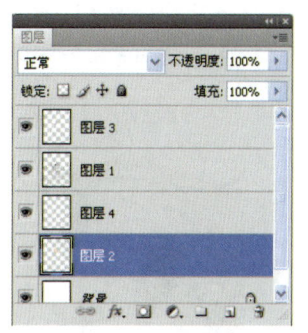

图3-168 选择图层

图3-169 绘制鼻子

7 在工具箱中点选加深工具，并在选项栏中设置参数为默认值，如图 3-170 所示，其画笔直径要根据需要按"["与"]"键来调整，不需要事先设置，然后在画面中需要加深的地方进行绘制，绘制好后的效果如图 3-171 所示。

图3-170 选项栏

图3-171 用加深工具加深颜色后的效果

93

中文版Photoshop CS4手绘艺术技法

8. 使用[涂抹]涂抹工具，对耳朵进行涂抹，以柔化过渡强硬的线条，涂抹后的效果如图3-172所示。按Shift键在【图层】调板中选择除背景层外的所有图层，如图3-173所示，再按Ctrl+G键将它们编成一组，然后将组名称改为脸，如图3-174所示。

图3-172　用涂抹工具绘制耳朵

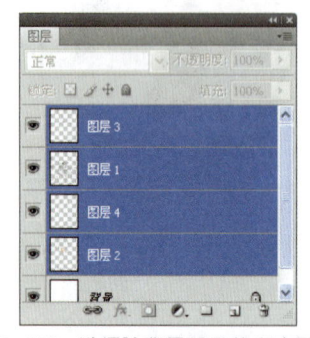

图3-173　选择除背景层外的所有图层

图3-174　编组

（3）绘制头发

人物的头发根据人种的不同有着很大的差别，如黄种人的头发颜色大多数是黑色的，而白种人的头发颜色则较多，如金色、红色与黄色等。漫画人物中的头发更是多变，但是无论是什么样的颜色，都可以分为头发本色、暗调与高光三部分。通过绘制这三部分可以很好地体现出立体感，不过在绘制过程中要注意光源的方向，要使光源的方向统一。

1. 在【图层】调板中单击 ▢ （创建新组）按钮，新建一个组，并将组名改为头发，如图3-175所示，然后再单击 ▢ （创建新图层）按钮，新建图层5，如图3-176所示。

图3-175　新建组

图3-176　创建新图层

2. 使用[套索]多边形套索工具在画面中勾选出表示头发的区域，如图3-177所示。

图3-177　勾选表示头发的区域

绘制插画 第3章

3 在【图层】调板中先展开"脸"组，将图层1拖出"脸"组，并排放到"头发"组的上层，如图3-178所示，然后激活头发组中的图层5，如图3-179所示，设置前景色为#834e3c，再按Alt+Delete键填充前景色，得到如图3-180所示的效果，按Ctrl+D键取消选择。

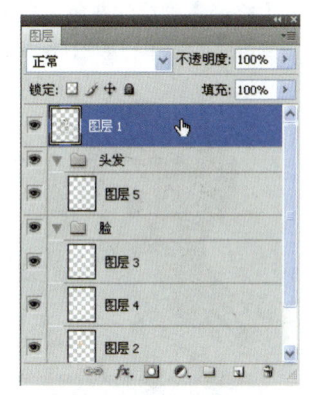

图3-178 调整图层顺序

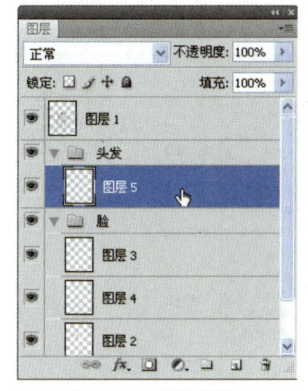

图3-179 选择图层

图3-180 填充头发颜色

4 显示【路径】调板，并在其中单击 （创建新路径）按钮，新建路径2，如图3-181所示，在工具箱中点选 钢笔工具，然后在画面中勾画出多条路径，如图3-182所示。

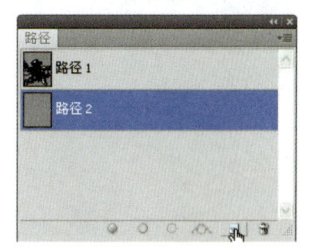

图3-181 创建新路径

图3-182 用钢笔工具绘制表示头发的路径

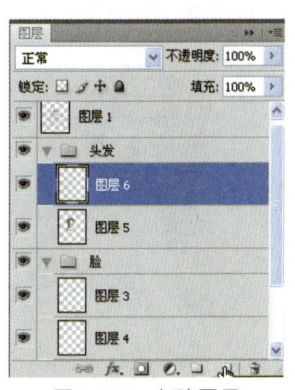

5 显示【图层】调板，在其中新建图层6，如图3-183所示，接着在工具箱中先设置前景色为#9c581c，点选 画笔工具，并在选项栏中设置【不透明度】为100%，然后显示【画笔】调板，在其中先单击【画笔预设】选项，选择 画笔与设置其【直径】为4pz，再单击【形状动态】选项，在右边栏中设置【控制】为渐隐，渐隐参数值为500，其他不变，如图3-184所示。

图3-183 新建图层

95

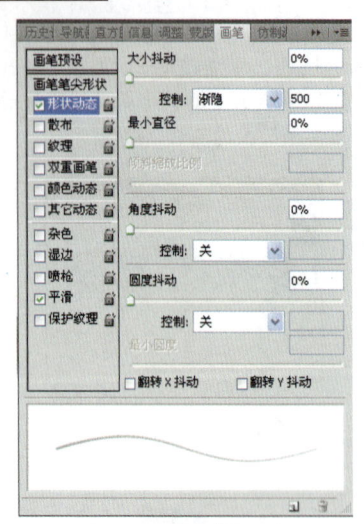

图3-184 【画笔】调板

6. 在【路径】调板中单击 ◯（使用画笔描边路径）按钮，如图3-185所示，给路径进行描边。

图3-185 【路径】调板

7. 设置前景色为 63360e，再使用 路径选择工具将路径3中的路径全部选择，并在键盘上按向下键与向左键各一次，将路径向左与向下各移动1个px，然后在【路径】调板中单击 ◯（使用画笔描边路径）按钮，给路径进行描边，描边后在【路径】调板的灰色区单击隐藏路径，描边后的效果，如图3-186所示。

图3-186 描边后的效果

8. 在【路径】调板中新建一个路径，使用钢笔工具在画面中绘制出几条路径，如图3-187所示，在工具箱中设置前景色为 ed9f30，点选画笔工具，并在【画笔】调板中设置渐隐参数为300，如图3-188所示，然后在【路径】调板中单击 ◯（用画笔描边路径）按钮，给路径进行描边，描边后在【路径】调板的灰色空白区域单击隐藏路径，描边后的效果，如图3-189所示。

图3-187 用钢笔工具绘制表示头发的路径

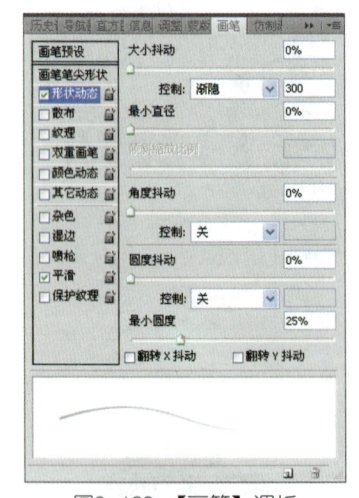

图3-188 【画笔】调板

图3-189 描边后的效果

9 在工具箱中点选涂抹工具,在选项栏中设置【强度】为79%,如图3-190所示,在画面中将线端过渡强硬的地方进行涂抹,使它过渡柔和,涂抹后的效果如图3-191所示。

图3-190 选项栏

图3-191 用涂抹工具柔和线端

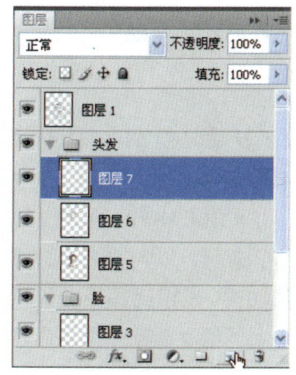

10 在【图层】调板中新建图层7,如图3-192所示,设置前景色为 #ed9f30,再使用画笔工具在画面中表示头发高亮区的地方进行绘制,绘制后的效果如图3-193所示。

图3-192 新建图层

图3-193 用画笔工具绘制头发高亮区

11 在【图层】调板中修改图层7的【混合模式】为变亮,【不透明度】为70%,单击（添加图层蒙版）按钮,给图层7添加蒙版,如图3-194所示,切换前景与背景色,对蒙版进行编辑,对头发的高亮部进行修整,修整好后的效果如图 3-195 所示。

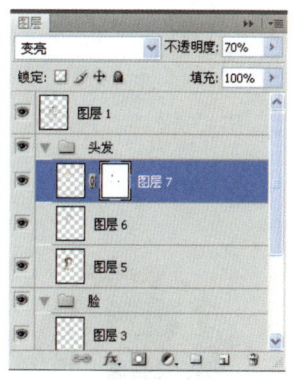

图3-194 【图层】调板

图3-195 修整高亮区域后的效果

12 在【图层】调板中激活图层1,按Ctrl+O键从配套光盘的素材库中打开已经准备好的花朵,如图3-196所示,然后使用移动工具将其拖动到插画中来,则自动在【图层】调板中生成图层8,如图3-197所示,再使用移动工具将花排放到头发上,如图3-198所示。

图3-196 打开花朵

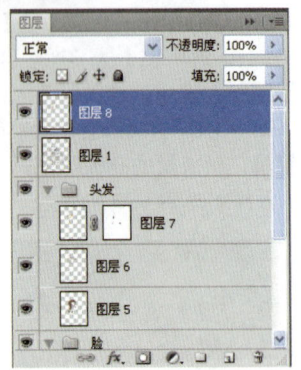

中文版Photoshop CS4手绘艺术技法

图3-197 【图层】调板

图3-200 剪贴花

图3-198 复制图层后的效果

图3-201 调整图层顺序

13 在工具箱中点选矩形选框工具，在画面中框选出顶上的三朵花，如图3-199所示，再按Ctrl+X键和Ctrl+V键，将选区中的花朵粘贴到另一个层，如图3-200所示；然后将粘贴所得的图层9拖动到"头发"组中，并排放到图层5的下层，如图3-201所示。

（4）绘制服装

　　头部绘制好后将绘制人物的服装。绘制服装时要根据服装的款式、背景的颜色来考虑服装的颜色。如果画面中的人物比较多，则需考虑服装颜色的协调，同时要注意光线一致，避免脸部与服装的光线相反等不合理的现象出现。

1 在【图层】调板中新建一个组命名为衣服，在组中新建一个图层为图层10，如图3-202所示。

图3-199 框选三朵花

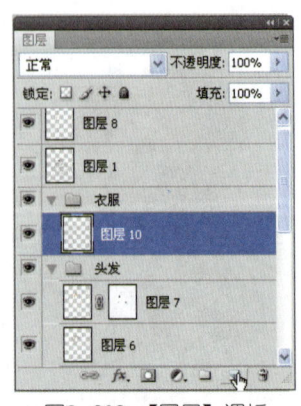

图3-202 【图层】调板

98

2. 在工具箱中设置前景色为 ffe488，点选多边形套索工具，在画面中勾选出要填充为同一种颜色的区域，然后按 Alt+Delete 键填充前景色，填充颜色后的效果如图 3-203 所示。

图3-203　给衣服与腰带上色

3. 在工具箱中点选加深工具，在选项栏中设置【范围】为中间调，【曝光度】为 79%，其他不变，然后在画面中阴影处进行涂抹，将需要调暗的地方调暗，绘制好后按 Ctrl+D 键取消选择，画面效果如图 3-204 所示。

图3-204　用加深工具绘制衣服与腰带暗面

4. 在【图层】调板中新建一个图层，在工具箱中设置前景色为 ffaadb，再点选多边形套索工具，在画面中勾选出要填充为同一种颜色的区域，然后按 Alt+Delete 键填充前景色，填充颜色后的效果如图 3-205 所示。

图3-205　给裙子与飘带上色

5. 在工具箱中点选加深工具，在选项栏中设置【曝光度】为 30%，其他不变，然后在画面中阴影处进行涂抹，以将需要调暗的地方调暗，绘制好后的效果如图 3-206 所示。

图3-206　用加深工具绘制裙子与飘带的暗面

6. 在工具箱中点选减淡工具，在选项栏中设置【曝光度】为 50%，其他不变，然后在画面中高光区域进行涂抹，以将需要调亮的地方调亮，绘制好后的效果如图 3-207 所示。

图3-207　用减淡工具绘制裙子与飘带的亮面

7 在【图层】调板中新建一个图层，在工具箱中先设置前景色为 #a5cbff，再点选 多边形套索工具，在画面中勾选出要填充为同一种颜色的区域，然后按 Alt+Delete 键填充前景色，填充颜色后的效果如图 3-208 所示。

图3-210 给树枝上色

2 设置前景色为 #538f13，使用多边形套索工具在画面中勾选出要填充颜色的区域，然后按 Alt+Delete 键填充前景色，再使用加深工具绘制暗部，绘制好后的效果如图 3-211 所示。

图3-208 给腰巾上色

8 使用加深工具在画面中暗部区域进行涂抹，将需要调暗的地方调暗，绘制好后的效果如图 3-209 所示。

图3-211 给树叶上色

3 在【图层】调板中新建一个组命名为背景，在组中新建一个图层，如图 3-212 所示，在工具箱中点选 画笔工具，并在选项栏中设置【不透明度】为 100%，其他不变，如图 3-213 所示，然后在画面中绘制出表示天空与湖面的颜色，如图 3-214 所示。

图3-209 用加深工具绘制腰巾暗面

（5）绘制背景

背景中有山、树、石头、草，而且大面积的是天空与湖面，因此，我们从大面积的天空与湖面着手绘制，然后再绘制石头、山、树等。

1 在【图层】调板中新建一个图层，在工具箱中先设置前景色为 #6e361c，再点选 多边形套索工具，在画面中勾选出要填充颜色的区域，然后按 Alt+Delete 键填充前景色，再用加深工具绘制暗部，绘制好后的效果如图 3-210 所示。

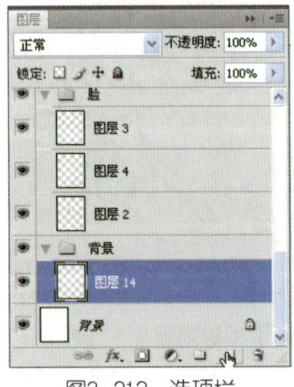

图3-212 选项栏

图3-213 创建新图层

绘制插画 **第3章**

图3-214　绘制天空与湖面颜色

4. 设置前景色为 #cfecff，在选项栏的画笔弹出式调板中选择 粗散布画笔，并将【主直径】改为 100px，然后在画面中表示天空的区域拖动两次，以得到如图 3-215 所示的效果。

图3-215　绘制天空中的云彩

5. 在画笔工具的选项栏中设置【画笔】为 ，【不透明度】为 40%，然后在画面中表示湖面的区域拖动，以绘制表示水面的纹理，绘制好后的效果如图 3-216 所示。

图3-216　绘制水面纹理

6. 在【图层】调板中新建一个图层，设置前景色为 #aeb7fb，使用多边形套索工具在画面中勾选出要填充颜色的岩石，然后按 Alt+Delete 键填充前景色，再使用加深工具绘制暗部，绘制好后的效果如图 3-217 所示。

图3-217　绘制岩石

7. 在加深工具的选项栏中设置【范围】为阴影，然后在暗部进行涂抹，以加深颜色，绘制后的效果如图 3-218 所示。

图3-218　绘制岩石

8. 在【图像】菜单中执行【调整】→【渐变映射】命令，弹出【渐变映射】对话框，并在其中单击渐变条，弹出【渐变编辑器】对话框，再在其中编辑所需的渐变颜色，如图 3-219 所示，编辑好颜色后单击【确定】按钮，返回到【渐变映射】对话框中单击【确定】按钮，以得到如图 3-220 所示的效果。

101

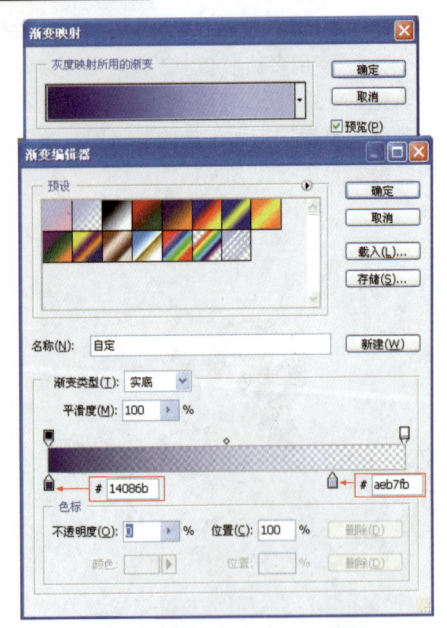

图3-219 【渐变映射】对话框

图3-220 改变岩石颜色

9. 设置前景色为 #7cdf1c，按 Ctrl+D 键取消选择，接着使用多边形套索工具在画面中框选出表示小山坡的两个区域，并按 Alt+Delete 键填充前景色，填充颜色后的效果如图 3-221 所示。

图3-221 给小山坡上色

10. 在工具箱中点选 加深工具，并在选项栏中设置【范围】为高光，【曝光度】为 30%，其他不变，然后在画面中暗部区域进行涂抹，以将需要调暗的地方调暗，绘制好后的效果如图 3-222 所示。

图3-222 绘制小山坡的暗面

11. 设置前景色为 #b6b8ff，按 Ctrl+D 键取消选择，接着使用多边形套索工具在画面中框选出表示小山坡的区域，并按 Alt+Delete 键填充前景色，再在加深工具的选项栏中设置【范围】为中间调，然后在画面中选区内绘制暗部，绘制好后的效果如图 3-223 所示。

图3-223 绘制远处的山坡

12. 设置前景色为 #edac68，按 Ctrl+D 键取消选择，接着使用多边形套索工具在画面中框选出表示山地的区域，并按 Alt+Delete 键填充前景色，再使用加深工具在画面中选区内绘制暗部，绘制好后的效果如图 3-224 所示。

绘制插画 **第3章**

图3-224 绘制远处的山地

13 设置前景色为#298616，按Ctrl+D键取消选择，使用多边形套索工具在画面中框选出表示树林的区域，并按Alt+Delete键填充前景色，如图3-225所示，再使用加深工具在画面中选区内绘制暗部，绘制好后的效果如图3-226所示。

图3-225 绘制树林

图3-226 用加深工具绘制树林的暗面

14 设置前景色为#bdcb21，在画笔工具的选项栏中设置【不透明度】为40%，其他不变，如图3-227所示，然后在画面中树林上绘制表示亮部的区域，绘制好后的效果如图3-228所示。这样，插画就绘制完成了。

图3-227 选项栏

图3-228 最终效果图

3.7 本章小结

本章讲解了插画的概念与应用范围。主要讲解如何使用Photoshop中的新建、画笔工具、创建新图层、创建新组、用前景色填充路径、橡皮擦工具、渐变工具、椭圆工具、参考线、网格和切片、将路径作为选区载入、吸管工具、路径选择工具、用画笔描边路径、多边形套索工具、自定形状工具、涂抹工具、加深工具、渐变映射、填充、取消选择等工具与命令绘制时尚插画与绘图本插画。

3.8 上机练习题

根据本章所学的内容将如图3-229所示的美丽公主绘制出来。操作流程图如图3-230所示，具体操作步骤请查看视频教学光盘。

103

中文版Photoshop CS4手绘艺术技法

图3-229 绘制好的美丽公主

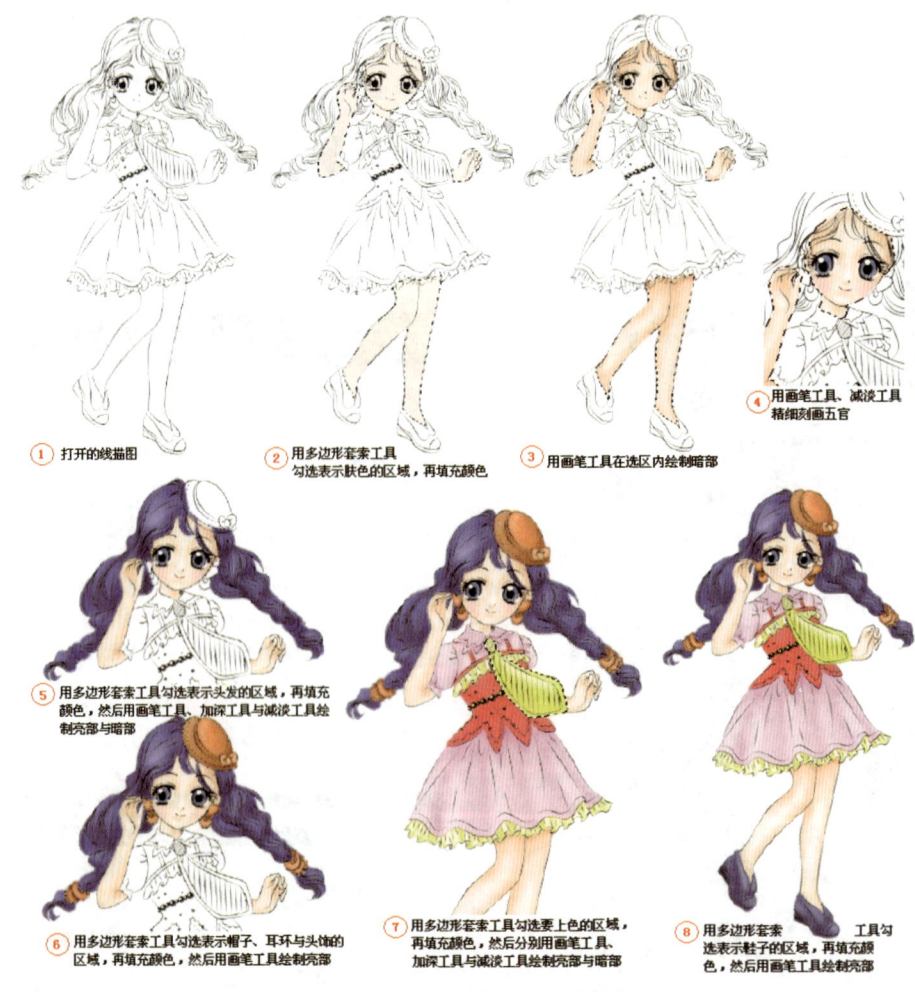

① 打开的线描图

② 用多边形套索工具勾选表示肤色的区域，再填充颜色

③ 用画笔工具在选区内绘制暗部

④ 用画笔工具、减淡工具精细刻画五官

⑤ 用多边形套索工具勾选表示头发的区域，再填充颜色，然后用画笔工具、加深工具与减淡工具绘制亮部与暗部

⑥ 用多边形套索工具勾选表示帽子、耳环与头饰的区域，再填充颜色，然后用画笔工具绘制亮部

⑦ 用多边形套索工具勾选要上色的区域，再填充颜色，然后分别用画笔工具、加深工具与减淡工具绘制亮部与暗部

⑧ 用多边形套索工具勾选表示鞋子的区域，再填充颜色，然后用画笔工具绘制亮部

图3-230 绘制美丽公主的流程图

104

第4章 绘制风景画

本章提要

本章重点讲解使用Photoshop中的画笔工具、定义画笔预设、橡皮擦工具、多边形套索工具、添加杂色、涂抹工具、移动工具、吸管工具来绘制风景画。

4.1 风景画简介

风景画是以大自然作为描绘对象的美术作品。中国画中的山水画属于风景画。

风景画的任务，是把大自然、空间、光线、大气等的现象与形式通过美术手段表现出来，这种美术手段表达人对于大自然的态度，以及体现人的思想情感和世界观，因而风景画上的形象是富于感性的和具有社会思想内容的。

4.2 绘制山水风景画

【实例分析】

先绘制山水风景画的基本色调，再详细绘制山体结构与一些树木、花草等。

实例效果见下图。

实例效果图

【实例制作】

1 按 Ctrl+O 键从配套光盘的素材库打开一个图片，如图 4-1 所示。

图4-1 打开的图片

2 在【编辑】菜单中执行【定义画笔预设】命令，弹出【画笔名称】对话框，在其中的【名称】文本框中输入所需的名称（如：自定义画笔），如图 4-2 所示，输入好后单击【确定】按钮，即可将画面中的图像定义为画笔。

图4-2 【画笔名称】对话框

3 在工具箱中点选 画笔工具，在选项栏中单击【画笔】后的 下拉按钮，弹出【画笔】调板，并在其中选择刚定义的画笔，如图 4-3 所示，然后显示【图层】调板，并在其中单击 （创建新图层）按钮，新建图层 1，如图 4-4 所示。

4 设置前景色为 78e6c6，在画笔工具的选项栏中设置【不透明度】为 30%，再按 [键将画笔缩小到 30px，然后在画面中绘制出远处的山，绘制后的效果如图 4-5 所示。

105

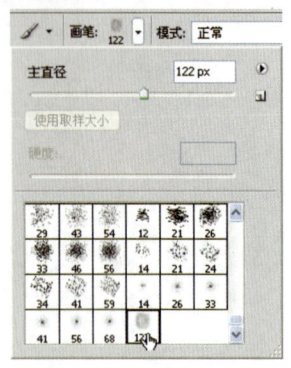

中文版Photoshop CS4手绘艺术技法
Hand-drawn Art Techniques

图4-3 选择自定画笔

图4-4 创建新图层

图4-5 绘制远处的山

5 设置前景色为 #4abaae，再在选项栏中设置【不透明度】为40%，然后使用画笔工具在画面中绘制出稍近一点的山，如图4-6所示。

图4-6 绘制稍近一点的山

6 设置前景色为 #bca17e，再使用画笔工具在画面中绘制出稍近一点的山，如图4-7所示。

图4-7 绘制稍近一点的山

7 设置前景色为 #b1bc7e，再使用画笔工具在画面中刚绘制的山上绘制另一种颜色，以表示上面有一些草，如图4-8所示。

图4-8 绘制草的颜色

8 设置前景色为 #0f777e，再使用画笔工具在画面中绘制出稍近一点的山，如图4-9所示。

图4-9 绘制稍近一点的山

106

9 根据需要设置不同的前景色，再使用画笔工具在画面中绘制出其他景点的基本形状，绘制好后的效果如图4-10所示。

图4-10 绘制其他景点的基本形状

10 在【图层】调板中新建图层2，如图4-11所示，设置前景色为 #53637d，在画笔工具的选项栏中依次设置【不透明度】为20%至50%，再按"["与"]"键来调整画笔的大小，然后依次在画面中靠左边中间的三座山上绘制出山的纹理与表示树的点，绘制好后的效果如图4-12所示。

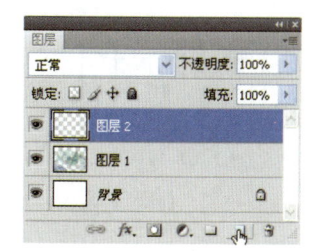

图4-11 【图层】调板

图4-12 绘制山的纹理与表示树的点

11 在选项栏中设置【不透明度】为50%，在画面中主体山上绘制出山的纹理，如图4-13所示。

图4-13 绘制山的纹理结构

12 在【图层】调板中新建图层3，如图4-14所示，设置前景色为 #0c2145，并依次在选项栏中设置【不透明度】为70%与100%，然后在画面中主体山上绘制出表示树木花草的对象，如图4-15所示。

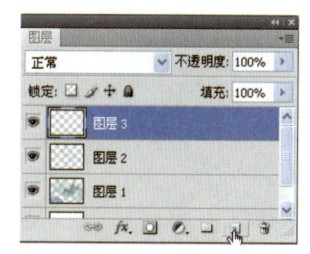

图4-14 【图层】调板

图4-15 绘制表示树木花草的对象

13 在【图层】调板中新建图层4，使用画笔工具在画面中左下方表示岩石的对象上绘制出岩石的基本结构，如图4-16所示；然后绘制出细致的纹理与树木、杂草，绘制好后的效果如图4-17所示。

> **提示**
>
> 要随时按"["与"]"键来改变画笔的大小(也就是画笔的直径)。

图4-16 绘制岩石的基本结构

图4-17 绘制细致的纹理与树木、杂草

14 设置前景色为 #060b27,再在画面中右击,并在弹出【画笔】调板中选择尖角3像素画笔,如图4-18所示,然后在选项栏中设置【不透明度】为100%,再在画面中绘制一棵大树与两棵小树的树干与树枝,绘制好后的效果如图4-19所示。

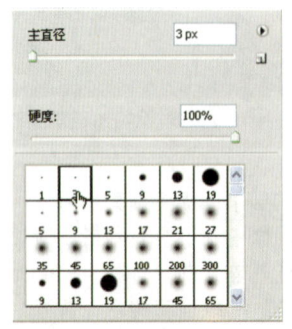

图4-18 【画笔】调板

图4-19 绘制一棵大树与两棵小树的树干与树枝

15 在画面中右击,并在弹出的【画笔】调板中选择自定义的画笔,如图4-20所示,然后在画面中多次单击或稍微拖动,以绘制出表示树叶丛的对象,如图4-21所示。

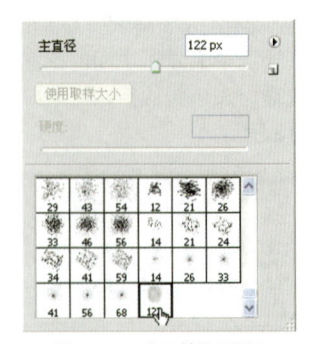

图4-20 【画笔】调板

图4-21 绘制表示树叶丛的对象

16 设置前景色为 #bf667d,使用画笔工具在画面中树枝旁多次单击或稍微拖动,以绘制出树叶,如图4-22所示。

图4-22 绘制树叶

17 设置前景色为 #ca6145，使用画笔工具在画面中左边的树枝旁多次单击或稍微拖动，以绘制出树叶，如图4-23所示。

图4-23 绘制树叶

18 设置前景色为 #325070，在【画笔】调板中选择【杂色】选项，如图4-24所示，接着在画笔工具的选项栏中先后设置【不透明度】为100%与60%，然后在画面中右边的小丘上绘制出基本结构线与一些杂草，如图4-25所示。

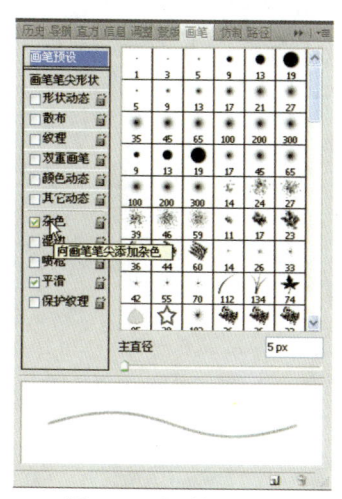

图4-24 【画笔】调板

图4-25 绘制基本结构线与一些杂草

19 在选项栏中设置【不透明度】为20%，再在画面中表示石头的下方绘制出阴影部分，以加强立体效果，绘制好后的效果如图4-26所示。

图4-26 绘制石头的阴影部分

4.3 绘制游戏场景

【实例分析】

先确定要绘制的场景，是室内，还是室外，再确定场景的基本色调。这里绘制的是室外，并且是在山中，而且是阴天，所以光线比较暗。实例效果如下图所示。

实例效果图

中文版Photoshop CS4手绘艺术技法

【实例制作】

1. 按Ctrl+N键新建一个图像大小为900×700像素，【模式】为RGB颜色、【分辨率】为100像素/英寸的文件，显示【图层】调板，并在其中单击（创建新图层）按钮新建图层1。

2. 在工具箱中点选画笔工具，并在选项栏中单击【画笔】后的下拉按钮弹出如图4-27所示的【画笔】调板（简称为弹出式画笔调板），单击其中右上角的小三角形按钮，弹出如图4-27所示的下拉菜单，并在菜单中点选【粗画笔】命令，接着弹出一个信息对话框，在其中单击【追加】按钮，将其添加到【画笔】调板中；再使用同样的方法将湿介质画笔添加到【画笔】调板中，这样的目的是为了以后直接在【画笔】调板中调用。

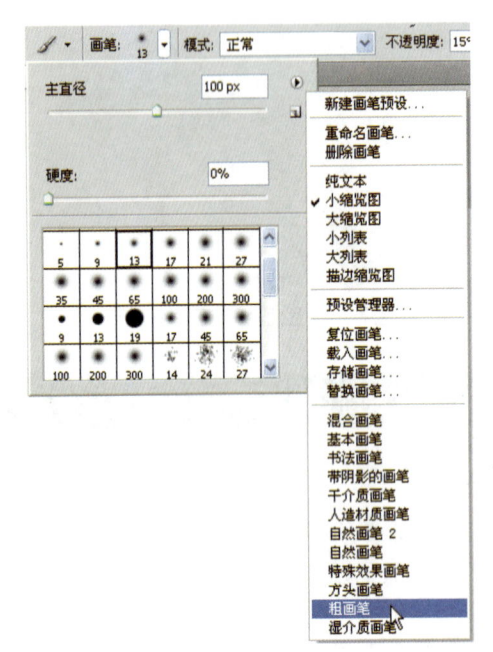

图4-27 画笔工具选项栏

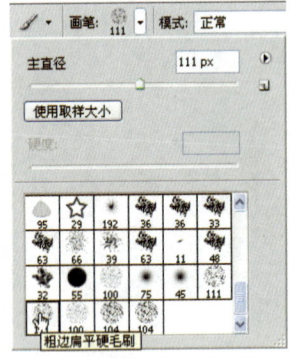

图4-28 选择画笔并设置画笔主直径

图4-29 绘制山脉的基本形状

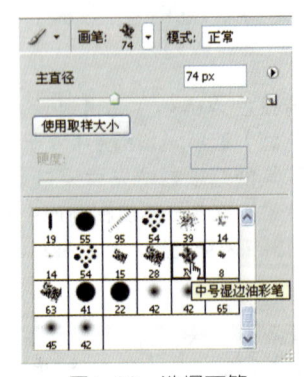

图4-30 选择画笔

3. 设置前景色为R：179、G：188、B：187，并在弹出式【画笔】调板中点选笔触，设置【主直径】为74像素，如图4-28所示，接着在选项栏中设置【不透明度】为100%，【流量】为100%；然后在画面中绘制出山脉的基本形状，效果如图4-29所示。

4. 设置前景色为R：224、G：230、B：230，并在弹出式画笔调板中点选笔触，如图4-30所示，然后在画面中绘制出前处的山和受光面的山，效果如图4-31所示。

图4-31 绘制前处的山和受光面的山

5 在工具箱中点选 ☑ 吸管工具，吸取画面中山的深颜色，再点选 ☑ 画笔工具，并在弹出式画笔调板中点选 ☑ 粗糙油墨笔笔触，如图4-32所示，然后接着绘制背光面的山，绘制后的效果如图4-33所示。

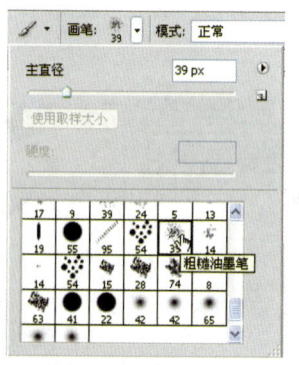

图4-32　选择画笔

图4-33　绘制背光面的山

6 设置前景色为 R：105、G：113、B：90，并在弹出式画笔调板中点选 ☑ 粗头水彩笔笔触，然后在画面中绘制出一块大石头所占的范围，效果如图4-34所示。

图4-34　绘制一块大石头所占的范围

7 设置前景色为 R：21、G：20、B：16，并在弹出式画笔调板中点选 ☑ 纹理表面水彩笔笔触，然后在画面中绘制出树的基本枝杆，效果如图4-35所示。

图4-35　绘制树的基本枝杆

8 设置前景色为 R：117、G：120、B：118，并在弹出式画笔调板中点选 ☑ 笔触和设置【主直径】为80像素，如图4-36所示，然后在画面中进行绘制，效果如图4-37所示。

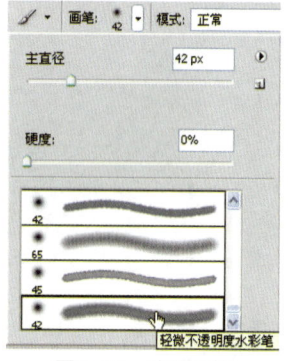

图4-36　选择画笔

图4-37　绘制石头

9. 设置前景色为 R：163、G：165、B：163，并在弹出式画笔调板中点选 ▬▬ 笔触和设置【主直径】为 60 像素，如图 4-38 所示，再在选项栏中设置【不透明度】为 50%，然后在石块上绘制它的亮部，效果如图 4-39 所示。

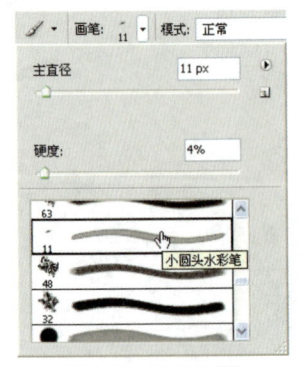

图 4-38 选择画笔

图 4-39 绘制石块的基本结构

10. 设置前景色为 R：12、G：12、B：12，并在弹出式画笔调板中设置【主直径】为 10 像素，然后在画面中绘制出石块的基本结构，效果如图 4-40 所示。

图 4-40 绘制石块的基本结构

11. 设置前景色为 R：39、G：44、B：38，在选项栏中单击 按钮，弹出【画笔】调板，并在其中单击【画笔笔尖形状】选项，再选择 画笔，然后设置它的【直径】为 40 像素，【角度】为 -20 度，其他不变，如图 4-41 左所示；设置好后在画面中绘制出树叶，效果如图 4-41 右所示。

图 4-41 绘制树叶

12. 在【画笔】调板中设置【角度】为 40 度，在画面中继续绘制树叶，效果如图 4-42 所示。

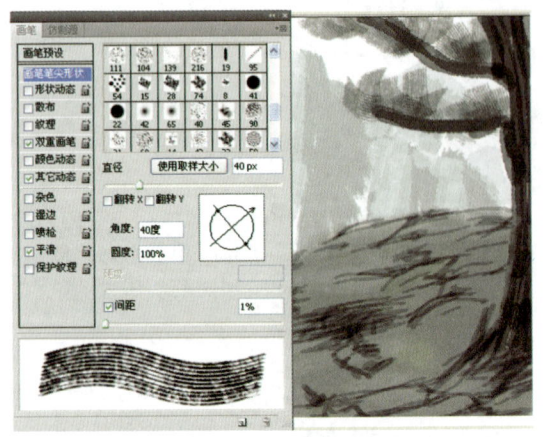

图 4-42 继续绘制树叶

13. 在【画笔】调板中设置【角度】为 120 度，在画面中继续绘制树叶，效果如图 4-43 所示。

14. 在【画笔】调板中设置【直径】为 19 像素，【角度】为 0，【间距】为 10%，如图 4-44 所示，然后在山的深处绘制，颜色较深处多次拖动鼠标，颜色较浅处拖动的次数相对减少，绘制后的结果如图 4-45 所示。

绘制风景画 **第4章**

30%，在【画笔】调板中设置【直径】为 10 像素，在画面中绘制山的轮廓和结构，经过多次绘制的效果如图 4-47 所示。

图4-43 继续绘制树叶

图4-46 在山的深色处绘制

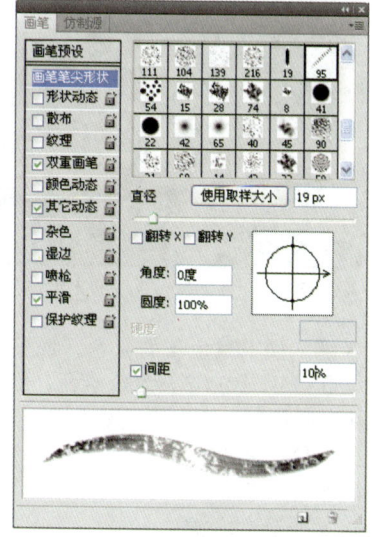

图4-44 【画笔】调板

图4-47 绘制山的轮廓和结构

16 设置前景色为 R:93、G:115、B:103，在【画笔】调板中设置它的【直径】为 50 像素，在选项栏中设置【不透明度】为 30%，然后在石块上进行绘制，来表示石块上有草，经过多次涂抹的结果如图 4-48 所示。

图4-45 在山的深色处绘制

15 在选项栏中设置【不透明度】为 70%，在山的深色处进行绘制，绘制的结果如图 4-46 所示；再在选项栏中设置【不透明度】为

图4-48 在石块上进行绘制

113

中文版Photoshop CS4手绘艺术技法

17 设置前景色为 R：177、G：171、B：110，在画面中右击弹出【画笔】调板，并在其中点选▁▁▁笔触，在石块上需要添加这种颜色的大范围内拖动或单击多几次，再设置【不透明度】为10%，画笔直径为20像素，在小范围内单击或拖动几次，给它添加一些颜色，绘制后的结果如图 4-49 所示。

图4-49　在石块上进行绘制

18 设置前景色为 R：61、G：64、B：53，并在弹出式画笔调板中点选▁▁▁笔触，分别设置画笔直径为11像素和15像素，【不透明度】为40%和20%，在石块上拖动几次绘制石块的纹理，效果如图 4-50 所示。

图4-50　绘制石块的纹理

19 设置背景色为白色，再按 X 键切换前景色与背景色，使前景色为白色；在工具箱中点选涂抹工具，并在选项栏中设置【不透明度】为80%，勾选【手指绘画】选项，再在弹出式画笔调板中点选▁▁▁笔触，如图 4-51 所示，然后在画面中穿透的地方或亮部拖动，绘制出白色渐变效果，经过绘制后的结果如图 4-52 所示。

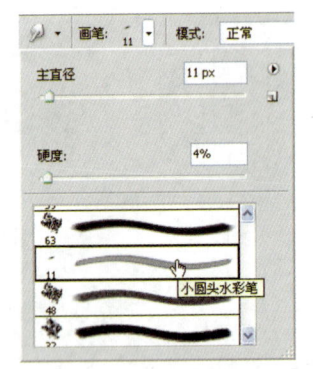

图4-51　涂抹工具选项栏

图4-52　在画面中穿透的地方绘制

20 按 X 键切换前景色与背景色，使颜色（R：61、G：64、B：53）为前景色，继续在画面中进行绘制并适当的来回涂抹，根据纹理的大小和长短来确定拖动时间长短和来回拖动的次数，经过一段时间的涂抹即可得到如图 4-53 所示的效果。

图4-53　绘制石块的纹理

21 按 X 键切换前景色与背景色，在画面中需要白色的地方进行涂抹，根据亮度的不同来决定涂抹时间的长短和来回的次数，如果需要背景色可按 X 键来切换，同样是根据暗度的不同来决定涂抹时间的长短和来回的次数，涂抹后的效果如图 4-54 所示。

绘制风景画 第4章

图4-54 绘制石块的纹理

22 设置前景色为R：29、G：29、B：27，在工具箱中点选 画笔工具，并在弹出式画笔调板中设置【直径】为10像素，然后在选项栏中设置【不透明度】为70%，再在石块的暗部进行涂抹，涂抹后的结果如图4-55所示。

图4-55 绘制石块的纹理

23 在工具箱中点选 涂抹工具，并在选项栏中取消【手指绘画】复选框的勾选，再设置【不透明度】为70%，对整个画面进行涂抹，如图4-56所示。

图4-56 对整个画面进行涂抹

24 设置前景色为R：12、G：17、B：13，在涂抹工具的选项栏中设置【不透明度】为90%，勾选【手指绘画】选项，并在弹出式画笔调板中设置画笔直径为3像素，然后对树叶进行绘制，这里绘制时需注意叶子的走向，经过多次拖动后的效果如图4-57所示。

图4-57 对树叶进行绘制

25 显示【图层】调板，并在其中单击 （创建新图层）按钮，新建一个图层2；设置前景色为白色，在工具箱中点选 画笔工具，并在弹出式画笔调板中点选 柔角100像素笔触，再在选项栏中设置【不透明度】分别为10%和20%，在需要添加云雾的地方进行涂抹，涂抹后的效果如图4-58所示。

图4-58 绘制云雾

26 在工具箱中点选 套索工具，然后在画面中框选出石块上的云雾，如图4-59所示。

> **提示**
>
> 如果一次框选不好可在选项栏中点选 （添加到选区）按钮或 （从选区减去）按钮，对选区进行修改，直至满意为止。

115

图4-59 框选石块上的云雾

27 在键盘上按Delete键，清除选区内容，再按Ctrl+D键取消选择，即可得到如图4-60所示的效果。

图4-60 最终效果图

4.4 绘制山野风景画

【实例分析】

　　本实例先绘制山野风景画的基本色调，再详细绘制地面、方木、船只与一些树木、杂草等物件。

　　实例效果如下图所示。

实例效果图

【实例制作】

1 新建一个文件，接着在【图层】调板中新建一个图层为图层1，再在工具箱中点选 ✎ 画笔工具，并在选项栏中右击工具图标，在弹出的快捷菜单中选择【复位工具】命令，将工具复位，接着设置画笔的【主直径】为3px，【硬度】为0%，如图4-61所示，然后在画面中绘制出山野风景画的线描图，如图4-62所示。

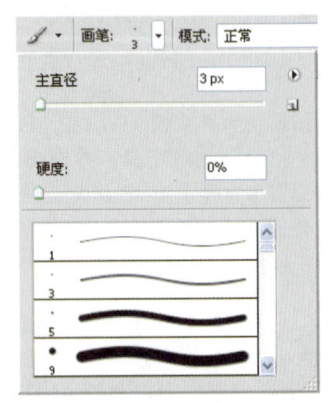

图4-61 设置画笔

图4-62 绘制山野风景画的线描图

2 在工具箱中点选 ✐ 橡皮擦工具，并在选项栏中右击工具图标，在弹出的快捷菜单中执行【复位工具】命令，将工具复位，然后再设置【不透明度】为60%，再在画面中将线条的末端擦成尖型，使树枝更逼真，擦除后的效果如图4-63所示。

116

图4-63 将线条的末端擦成尖型

3 设置前景色为R:251、G:247、B:180,在【图层】调板中激活背景层,接着单击 ▪（创建新图层）按钮,新建图层2,如图4-64所示,再点选 ✎画笔工具,并在选项栏中设置画笔的【主直径】为250px,其他不变,然后在画面中绘制出天空颜色,绘制后的效果如图4-65所示。

图4-64 【图层】调板

图4-65 绘制天空颜色

4 设置前景色为R:17、G:22、B:16,再使用画笔工具在画面中绘制出地面与方木暗面颜色,绘制后的效果如图4-66所示。

图4-66 绘制地面与方木暗面颜色

5 在画笔工具的选项栏中设置【不透明度】为50%,再根据需要按"["与"]"键来调整画笔的直径（即大小）,然后在画面中绘制草丛、树丛与船的暗部,绘制后的效果如图4-67所示。

图4-67 绘制草丛、树丛与船的暗部

6 设置前景色为R:207、G:139、B:58,再按"]"键将画笔直径放大,然后在画面中绘制出天空、水面与树丛、草丛的颜色,绘制好后的效果如图4-68所示。

7 切换前景与背景色,再设置前景色为R:165、G:177、B:156,按"["键缩小画笔,然后在画面中船身上绘制船面颜色,绘制后的效果如图4-69所示。

图4-68 绘制天空、水面与树丛、草丛的颜色

图4-69 绘制船面颜色

8 设置前景色为 R:144、G:156、B:136，使用画笔工具绘制船面颜色，绘制好后的效果如图 4-70 所示。

图4-70 绘制船面颜色

9 设置前景色为 R:57、G:69、B:48，再使用画笔工具绘制出方木的亮面颜色，如图 4-71 所示。

图4-71 绘制方木的亮面颜色

10 设置前景色为 R:224、G:158、B:77，再使用画笔工具在画面中绘制出方木上的环境色与石头颜色，如图 4-72 所示。

图4-72 绘制方木上的环境色与石头颜色

11 在【图层】调板中激活图层2，再新建一个图层，如图 4-73 所示，设置前景色为 R:9、G:9、B:1，再根据需要在选项栏中设置不同的不透明度，然后在画面中绘制出比较暗的颜色，如图 4-74 所示。

图4-73 【图层】调板

图4-74 绘制比较暗的颜色

12 在【图层】调板中激活图层2，再新建一个图层，如图4-75所示，设置前景色为R：252、G：185、B：106，再在选项栏中设置【画笔】为 ，【不透明度】为83%，然后在画面中绘制出树叶，如图4-76所示。

图4-75 【图层】调板

图4-76 绘制树叶

13 先后设置前景色为R：206、G：130、B：39与R：182、G：113、B：31，再在画面中绘制出较暗一点的树叶，如图4-77、图4-78所示。

图4-77 绘制较暗的树叶

图4-78 绘制较暗的树叶

14 设置前景色为R：125、G：78、B：23，再使用画笔工具在画面中绘制比较暗的树叶，如图4-79所示。

图4-79 绘制比较暗的树叶

15 在【图层】调板中激活图层1，再新建图层5，如图4-80所示，然后使用画笔工具在画面中继续绘制树叶，如图4-81所示。

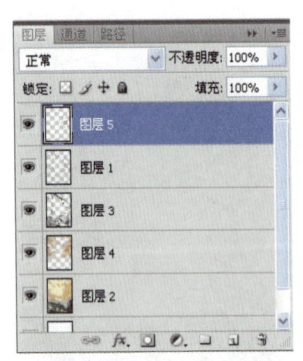

图4-80 【图层】调板

图4-81 继续绘制树叶

16 先后设置前景色为R：205、G：135、B：51与R：255、G：181、B：93，使用画笔工具再在画面中继续绘制树叶，绘制后的效果如图4-82所示。

图4-82 继续绘制树叶

17 在画笔工具的选项栏中选择所需画笔笔尖，如图4-83所示，按"["键将画笔缩小至所需的大小，然后在画面中绘制出枫叶，如图4-84所示。

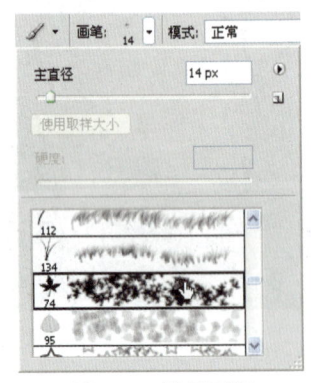

图4-83 选择画笔

图4-84 继续绘制树叶

18 在【图层】调板中先激活图层4，再新建图层6，如图4-85所示，然后在画面中继续绘制枫叶，如图4-86所示。

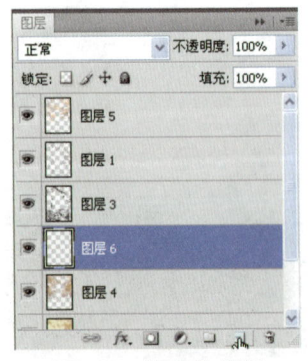

图4-85 【图层】调板

图4-86 继续绘制枫叶

19 设置背景色为 R：252、G：215、B：117，并在选项栏中设置【画笔】为 ▭，按 "[" 键将画笔缩小至所需的大小，然后在画面中绘制出一些草，如图4-87 所示。

图4-87 绘制草

20 切换前景色与背景色，再设置前景色为 R：182、G：137、B：41，然后在画面中绘制出一些颜色较暗的草，如图4-88 所示。

图4-88 绘制一些颜色较暗的草

21 设置前景色为 R：255、G：224、B：156，使用画笔工具在画面中绘制出一些较亮的草，如图4-89 所示。

图4-89 绘制一些较亮的草

22 设置所需的前景色与背景色，再继续绘制出草丛的高亮部与阴影部，绘制好后的效果如图4-90 所示。

图4-90 绘制草丛的高亮部与阴影部

23 设置前景色为 R：126、G：92、B：20，再点选 ▭ 多边形套索工具，并在选项栏中选择 ▭ 按钮与设置【羽化】为 2px，然后在画面中勾选出方木的亮面，如图4-91 所示。

图4-91 勾选方木的亮面

24 在工具箱中点选画笔工具，并在选项栏中设置【画笔】为 ▭，【不透明度】为 20%，然后在画面中选区内绘制木纹，绘制后的效果如图 4-92 所示。

图4-92 在选区内绘制木纹

25 设置前景色为 R：73、G：65、B：46，在选项栏中设置【不透明度】为 10%，同样在选区内绘制木纹，绘制后的效果如图 4-93 所示。

图4-93 在选区内绘制木纹

26 在【图层】调板中先激活图层 3，再新建一个图层为图层 7，如图 4-94 所示，然后在画笔工具的选项栏中设置【不透明度】为 40%，再在画面中选区内绘制木纹，绘制后的效果如图 4-95 所示。

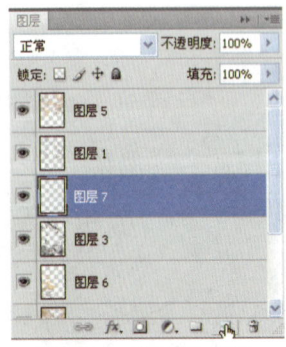

图4-94 【图层】调板

图4-95 绘制木纹

27 设置前景色为 R：145、G：125、B：82，再用不透明度为 20% 的画笔工具在选区内绘制木纹，绘制后的效果如图 4-96 所示。

图4-96 绘制木纹

28 设置较深一点的颜色，然后用画笔工具继续在选区中进行绘制，以绘制出一些较深的纹理，绘制好后的效果如图 4-97 所示。

图4-97 绘制一些较深的纹理

29 取消选择后使用多边形套索工具在画面中勾选出较暗的区域,如图4-98所示,然后使用绘制方木亮面同样的方法来绘制暗面,只是所设置的颜色很暗而已,绘制好后的效果如图4-99所示。

图4-98 勾选较暗的区域

图4-99 绘制暗面

30 取消选择后使用画笔工具绘制另外几块方木的纹理,绘制好后的效果如图4-100所示。

图4-100 绘制方木的纹理

31 使用多边形套索工具在画面中勾选出表示地面与石头的区域,如图4-101所示,再设置前景色为R:2、G:3、B:0,然后使用画笔工具在画面中绘制颜色较深的地方,绘制后的效果如图4-102所示。

图4-101 勾选表示地面与石头的区域

图4-102 绘制颜色较深的地方

32 分别设置前景色为R:93、G:70、B:15 与 R:41、G:30、B:3,并在画笔工具的选项栏中设置【不透明度】为40%,然后在画面中绘制出地面中颜色较亮的部分,绘制后的效果如图4-103所示。

图4-103 绘制地面中颜色较亮的部分

33 分别设置前景色为R:87、G:65、B:13,R:186、G:155、B:80 与 R:110、G:84、B:22,再使用画笔工具并根据需要设置所需的不透明度,在画面中绘制出一些杂乱东西,以表示地面的复杂性,绘制后的效果如图4-104所示。

图4-104 绘制一些杂乱东西

图4-107 继续对地面进行绘制

34 设置前景色为 R：72、G：80、B：66，使用画笔工具继续对地面进行绘制，绘制后的效果如图 4-105 所示。

37 在【滤镜】菜单中执行【杂色】→【添加杂色】命令，弹出【添加杂色】对话框，并在其中设置【分布】为平均分布，【数量】为 8%，勾选【单色】选项，如图 4-108 所示，设置好后单击【确定】按钮，即可向选区中添加了一些杂色，如图 4-109 所示。

图4-105 继续对地面进行绘制

35 分别设置前景色为 R：24、G：32、B：18 与 R：6、G：11、B：2，在选项栏中设置【不透明度】为 50%，用画笔工具继续对地面进行绘制，绘制后的效果如图 4-106 所示。

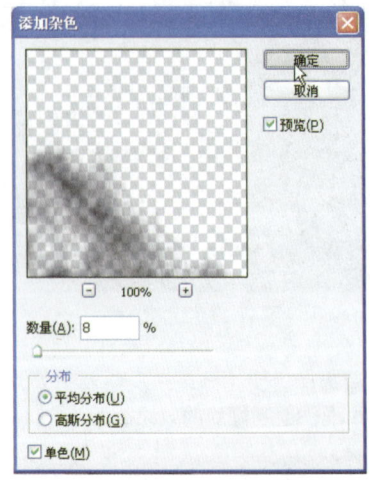

图4-108 【添加杂色】对话框

图4-106 继续对地面进行绘制

36 切换前景与背景色，并在选项栏中设置【不透明度】分别为 50% 与 20%，用画笔工具继续对地面进行绘制，绘制后的效果如图 4-107 所示。

图4-109 添加杂色后的效果

38 在【编辑】菜单中执行【渐隐添加杂色】命令,弹出【渐隐】对话框,并在其中设置【不透明度】为 50%,【模式】为溶解,如图 4-110 所示,设置好后单击【确定】按钮,以消除一些杂色,结果如图 4-111 所示,再按 Ctrl+D 键取消选择。

图 4-110 【渐隐】对话框

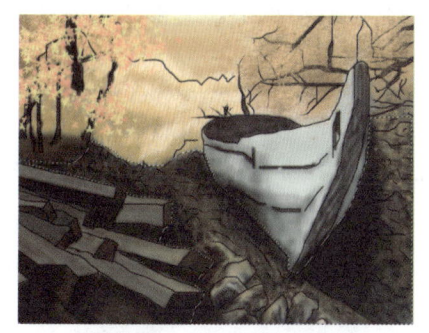

图 4-111 渐隐后的效果

39 使用多边形套索工具在画面中勾选出船身,如图 4-112 所示,再使用吸管工具在画面中吸取所需的颜色,如图 4-113 所示。

图 4-112 勾选船身

图 4-113 吸取所需的颜色

40 在画笔工具的选项栏中先后设置【不透明度】为 20% 与 60%,然后在画面中选区内绘制船身结构,绘制后的效果如图 4-114 所示。

图 4-114 绘制船身结构

41 设置前景色 R:102、G:109、B:95,并在画笔工具的选项栏中分别设置【不透明度】为 40%、20%,再在画面中选区内绘制船身结构,绘制后的效果如图 4-115 所示。

图 4-115 绘制船身结构

42 设置前景色为 R:58、G:64、B:53,先使用不透明度为 60% 的画笔绘制交界线,再使用不透明度为 20% 的画笔进行绘制,绘制后的效果如图 4-116 所示。

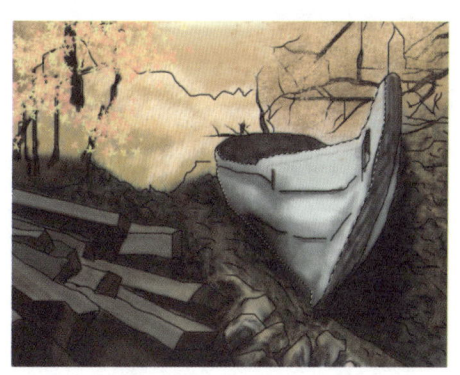

图 4-116 绘制船身结构

43 使用吸管工具吸取所需的颜色与设置较深的颜色，并根据需要设置所需的不透明度，对船进行绘制，以绘制出船身的精细结构，绘制后的效果如图 4-117 所示。

图4-117 绘制船身的精细结构

44 按 Ctrl+D 键取消选择，接着在工具箱中点选 涂抹工具，并在选项栏中设置【强度】为 50%，然后在画面中对船身上过渡不平滑的地方进行涂抹，将其颜色与周围颜色融合，绘制后的效果如图 4-118 所示。

图4-118 对船身上过渡不平滑的地方进行涂抹

45 在工具箱中点选 移动工具，并在选项栏中选择【自动选择】选项，再在其后列表中选择"图层"，接着在画面中单击要修改的对象，如图 4-119 所示，按 Ctrl++ 键将放大画面，用涂抹工具继续对要模糊的地方进行涂抹，涂抹后的效果如图 4-120 所示。

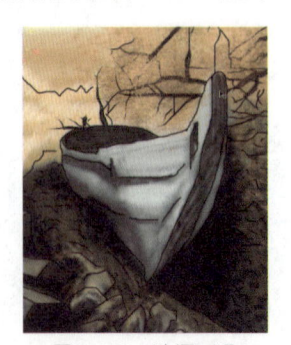

图4-119 选择对象

图4-120 用涂抹工具继续对要模糊的地方进行涂抹

46 按 B 键选择画笔工具，并在选项栏中设置【不透明度】为 20%，对船身另一边进行绘制，以将其颜色加深，如图 4-121 所示。

图4-121 对船身另一边进行绘制

47 按 Ctrl 键在画面中单击要修改的地方，选择它所在的图层，如图 4-122 所示，再点选 涂抹工具，然后在画面中对过渡不平滑的地方进行涂抹，以将其颜色融合到其他颜色中，涂抹后的效果如图 4-123 所示。

图4-122 选择图层

第4章 绘制风景画

图4-123 对过渡不平滑的地方进行涂抹

48 设置前景色为 R:11、G:6、B:1，在【图层】调板中新建一个图层，如图 4-124 所示，然后在画面中需要加深颜色的地方进行绘制，将其颜色加深，绘制后的效果如图 4-125 所示。

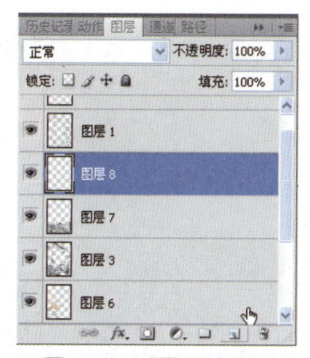

图4-124 【图层】调板

图4-125 在画面中需要加深颜色的地方进行绘制

49 在【图层】调板中设置其【不透明度】为 50%，【混合模式】为正片叠底，如图 4-126 所示，得到如图 4-127 所示的效果。

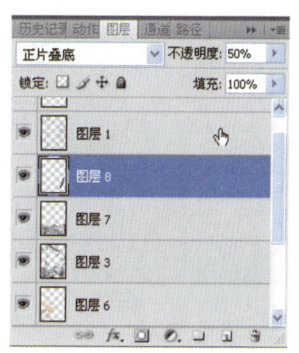

图4-126 【图层】调板

图4-127 设置【不透明度】、【混合模式】后的效果

50 在【图层】调板中激活图层 1，如图 4-128 所示，再点选橡皮擦工具，在选项栏中设置【不透明度】为 100%，然后在画面中将不需要的线条擦除，擦除后的效果如图 4-129 所示。

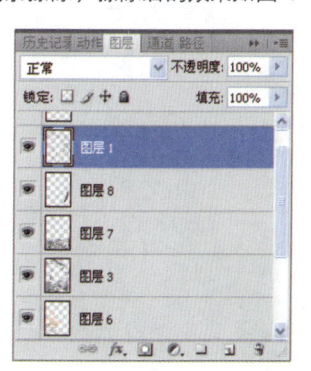

图4-128 【图层】调板

127

图4-129 将不需要的线条擦除

51 在工具箱中点选涂抹工具，并在选项栏中设置【画笔】为 ，再在画面中对地面中的一些线条进行涂抹，以使其杂乱无章，涂抹后的效果如图4-130所示。

图4-130 对地面中的一些线条进行涂抹

52 按Ctrl键在画面中单击要修改的对象，选择它所在的图层如4-131所示，再按E键选择橡皮擦工具，并在选项栏中设置【不透明度】为56%，然后在画面中将船身上不需的树叶擦除，擦除后的效果如图4-132所示。

图4-131 选择要修改的对象

图4-132 将船身上不需要的树叶擦除

53 按I键选择吸管工具，并在画面中所需的颜色上单击，以吸取该颜色，如图4-133所示，接着按B键选择画笔工具，并在选项栏中设置【不透明度】为10%，然后在画面中船身上绘制出高光区域，绘制后的效果如图4-134所示。

图4-133 吸取颜色

图4-134 在船身上绘制出高光区域

54 按 Ctrl 键在画面中单击要修改的地方,以选择它所在的图层,如图 4-135 所示;按 E 键选择橡皮擦工具,再在画面中将不需要的部分擦除,擦除后的效果如图 4-136 所示。

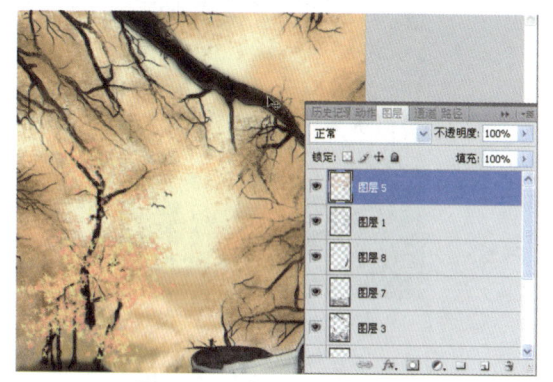

图4-135　选择要修改的对象

图4-136　将不需要的部分擦除

55 在【图层】调板中激活图层 2,如 4-137 所示,再在工具箱中点选涂抹工具,然后在画面中表示水面与天空相交的地方进行涂抹,以涂抹出水面效果,如图 4-138 所示。

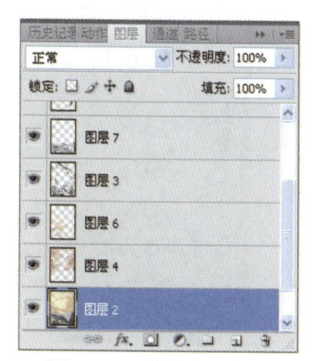

图4-137　【图层】调板

图4-138　在水面与天空相交的地方进行涂抹

56 按 I 键选择吸管工具,并在画面中吸取所需的颜色,如图 4-139 所示,在涂抹工具的选项栏中设置【强度】为 80%,勾选【手指绘画】选项,然后在画面中的天空中进行涂抹,以涂抹出云彩效果,涂抹后的效果如图 4-140 所示。

图4-139　在画面中吸取所需的颜色

图4-140　涂抹出云彩效果

57 在选项栏中取消【手指绘画】的勾选,然后在画面中对刚绘制的对象进行涂抹,以使它融合到画面中,涂抹后的效果如图 4-141 所示。

图4-141 绘制云彩效果

58 在选项栏中勾选【手指绘画】选项，然后在画面中继续绘制云彩效果，绘制后的效果如图4-142所示。

图4-144 最终效果图

4.5 本章小结

本章主要讲解了如何使用画笔工具中的预设画笔与自定的画笔，并结合使用橡皮擦工具、涂抹工具等来绘制风景画，以达到手绘效果的目的，其中包括在画笔调板中设置画笔的各参数。

4.6 上机练习题

根据本章所学内容请绘制出如图4-145所示的山水风景画，操作流程图如图4-146所示。

图4-142 绘制云彩效果

59 按Ctrl键在画面中单击要修改的对象，以选择该对象所在图层，如图4-143所示，再点选橡皮擦工具，并在选项栏中设置【不透明度】为56%，然后在画面中将不需要的部分擦除，擦除后的效果如图4-144所示。这样，我们的风景画就绘制完成。

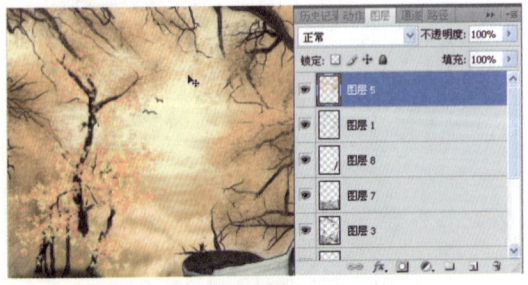

图4-143 选择要修改的对象

图4-145 绘制好的山水风景画

第4章 绘制风景画

① 绘制出大概结构 ② 继续绘制大概结构 ③ 绘制远处的山脊 ④ 绘制近处的结构

⑤ 绘制远处的山脊 ⑥ 绘制远处山脊上的树木 ⑦ 绘制近处的石梯 ⑧ 绘制近处的亭子 ⑨ 最终效果图

图4-146　绘制山水风景流程图

第 5 章　绘制静物画

本章提要

　　静物在我们生活中无处不存在，因此，绘制静物画也就成了画家们必画的目标之一。
　　本章重点讲解使用Photoshop中的绘画工具与命令来绘制花卉与静物写生。

5.1　静物画简介

　　静物画是以相对静止的物体为主要描绘题材的绘画。这种物体（如花卉、蔬果、器皿、书册、食品和餐具等等）必须是根据作者创作构思的需要，经过认真选择和精心的设计和安排，使许多物体在形象和色调的关系上，都能达到整体和谐，高度表现出物象内在的感情。

　　静物画起始于17世纪的荷兰，发展到今天已成为一种独立的画种。静物画经过几个世纪的演变与革新，已完全超出了早期单纯的描摹阶段。世界上杰出的画家如夏尔丹、塞尚、凡高、毕加索等著名的大师，将静物画推向一个又一个高峰，他们无不以其特有的艺术品位确立了各自在世界画坛的显赫地位。我国的静物画基本上是承接了原苏联绘画的模式进行的，它在作画的过程中更多的是要求作画者注重色彩及基本造型的训练，使所作的静物画等同于小品一般。现如今，随着现代绘画思想理论的不断注入，很多画家已走出了传统桎梏，在静物画领域内不断挖掘新的艺术天地，使它更加个性化、艺术化、多元化。

　　作为一个特殊形式的绘画艺术，静物画不但是专业基础训练中不可缺少的学习手段，也是一门独立存在的艺术品种。从美学角度讲，它所传达的语境和情绪，往往可使复杂趋向单纯，使躁动与嘈杂峭然退缩，客观现实过渡为主观意念，从而使作画者在作画的过程中更趋理智和恬静，用一颗虔诚之心去寻找、探索静物画的真谛。

　　静物画中所描绘的物体，虽很普通，但它却包含了深刻的意义。如早在宋代李嵩的《花篮图》，如图5-1所示，图中精心描绘了堆满花篮的各种春花，给人以春意盎然、百芳争艳、万物复苏的感觉。在现代的静物画作品中，如齐白石的《蔬菜》，如图5-2所示，虽寥寥数笔，却深刻地抒发了画家对生活的无限热爱。并使观感者联想到人们日常生活中所接触和所必需的一些东西，以及江南初夏麦黄季节的美好图景。静物画的表现生动活泼、鲜明有力，具有给人以鼓舞、使人兴奋向上，引人对生活产生无限热爱的艺术感染力。一幅好的静物画，必须要尽可能地表现出有助于描绘出对象的精神实质的正确的形象和色彩。

图5-1　李嵩的《花篮图》

图5-2 齐白石的《蔬菜》

5.2 绘制花卉

【实例分析】

先选择好要绘制的花卉，再使用钢笔工具勾画出它的轮廓图，然后依次对其进行颜色填充。实例效果如下图所示。

花卉实例效果图

【实例制作】

1. 按Ctrl+N键新建一个大小为800×600像素、【分辨率】为150像素/英寸的空白图像文件，在工具箱中点选钢笔工具，然后在画布的中下方绘制出一个表示花瓣的路径，如图5-3所示。

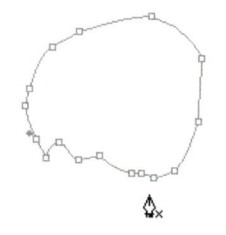

图5-3 绘制花瓣路径

2. 使用钢笔工具绘制出表示玫瑰花柄的路径，如图5-4所示。

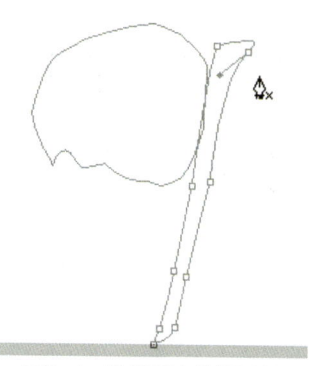

图5-4 绘制玫瑰花柄路径

3. 使用钢笔工具绘制出表示其他的花瓣的路径，绘制好后的基本结构如图5-5所示。

图5-5 绘制其他花瓣的路径

4. 使用钢笔工具勾画出表示其他花蕾与叶子及花柄的路径，如图5-6所示。

图5-6 勾画花蕾与叶子及花柄的路径

133

5 显示【图层】调板,在其中单击 ▭（创建新图层）按钮,新建一个图层,如图5-7所示,接着在工具箱中点选 ▭路径选择工具,在画面中选择一个表示花瓣的路径,如图5-8所示。

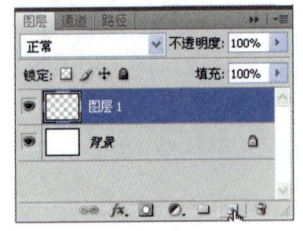

图5-7 【图层】调板

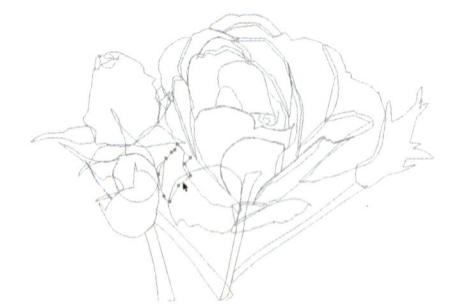

图5-8 选择路径

6 显示【路径】调板,在其中单击 ▭（将路径作为选区载入）按钮,将所选的路径载入选区,如图5-9所示,接着在工具箱中设置前景色为 #ca085f,背景色为 #fbc6e6,再点选 ▭渐变工具,并在选项栏中选 ▭按钮,在渐变拾色器中选择前景色到背景色渐变,如图5-10所示,然后在画面中拖动鼠标,给选区进行渐变填充,填充颜色后的效果如图5-11所示。

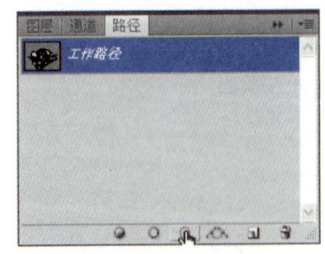

图5-9 【路径】调板

图5-10 渐变拾色器

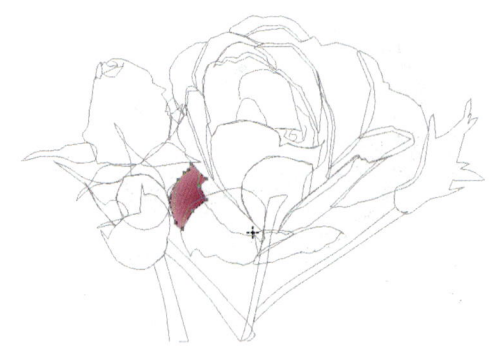

图5-11 渐变填充后的效果

7 用前面同样的方法,用 ▭路径选择工具在画面中选择要填充渐变颜色的路径,在【路径】调板中单击 ▭（将路径作为选区载入）按钮,将其载入选区,如图5-12所示；然后使用渐变工具对选区进行渐变填充,填充渐变颜色后的效果如图5-13所示。

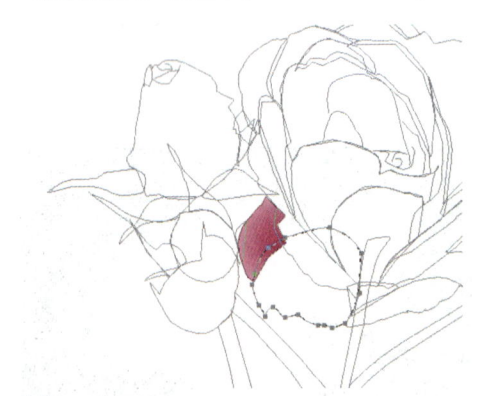

图5-12 将路径作为选区载入

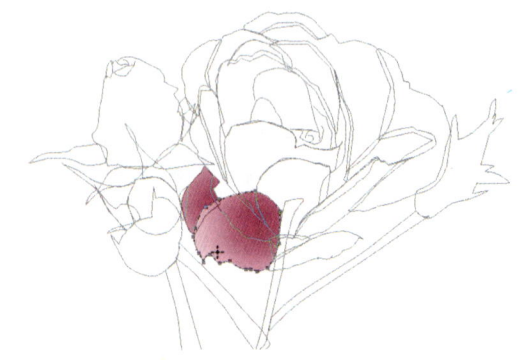

图5-13 渐变填充后的效果

8 先使用路径选择工具将要填充渐变颜色的路径选择,将其载入选区,然后使用渐变工具对选区进行渐变填充,依次填充好渐变颜色后的效果如图5-14所示。

第5章 绘制静物画

然后用渐变工具对选区进行渐变填充，依次填充好渐变颜色后的效果如图 5-18 所示。

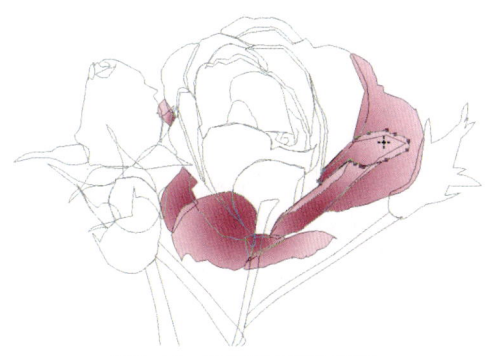

图5-14 渐变填充后的效果

9. 显示【图层】调板，并在其中新建图层 2，如图 5-15 所示，使用路径选择工具将要填充渐变颜色的路径选择，并将其载入选区，然后使用渐变工具对选区进行渐变填充，依次填充好渐变颜色后的效果如图 5-16 所示。

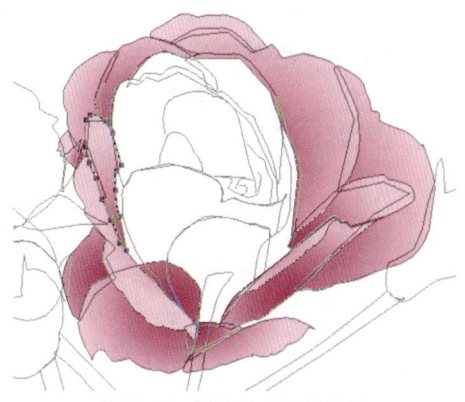

图5-17 渐变填充后的效果

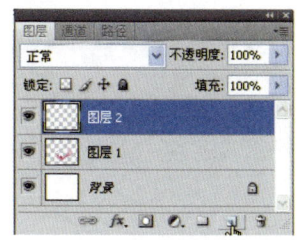

图5-15 【图层】调板

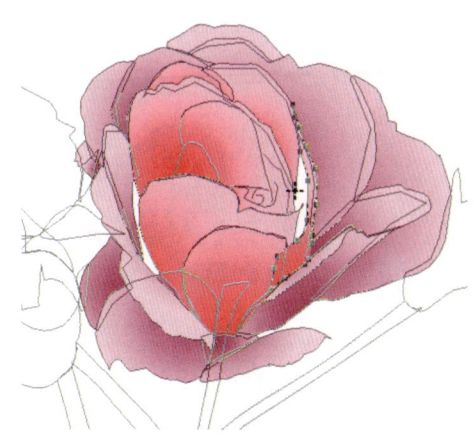

图5-18 渐变填充后的效果

12. 使用钢笔工具在画面中勾画出花心的精细结构，如图 5-19 所示。

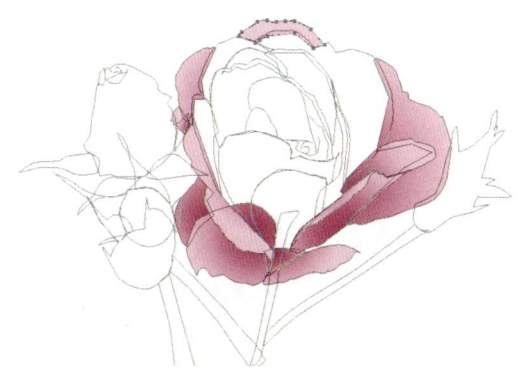

图5-16 渐变填充后的效果

10. 在【图层】调板新建图层 3，使用路径选择工具将要填充渐变颜色的路径选择，并将其载入选区，然后使用渐变工具对选区进行渐变填充，依次填充好渐变颜色后的效果如图 5-17 所示。

11. 设置前景色为 #ef072e，背景色为 #ffb7e1，在【图层】调板新建图层 4，使用路径选择工具将要填充渐变颜色的路径选择，并将其载入选区，

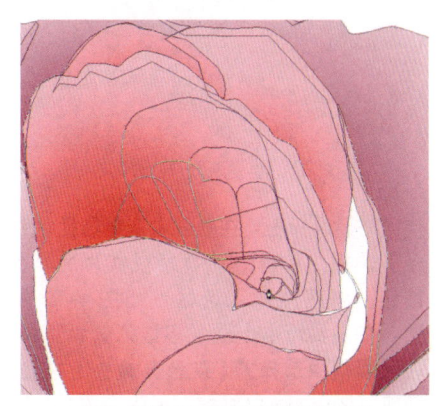

图5-19 勾画花心的精细结构

13. 在【图层】调板中新建图层 5，如图 5-20 所示，使用路径选择工具将要填充渐变颜色的

135

路径选择，并将其载入选区，如图 5-21 所示，然后使用渐变工具对选区进行渐变填充，填充好渐变颜色后的效果如图 5-22 所示。

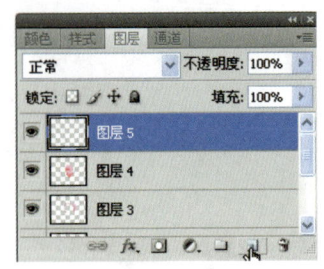

图5-20 【图层】调板

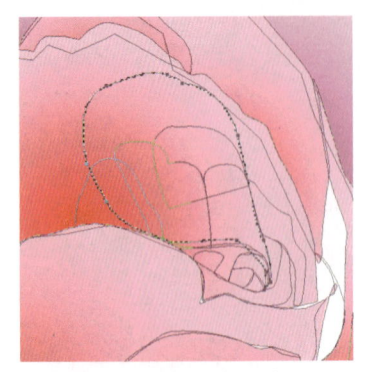

图5-21 将路径载入选区

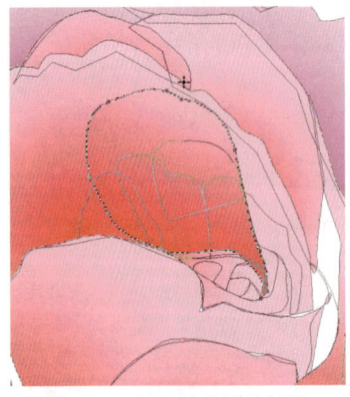

图5-22 渐变填充后的效果

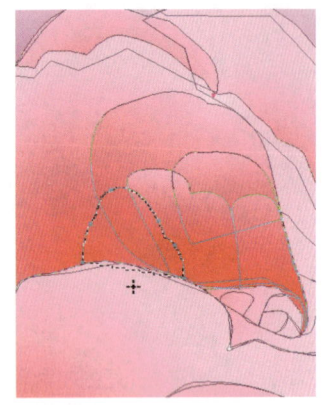

图5-23 将路径载入选区

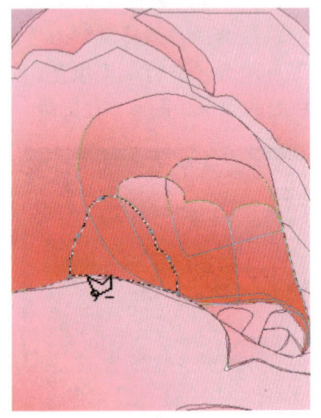

图5-24 将画面中多余的选区减掉

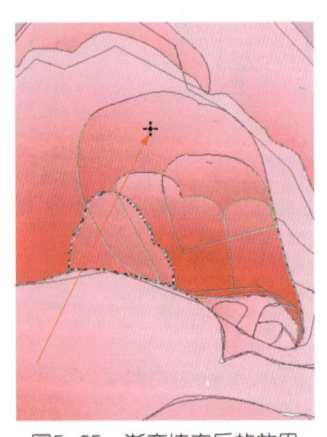

图5-25 渐变填充后的效果

14 使用路径选择工具在画面中选择路径，在【路径】调板中单击 ○ （将路径作为选区载入）按钮，将路径载入选区，如图 5-23 所示。然后在工具箱中点选 多边形套索工具，并在选项栏中选择 （从选区减去）按钮，将画面中多余的选区减掉，如图 5-24 所示。

15 使用渐变工具在画面中拖动，给选区进行渐变填充，填充渐变颜色后的效果如图 5-25 所示。

16 使用路径选择工具在画面中选择要进行渐变填充的路径，并将其载入选区，如图 5-26 所示，再点选 多边形套索工具，在选项栏中选择 （添加到选区）按钮，然后在画面中将需要添加到选区的区域勾选出来，如图 5-27 所示。

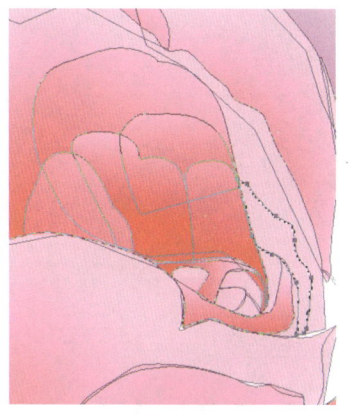

图5-26 将路径载入选区

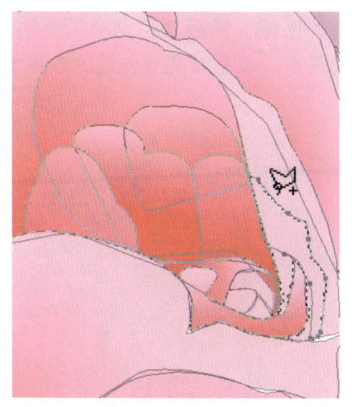

图5-27 添加选区

17 使用渐变工具对选区进行渐变填充,填充渐变颜色后的效果如图5-28所示。

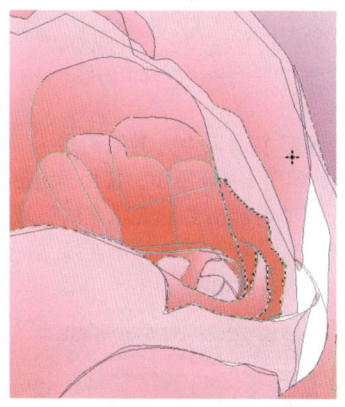

图5-28 渐变填充后的效果

18 使用路径选择工具将要进行渐变填充的路径选择,并将其载入选区,然后使用渐变工具对其进行渐变填充,填充渐变颜色后的效果如图5-29所示。

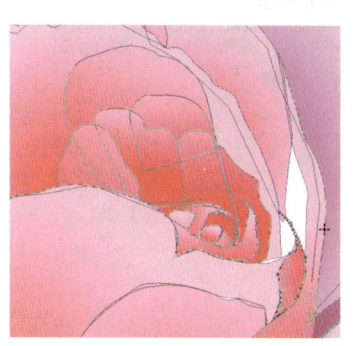

图5-29 渐变填充后的效果

19 按Ctrl+D键取消选择,按L键切换至多边形套索工具,在选项栏中设置【羽化】为2px,再在画面中勾选出要进行渐变填充的区域,如图5-30所示,然后使用渐变工具对选区进行渐变填充,填充渐变颜色后的效果如图5-31所示。

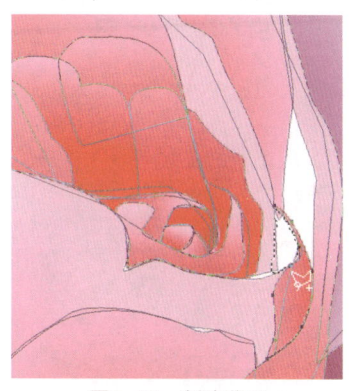

图5-30 创建选区

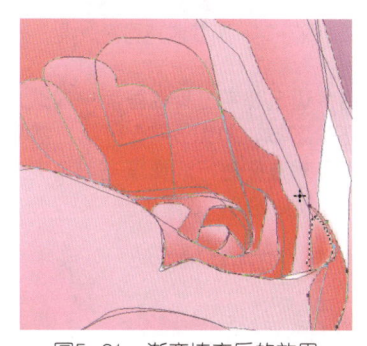

图5-31 渐变填充后的效果

20 在【路径】调板的灰色空白区域单击,如图5-32所示,隐藏路径,再使用多边形套索工具在画面中勾选出要渐变填充的区域,如图5-33所示,然后按G键切换至渐变工具,并对选区进行渐变填充,填充渐变颜色后的效果如图5-34所示。

中文版Photoshop CS4手绘艺术技法

图5-32 【路径】调板

图5-33 创建选区

图5-34 渐变填充后的效果

21. 使用多边形套索工具在画面中勾选出要渐变填充的区域，如图 5-35 所示，然后使用渐变工具对选区进行渐变填充，填充渐变颜色后的效果如图 5-36 所示。

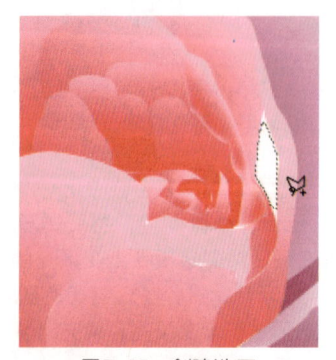

图5-35 创建选区

图5-36 渐变填充后的效果

22. 使用多边形套索工具在画面中勾选出要渐变填充的区域，然后使用渐变工具对选区进行渐变填充，填充渐变颜色后的效果如图 5-37 所示。

图5-37 创建选区并进行渐变填充

23. 在【图层】调板中先激活图层1，再新建图层6，如图 5-38 所示，使用多边形套索工具在画面中勾选出要渐变填充的区域，然后使用渐变工具对选区进行渐变填充，填充渐变颜色后的效果如图 5-39 所示。

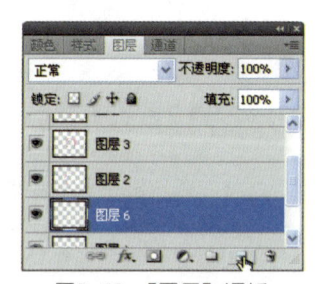

图5-38 【图层】调板

图5-39 创建选区并进行渐变填充

24 按 Ctrl+D 键取消选择，全部显示的画面效果如图 5-40 所示。

图5-40 全部显示的画面效果

25 在【图层】调板中先激活背景层，再新建图层 7，如图 5-41 所示，显示【路径】调板，并在其中激活工作路径，如图 5-42 所示，显示路径，按 A 键选择路径选择工具，在画面中选择要填充渐变颜色的路径，并在【路径】调板中单击 ◯（将路径作为选区载入）按钮，将其载入选区，然后使用渐变工具对选区进行渐变填充，填充渐变颜色后的效果如图 5-43 所示。

图5-41 【图层】调板

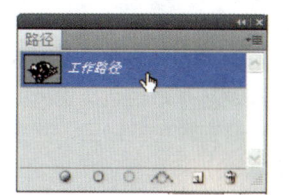

图5-42 【路径】调板

图5-43 将路径载入选区并进行渐变填充

26 在【图层】调板中先激活图层 7，单击【创建新图层】按钮，新建图层 8，如图 5-44 所示，接着按 A 键选择路径选择工具，在画面中选择要填充渐变颜色的路径，并在【路径】调板中单击 ◯（将路径作为选区载入）按钮，将其载入选区，然后使用渐变工具对选区进行渐变填充，填充渐变颜色后的效果如图 5-45 所示。

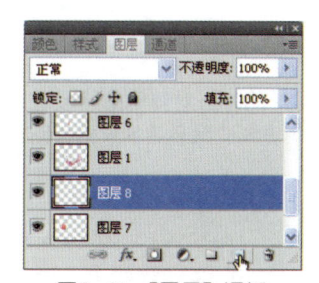

图5-44 【图层】调板

图5-45 将路径载入选区并进行渐变填充

139

中文版Photoshop CS4手绘艺术技法

27. 设置前景色为 #0c1c02，背景色为 #bdf995，再在【图层】调板中新建图层9，如图5-46所示，接着按A键选择路径选择工具，在画面中选择要填充渐变颜色的路径，并在【路径】调板中单击 ◯（将路径作为选区载入）按钮，将其载入选区，然后使用渐变工具对选区进行渐变填充，填充渐变颜色后的效果如图5-47所示。

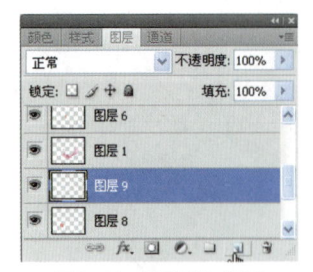

图5-46 【图层】调板

图5-47 将路径载入选区并进行渐变填充

28. 使用同样的方法对其他的路径进行渐变颜色填充，填充渐变颜色后的效果如图5-48所示。

图5-48 渐变填充后的效果

29. 在【图层】调板中先激活背景层，新建图层10，如图5-49所示，然后使用同样的方法对其他的路径进行渐变颜色填充，填充渐变颜色后的效果如图5-50所示。

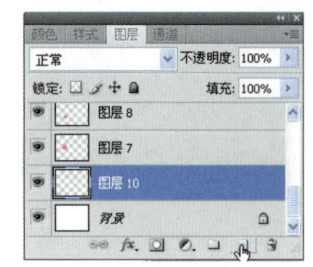

图5-49 【图层】调板

图5-50 渐变填充后的效果

30. 设置背景色为 #60d015，同样将表示柄的路径选择，并载入选区，然后使用渐变工具对它们进行渐变填充，渐变填充后的效果如图5-51所示。

图5-51 渐变填充后的效果

31. 在【图层】调板中选择花蕾所在的图层，如图5-52所示，使用路径选择工具选择表示结构线的路径，如图5-53所示。

图5-52 【图层】调板

图5-53 选择结构线的路径

32 在工具箱中点选吸管工具,并在画面中所需的颜色处单击,以吸取该颜色,如图5-54所示。

图5-54 吸取颜色

33 在工具箱中点选画笔工具,并在选项栏中设置画笔【主直径】为2px,【硬度】为0%,如图5-55所示,在【路径】调板中单击（用画笔描边路径）按钮,给路径进行描边,描好边后在【路径】调板的灰色区域单击隐藏路径,如图5-56所示,以得到如图5-57所示的效果。

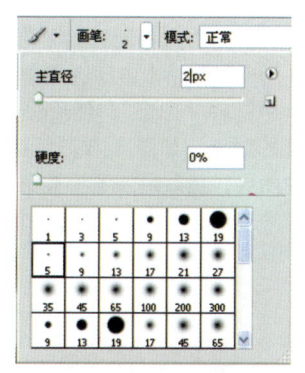

图5-55 设置画笔

图5-56 【路径】调板

图5-57 用画笔描边路径后的效果

34 在工具箱中点选加深工具,并在选项栏中设置参数为,然后在画面中绘制出花蕾的暗部,绘制后的效果如图5-58、图5-59所示。

> **提示**
>
> 在使用绘画工具（包括：画笔工具、铅笔工具、橡皮擦工具、涂抹工具、加深工具、减淡工具、模糊工具等工具,也就是选项栏中有画笔选项的工具）绘制图像时需要随时调整画笔的大小来适合画面的要求,调整画笔大小只需要按"["与"]"键两个键即可。

图5-58 绘制花蕾的暗部

图5-59 绘制花蕾的暗部

35 在工具箱中点选涂抹工具，并在选项栏中设置参数为，其画笔大小需按"["与"]"键来调整，在画面中需要涂抹的地方进行涂抹，涂抹后的效果如图 5-60 所示。

图5-60　绘制花蕾

36 在【图层】调板中选择另一个花蕾所在的图层，如图 5-61 所示，在工具箱中点选加深工具，先将整个花蕾调暗，再绘制出细部结构，按"["与"]"键来调整画笔的大小，绘制后的效果如图 5-62 所示。

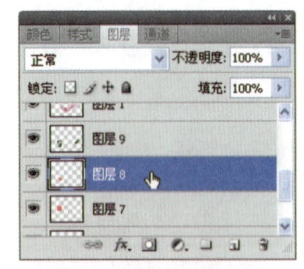

图5-61　【图层】调板

图5-62　绘制花蕾

37 在选项栏中设置【范围】为高光，再在画面中绘制出花蕾的暗部，如图 5-63 所示。

图5-63　绘制花蕾

38 在工具箱中点选涂抹工具，在画面中将过渡明显的地方进行涂抹，涂抹后的效果如图 5-64 所示。

图5-64　绘制花蕾

39 在工具箱中点选移动工具，并在选项栏中勾选【自动选择】选项，并在其列表中选择"图层"，然后在画面中单击要调整的对象，如图 5-65 所示，以选择它所在的图层，然后用加深工具在画面中需要调暗的地方进行绘制，绘制好后的效果如图 5-66 所示。

图5-65　选择对象

图5-66 在需要调暗的地方进行绘制

40 按Ctrl键选择要调暗的对象，使用加深工具对其进行调整，调整后的效果如图5-67所示。

图5-67 在需要调暗的地方进行调整

41 按Ctrl键在画面中单击要调整的对象，如图5-68所示，以选择该对象所在的图层，以便对该图层中的内容进行调整。

图5-68 选择要调整的对象

42 设置前景色为 #123001，背景色为 #9ede73，按L键选择多边形套索工具，在画面中勾选出叶子内的一部分区域，如图5-69所示。

图5-69 勾选要调整颜色的区域

43 按G键选择渐变工具，在画面中拖动给选区进行渐变填充，填充渐变颜色后的效果如图5-70所示。

图5-70 渐变填充后的效果

44 按L键选择多边形套索工具，在选项栏中选择 □（新选区）按钮，然后在画面中勾选出另一片叶子的部分区域，按G键选择渐变工具，在画面中拖动，以给选区进行渐变填充，填充渐变颜色后的效果如图5-71所示。

图5-71 渐变填充后的效果

45 使用同样的方法对其他的叶子与花苞进行绘制，以体现出立体效果，绘制好后的效果如图5-72、图5-73所示。

图5-72 绘制叶子与花苞

143

图5-73 绘制叶子与花苞

46 按 Ctrl+ + 键将画面放大，使用同样的方法对右边的花苞进行绘制，绘制出细部结构，如图 5-74 所示。

图5-74 绘制花苞

47 设置前景色为 #0b1d01 背景色为 #3c810e，使用同样的方法对暗部进行刻画，要体现出立体效果，绘制好后的效果如图 5-75 所示。

图5-75 绘制花苞

48 按 Ctrl+- 键缩小画面，显示全部对象，再按 Ctrl 键在画面中单击表示柄的对象，如图 5-76 所示，以选择该对象所在的图层。

图5-76 选择要调整的对象

49 使用同样的方法对柄进行刻画，绘制后的效果如图 5-77 所示。

图5-77 对柄进行刻画

50 设置前景色为 #482b0d，在工具箱中点选 画笔工具，并在选项栏中设置 不透明度：100%、流量：30%，在【图层】调板中锁定该图层的透明像素，如图 5-78 所示；然后在画面中柄上进行绘制，以体现出立体效果，并添加一些其他的颜色，如图 5-79 所示。

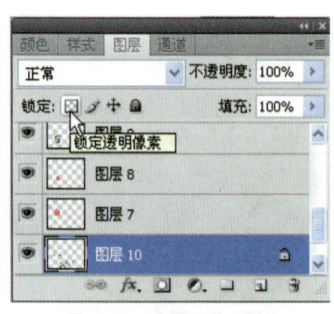

图5-78 【图层】调板

绘制静物画 **第5章**

图5-79 对柄进行刻画

51 设置前景色为 #031300，使用画笔工具绘制柄的暗部，绘制好后的效果如图5-80所示。

图5-80 对柄进行刻画

52 在【图层】调板中激活背景层，如图5-81所示，使用渐变工具对背景进行渐变填充，填充渐变颜色后的效果如图5-82所示。

图5-81 【图层】调板

图5-82 对背景进行渐变填充

53 在【图层】调板中激活背景层，再新建一个图层，如图5-83所示，使用多边形套索工具在画面中勾选出还有漏空的区域，如图5-84所示，然后设置前景色为白色，按Alt+Del键将选区填充为白色，再按Ctrl+D键取消选择，得到如图5-85所示的结果。这样，玫瑰花就绘制完成了。

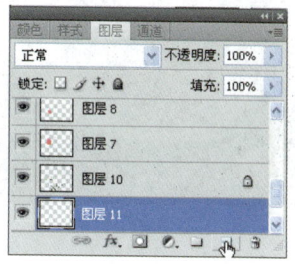

图5-83 【图层】调板

图5-84 勾选还有漏空的区域

图5-85 最终效果图

5.3 静物写生

【实例分析】

先利用画笔工具将静物轮廓线勾画出，然后对画面的整体色调进行平铺与控制，再使用涂抹工具对静物进行塑造，直到满意为止。

145

实例效果如下图所示。

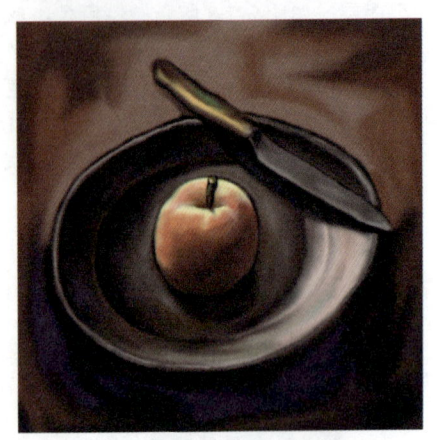

静物写生实例效果图

> **提示**
>
> 先把要写生的静物摆放好，然后在Photoshop中来绘制这些静物，这幅作品需要有一定的静物写生技能及基础。

【实例制作】

1. 按Ctrl+N键，新建一个文件，设置其【宽度】为450像素，【高度】为450像素，【分辨率】为200像素/英寸，【颜色模式】为RGB颜色，【背景内容】为白色。
2. 在工具箱中先设置前景色为黑色，再点选 画笔工具，然后在画布的中间位置画出盘子、苹果和水果刀的轮廓线，如图5-86所示。

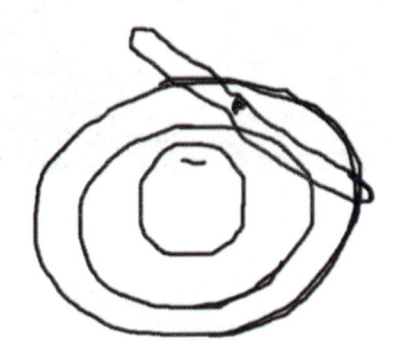

图5-86　画出盘子、苹果和水果刀的轮廓线

3. 使用画笔工具在画面上将整体色调涂上，如图5-87所示,然后将盘子和苹果的整体色调涂上，如图5-88所示。

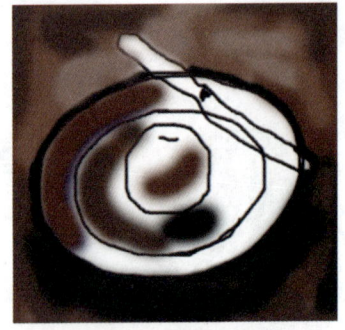

图5-87　画整体色调

图5-88　画整体色调

> **说明**
>
> 这时需要不时的在工具箱中单击■（设置前景色）按钮，并在弹出【拾色器】对话框中设置所需的颜色，或者在【颜色】调板中直接设置所需的颜色。在画面中右击，弹出画笔调板并在其中选择所需的画笔笔触和设置所需的画笔直径。

4. 使用 画笔工具和 涂抹工具对苹果进行塑造，要注意画笔工具和涂抹工具的画笔大小（按"["或"]"键来调整画笔的大小），经过绘制后的效果如图5-89所示。

图5-89　对苹果进行塑造

5 使用画笔工具，在水果刀上进行绘制，在绘制时可设置所需的颜色和画笔，即给水果刀涂上基本色调，效果如图5-90所示。

图5-90 给水果刀涂上基本色调

6 设置不同的前景色，然后分别使用画笔工具和涂抹工具对水果刀进行塑造，绘制后的效果如图5-91所示。

提示

高光处可设置较淡而明亮的颜色。

图5-91 对水果刀进行塑造

7 设置前景色为黑色，使用画笔工具再一次对静物进行轮廓勾画，如图5-92所示。

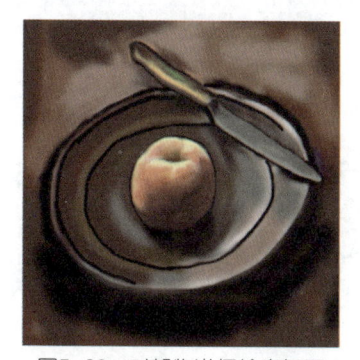

图5-92 对静物进行轮廓勾画

8 使用画笔工具对盘子进行立体感塑造，绘制后的效果如图5-93所示。

提示

盘子的边缘用到了不同色彩，这主要是让画面的色彩丰富起来。

图5-93 对盘子进行立体感塑造

9 设置不同的颜色，使用画笔工具给盘子涂上基本色调，绘制后的效果如图5-94所示。

图5-94 给盘子涂上基本色调

10 使用画笔工具和涂抹工具，并设置不同的颜色和画笔笔触及画笔直径，对盘子进行深入刻画，效果如图5-95所示。

图5-95 对盘子进行深入刻画

147

11 使用涂抹工具对背景进行绘制，效果如图5-96所示。

图5-96　对背景进行绘制

12 使用画笔工具，并设置不同的颜色和画笔直径，来绘制苹果的柄，绘制好后的效果如图5-97所示。这样，这副作品就绘制完成了！

图5-97　绘制苹果的柄

5.4　本章小结

本章主要讲解如何使用 Photoshop CS4 中的钢笔工具、创建新图层、路径选择工具、将路径作为选区载入、渐变工具、多边形套索工具、羽化、取消选择、吸管工具、画笔工具、加深工具、涂抹工具、移动工具、放大与缩小等工具与命令来绘制静物画。

5.5　上机练习题

根据本章所学内容绘制如图5-98所示的花卉。操作流程图如图5-99所示。

图5-98　绘制好的花卉

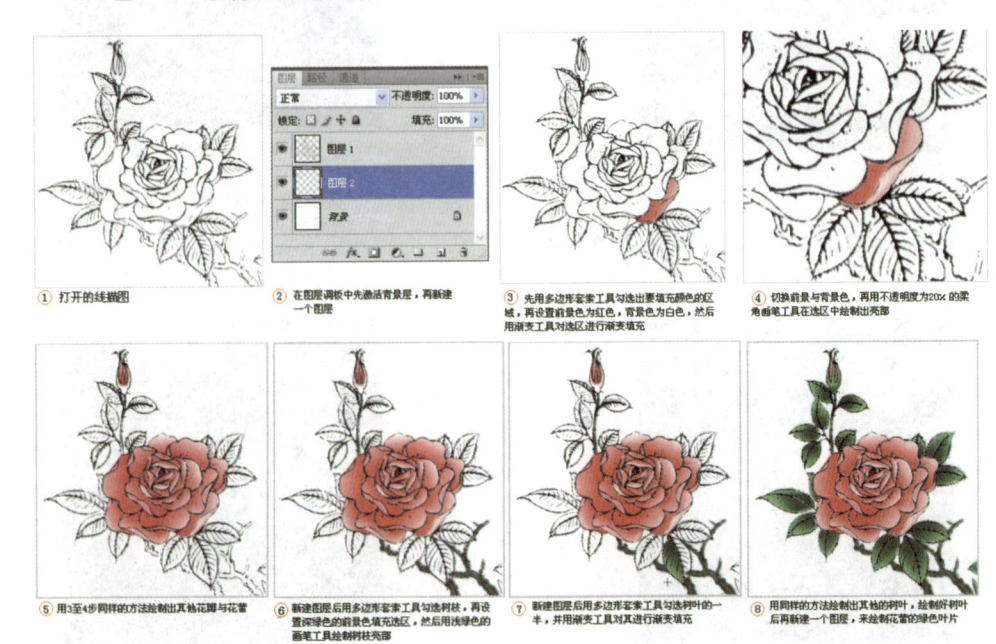

① 打开的线描图
② 在图层调板中先激活背景层，再新建一个图层
③ 先用多边形套索工具勾选出要填充颜色的区域，再设置前景色为红色，背景色为白色，然后用渐变工具对选区进行渐变填充
④ 切换前景与背景色，再用不透明度为20%的柔角画笔工具在选区中绘制出亮部
⑤ 用3至4步同样的方法绘制出其他花瓣与花蕾
⑥ 新建图层后用多边形套索工具勾选树枝，再设置深绿色的前景色填充选区，然后用浅绿色的画笔工具绘制树枝壳部
⑦ 新建图层后用多边形套索工具勾选树叶的一半，并用渐变工具对其进行渐变填充
⑧ 用同样的方法绘制出其他的树叶，绘制好树叶后再新建一个图层，来绘制花蕾的绿色叶片

图5-99　绘制花卉的流程图

第 6 章 绘制动物

本章提要

本章重点讲解在电脑中使用Photoshop中的功能来绘制蝴蝶与逼真的老虎。在绘制时要掌握动物的明暗对比，以及反光部位的处理，也就与我们在生活中画立体物体一样，要确定物体的高光、暗部、明暗交界线与反光区。

6.1 怎样绘制动物

大自然中有很多动物，从外观上区分有硬壳的、软体的、毛发的、带刺的等等。从动物皮毛的光泽度来观察，每种动物表皮都会有着不同的反光程度，所以只有把握好高光与暗部的对比，才能够很好的表现出心目中所希望的皮毛软硬程度。

6.2 绘制蝴蝶

【实例分析】

先使用钢笔工具勾画出蝴蝶的轮廓图，再用填充路径功能、画笔工具，将路径载入选区等功能给蝴蝶上色。

实例效果如下图所示。

实例效果图

【实例制作】

1. 新建一个大小为500×600像素，【分辨率】为150像素/英寸，【颜色模式】为RGB颜色，【背景内容】为白色的文件。

2. 在工具箱中点选 钢笔工具，在选项栏中选择 （路径）按钮，在画面中适当位置绘制出表示蝴蝶身体结构的路径，如图6-1所示。

图6-1 绘制蝴蝶身体结构路径

3. 使用钢笔工具在画面中绘制出蝴蝶的脚、翅膀的结构图，如图6-2所示。

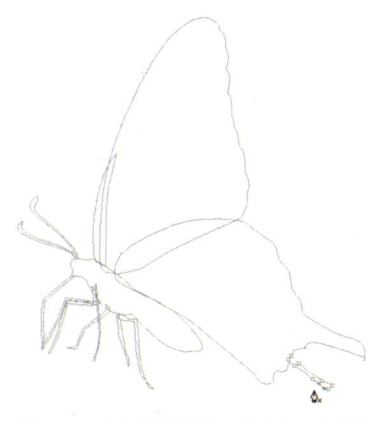

图6-2 绘制蝴蝶脚、翅膀的结构图

4 使用钢笔工具在蝴蝶身体上绘制出表示纹理的路径，如图6-3所示。

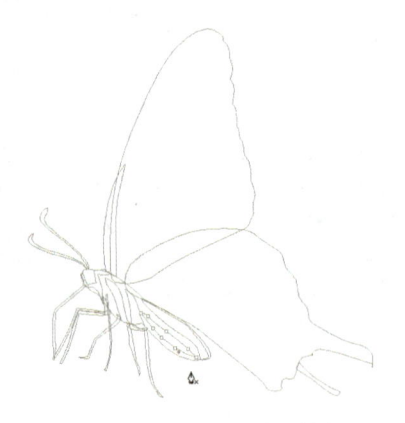

图6-3 绘制纹理的路径

5 使用钢笔工具在画面中绘制出蝴蝶翅膀中的花纹，如图6-4所示。

图6-4 绘制蝴蝶翅膀中的花纹

6 在工具箱中点选路径选择工具，并按Shift键在画面中单击要选择的路径同时选择它们，如图6-5所示。

图6-5 选择路径

7 设置前景色为黑色，显示【图层】调板，并在其中单击（创建新图层）按钮，新建图层1，如图6-6所示，再显示【路径】调板，并在其中单击（用前景色填充路径）按钮，如图6-7所示，将选择的路径填充为黑色，填充颜色后的效果如图6-8所示。

图6-6 【图层】调板

图6-7 【路径】调板

图6-8 填充路径后的效果

8 在【图层】调板中先激活背景层，再单击【创建新图层】按钮，新建图层2，如图6-9所示。

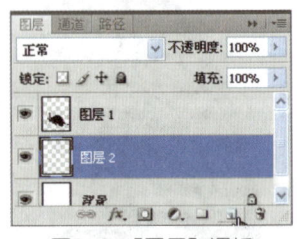

图6-9 【图层】调板

9 设置前景色为 #6a6846，使用路径选择工具选择上方翅膀的外轮廓，然后显示【路径】调板，并在其中单击（用前景色填充路径）按钮，将选择的路径填充为前景色，填充颜色后的效果如图6-10所示。

图6-10 将选择的路径填充为前景色

10 设置前景色为 #738a61，在【图层】调板中激活图层1，再单击【创建新图层】按钮，新建图层3，如图6-11所示，然后使用路径选择工具选择身体上的花纹，然后在【路径】调板中单击 ○（用前景色填充路径）按钮，将选择的路径填充为前景色，填充颜色后的效果如图6-12所示。

图6-11 【图层】调板

图6-12 将选择的路径填充为前景色

提 示

要选择多个封闭路径或开放式路径，请按 Shift 键再单击要选择的路径。如果前面有选择的路径，并且需要取消这些路径的选择，请先单击另一个要选择的路径，再按 Shift 键再单击其他要选择的路径，即可取消前面路径的选择，同时又选择了另一组路径。

11 设置前景色为白色，使用路径选择工具选择翅膀上的花纹，然后在【路径】调板中单击 ○（用前景色填充路径）按钮，将选择的路径填充为前景色，填充颜色后的效果如图6-13所示。

图6-13 将选择的路径填充为前景色

12 设置前景色为 #d8c394，使用路径选择工具选择翅膀上的花纹，然后在【路径】调板中单击 ○（用前景色填充路径）按钮，将选择的路径填充为前景色，填充颜色后的效果如图6-14所示。

图6-14 将选择的路径填充为前景色

13 设置前景色为 #daab41，使用路径选择工具选择翅膀上的花纹，然后在【路径】调板中单击 ○（用前景色填充路径）按钮，将选择的路径填充为前景色，填充颜色后的效果如图6-15所示。

图6-15 将选择的路径填充为前景色

14 设置前景色为 f98926，使用路径选择工具选择翅膀上的花纹，然后在【路径】调板中单击 ◯（用前景色填充路径）按钮，将选择的路径填充为前景色，填充颜色后的效果如图6-16 所示。

图6-16 将选择的路径填充为前景色

15 设置前景色为 190202，在【图层】调板中新建图层4，如图6-17 所示，再用路径选择工具，在画面中选择翅膀上的纹理，如图6-18 所示。

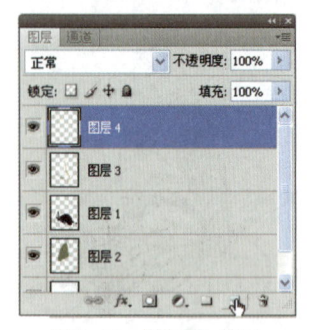

图6-17 【图层】调板

图6-18 选择翅膀上的纹理

16 显示【画笔】调板，在其中选择【形状动态】选项，再设置【控制】为渐隐，参数为1300,其他不变，如图6-19 所示，然后在【路径】调板中单击 ◯（用画笔描边路径）按钮，如图6-20 所示，用画笔描边路径，描好边后的效果如图6-21 所示。

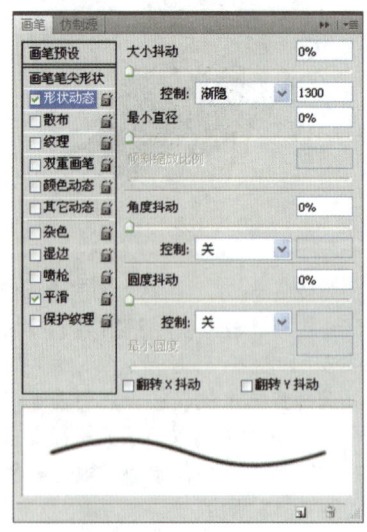

图6-19 【画笔】调板

图6-20 【路径】调板

图6-21 用画笔描边路径

17 使用路径选择工具在画面中选择翅膀的外轮廓线，如图6-22 所示，再点选画笔工具，在【画笔】调板中设置【直径】为8px，其他不变，如图6-23 所示，然后在【路径】调板中单击 ◯ 按钮，给路径进行描边，描边后的效果如图6-24 所示。

图6-22 选择翅膀的外轮廓线

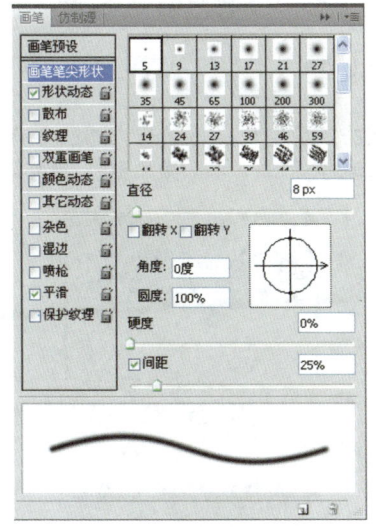

图6-23 【画笔】调板

图6-24 给路径进行描边

18 在【路径】调板的灰色空白区域单击，如图6-25所示，隐藏路径，隐藏路径后的效果如图6-26所示。

图6-25 【路径】调板

图6-26 隐藏路径后的效果

19 在工具箱中点选 ✎ 橡皮擦工具，在选项栏的弹出式画笔调板中设置【硬度】为0%，如图6-27所示，然后在画面中将不需要的线条擦除，擦除后的效果如图6-28所示。

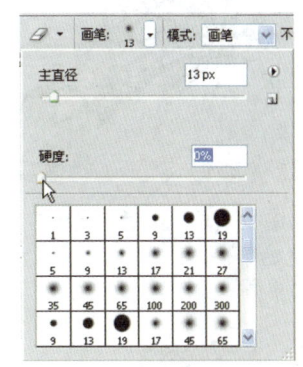

图6-27 设置画笔

图6-28 将不需要的线条擦除

20 在选项栏的弹出式画笔调板中设置【硬度】为100%，如图6-29所示，在画面中将刚描边的线条边缘与尖端渐渐的擦除，以使线条变得生动，擦除后的效果如图6-30所示。

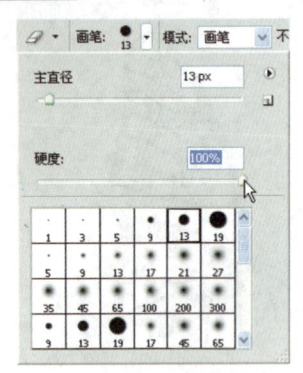

图6-29 设置画笔

图6-30 将不需要的线条擦除

21 在工具箱中点选 吸管工具，在画面中需要的颜色上单击，如图 6-31 所示，将该颜色作为前景色。

图6-31 吸取颜色

22 在工具箱中点选 路径选择工具，显示【路径】调板并在其中激活工作路径，如图 6-32 所示，按 Shift 键在画面中选择要载入选区的路径，如图 6-33 所示。

图6-32 【路径】调板

图6-33 选择要载入选区的路径

23 在【路径】调板中单击 按钮，如图 6-34 所示，将路径作为选区载入，在【路径】调板的灰色空白区域单击，如图 6-35 所示，隐藏路径，其画面效果如图 6-36 所示。

图6-34 【路径】调板

图6-35 【路径】调板

图6-36 隐藏路径后的效果

24 在工具箱中点选 画笔工具，在选项栏中设置【不透明度】为 50%，在选区内进行绘制，绘制好后的效果如图 6-37 所示，按 Ctrl+D 键取消选择。

图6-37 绘制好后的效果

图6-41 在翅膀的跟部绘制一条路径

25 在【图层】调板中激活图层1，如图6-38所示，在工具箱中点选 ◇ 橡皮擦工具，在画面中将不需要的部分擦除，擦除后的效果如图6-39所示。

27 按 I 键选择吸管工具，在画面中需要的颜色上单击，如图6-42所示，吸取该颜色为前景色，再按 B 键选择 ◇ 画笔工具，然后在【路径】调板中单击 ○ 按钮，如图6-43所示，用画笔描边路径，描好边后按 Shift 键在【路径】调板中单击路径1，隐藏路径显示，其画面效果如图6-44所示。

图6-38 【图层】调板

图6-42 吸取颜色

图6-43 【路径】调板

图6-39 将不需要的部分擦除

26 在【路径】调板中单击 ◻ 按钮，新建路径1，如图6-40所示，按 P 键选择钢笔工具，并在翅膀的跟部绘制一条路径，如图6-41所示。

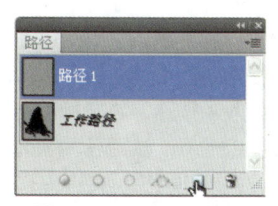

图6-40 【路径】调板

图6-44 描边路径后的效果

155

28. 在【图层】调板中隐藏背景层,如图6-45所示,按Ctrl+Shift+Alt+E键将所有可见图层复制为一个新图层,结果如图6-46所示,在【图层】调板中隐藏图层1至图层4,并显示背景层,如图6-47所示,其画面效果如图6-48所示。

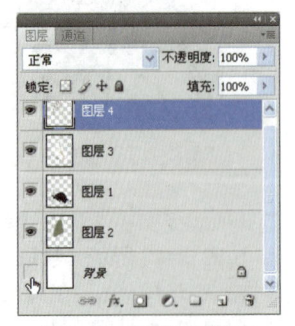

图6-45 【图层】调板

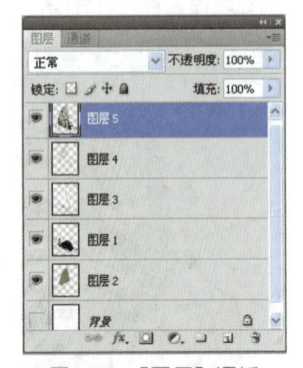

图6-46 【图层】调板

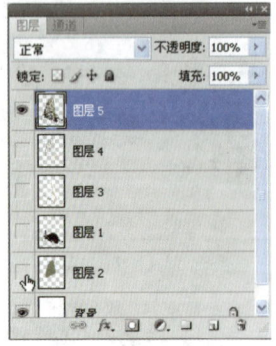

图6-47 【图层】调板

图6-48 合并图层效果

29. 设置前景色为黑色,在画笔工具的选项栏中设置【不透明度】为100%,然后在画面中将翅膀跟部的缺口绘制上黑色中,如图6-49所示。

图6-49 将翅膀跟部的缺口绘制上黑色

30. 显示【路径】调板,并在其中激活工作路径,如图6-50所示,再使用吸管工具在画面中吸取所需的颜色,如图6-51所示。

图6-50 【路径】调板

图6-51 吸取颜色

31. 使用路径选择工具在画面中选择蝴蝶的一只脚,并在【路径】调板中单击 ○ (将路径作为选区载入)按钮,将选择的路径载入选区,如图6-52所示,然后使用画笔工具在选区内绘制一些前景色,如图6-53所示。目的是为了体现出立体效果。

图6-52 将选择的路径载入选区 　　图6-53 在选区内绘制一些前景色

32 使用路径选择工具在画面中选择其他的路径，并载入选区如图6-54所示，再使用画笔工具在选区内绘制一些前景色，绘制后的效果如图 6-55 所示。

图6-54 将选择的路径载入选区 　　图6-55 在选区内绘制一些前景色

33 在【路径】调板的灰色空白区域单击隐藏路径，在画笔工具的选项栏中设置【不透明度】为 50%，在画面中蝴蝶的眼睛上绘制出表示透明体的对象，如图6-56所示。

34 设置前景色为白色，在眼睛上绘制出高光，绘制好后的效果如图 6-57 所示。

图6-56 在眼睛上绘制出透明体 　　图6-57 在眼睛上绘制出高光

35 设置前景色为黑色，在脚上绘制一些黑色，以表示脚的暗部，绘制好后的效果如图 6-58 所示，全部显示的画面效果如图 6-59 所示。

图6-58 在脚上绘制一些黑色

图6-59 绘制好后的效果

36 在工具箱中点选加深工具，在选项栏中设置参数为  ，然后在翅膀上绘制较暗的部分，绘制好后的效果如图 6-60 所示。

图6-60 在翅膀上绘制较暗的部分

157

37 在工具箱中点选 ◢ 橡皮擦工具，在选项栏中设置【不透明度】为40%，在画面中蝴蝶身体的下方进行擦除绘制出反光，绘制后的效果如图6-61所示，全部显示的画面效果如图6-62所示。这样，蝴蝶就绘制好了。

图6-61 绘制出反光

图6-62 最终效果

6.3 绘制老虎

【实例分析】

先使用钢笔工具勾画出老虎的外轮廓，再使用将路径作为选区载入功能，将勾画的轮廓路径载入选区，并用渐变工具对选区进行渐变填充，以绘制出老虎的基本色。然后使用画笔工具与橡皮擦工具绘制出老虎的细部结构，最后用涂抹工具给老虎画上皮毛。

实例效果如下图所示。

实例效果图

【实例制作】

1 在工具箱中先设置背景色为 ▣ 1286d7 ，新建一个大小为12×13.6厘米，【分辨率】为150像素/英寸，【颜色模式】为RGB颜色，【背景内容】为背景色的文件。

2 在工具箱中点选 ◊ 钢笔工具，在选项栏中选择 ▣（路径）按钮，在画面中勾画出老虎的外轮廓，如图6-63所示。

图6-63 勾画老虎的外轮廓

3 显示【路径】调板，在其中单击 ○（将路径作为选区载入）按钮，如图6-64所示，将路径载入选区，显示【图层】调板，并在其中单击 ▣（创建新图层）按钮，新建图层1，如图6-65所示。

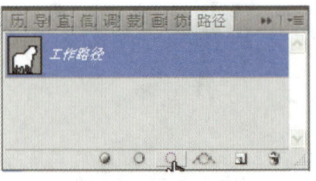

图6-64 【路径】调板

158

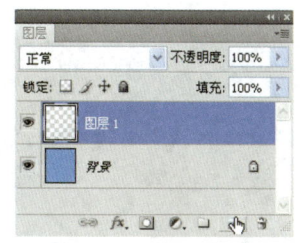

图6-65 【图层】调板

4 在工具箱中设置前景色为 #c86d1c，背景色为 #fcf7ea，再点选渐变工具，在选项栏的渐变拾色器中选择前景色到背景色渐变，如图6-66所示；然后在画面拖动给选区进行渐变填充，填充渐变颜色后的效果如图6-67所示。

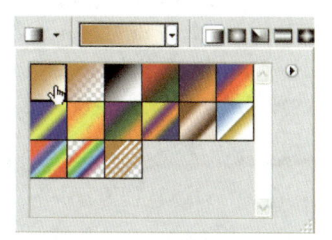

图6-66 渐变拾色器

图6-67 渐变填充后的效果

5 在工具箱中点选画笔工具，在选项栏中设置【画笔】为柔角45像素，【不透明度】为50%，其他不变，如图6-68所示，在画面中选区内绘制出老虎的基本结构，如图6-69所示。

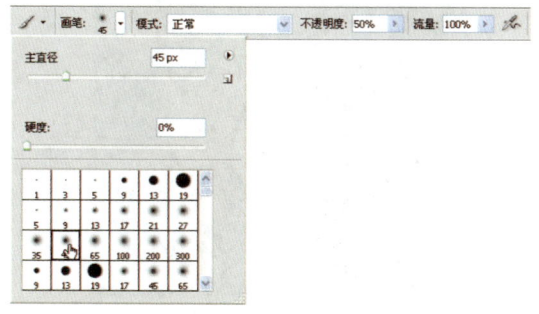

图6-68 画笔工具选项栏

图6-69 绘制出老虎的基本结构

6 切换前景色与背景色，【不透明度】改为20%，在画面中将刚绘制过的地方继续绘制，减淡部分颜色，以体现出立体效果，如图6-70所示。

图6-70 绘制立体效果

7 切换前景色与背景色，使用画笔工具在选区内进行绘制，绘制出其他结构，如图6-71所示，其中画笔大小（即可画笔直径）还需按"["与"]"键来调节，使其适合绘画需求。

图6-71 绘制立体效果

8. 设置前景色为黑色，在【图层】调板中新建图层2，如图6-72所示，使用画笔工具在选区内绘制出老虎头部结构，如图6-73所示。

图6-72 【图层】调板

图6-73 绘制老虎头部结构

9. 用画笔工具在画面中选区内绘制老虎身上的花纹，绘制好后的效果如图6-74所示。

图6-74 绘制老虎身上的花纹

10. 按 Ctrl+D 键取消选择，在工具箱中点选橡皮擦工具，在选项栏中设置【不透明度】为40%，然后在画面中将使用画笔工具绘制的结构线或花纹进行局部擦除，使结构线与花纹流畅柔和，擦除后的效果如图6-75所示。

图6-75 将结构线或花纹进行局部擦除

11. 在工具箱中点选画笔工具，在选项栏中设置【不透明度】为80%，其他不变，如图6-76所示，然后在老虎的头部与颈部绘制出其他的细部结构，如图6-77所示。

图6-76 画笔工具选项栏

图6-77 绘制出头部与颈部的细部结构

12. 使用画笔工具与橡皮擦工具，精细刻画老虎的纹理，绘制好后的效果如图6-78所示。

图6-78 精细刻画老虎的纹理

13 在工具箱中点选加深工具，并在选项栏中右击工具图标，弹出快捷菜单，并在其中选择【复位工具】命令，如图6-79所示，将工具复位，然后在【图层】调板中激活图层1，如图6-80所示，然后在画面中老虎上进行绘制，以绘制出较暗的部位，以体现出立体效果，绘制后的效果如图6-81所示。

图6-79 加深工具选项栏

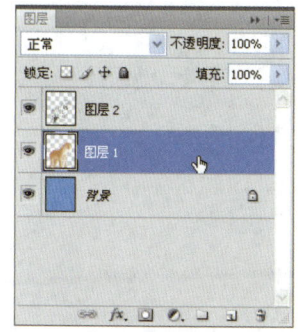

图6-80 【图层】调板

图6-81 绘制较暗的部位

14 在【图层】调板中激活图层2，如图6-82所示，在工具箱中点选模糊工具，在画面中对刚绘制的暗部进行涂抹，使它们柔和过渡，达到逼真的效果，涂抹后的效果如图6-83所示。

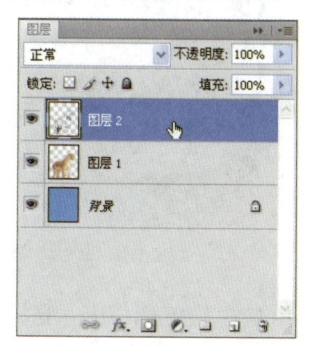

图6-82 【图层】调板

图6-83 在暗部进行涂抹

15 在【图层】调板中新建图层3，如图6-84所示，在工具箱中设置前景色为 #594736，点选椭圆工具，在选项栏中选择（填充像素）按钮，在画面中老虎的眼睛处绘制两个椭圆，如图6-85所示，用来表示眼珠的透明体。

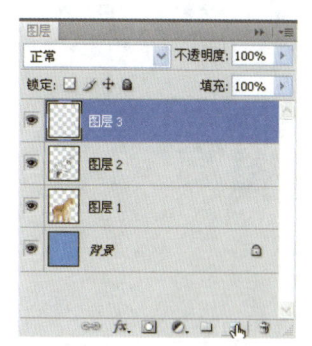

图6-84 【图层】调板

图6-85 绘制眼睛

16 使用橡皮擦工具将两个椭圆中不需要的部分擦除，使眼睛更加逼真，擦除后的效果如图6-86所示。

161

图6-86 绘制眼睛

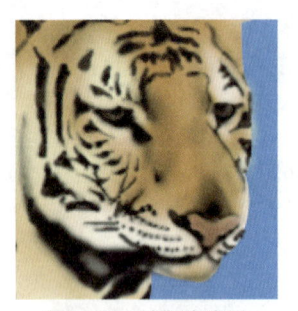

图6-89 绘制出鼻子

17 在【图层】调板中激活图层1，如图6-87所示，在工具箱中设置前景色为 faf4c4，点选画笔工具，在选项栏中设置【不透明度】为20%，然后在画面中绘制出高亮部位，绘制后的效果如图6-88所示。

图6-87 【图层】调板

图6-90 【图层】调板

图6-91 继续对鼻子进行绘制

19 使用橡皮擦工具将鼻子处多绘制的部分擦除，擦除后的效果如图6-92所示。

图6-88 绘制高亮部位

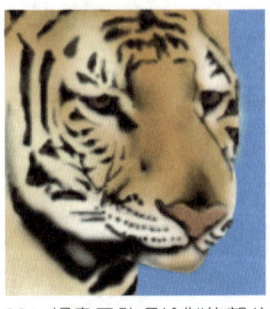

图6-92 将鼻子处多绘制的部分擦除

18 设置前景色为 9e4a2f，使用画笔工具在画面中表示鼻子的地方进行绘制，绘制出鼻子，如图6-89所示，然后在【图层】调板中先激活图层3，如图6-90所示，对鼻子进行绘制，绘制后的效果如图6-91所示。

20 按Shift键在【图层】调板中选择图层1，同时选择图层1至图层3，如图6-93所示。

162

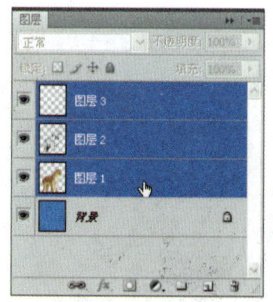

图6-93 【图层】调板

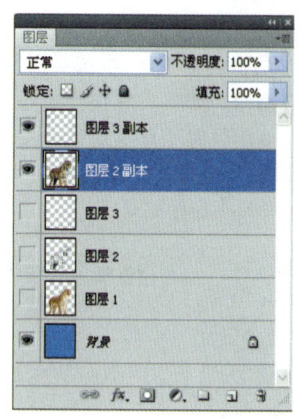

图6-97 【图层】调板

21. 在【图层】菜单中执行【复制图层】命令，弹出【复制图层】对话框，如图6-94所示，直接在其中单击【确定】按钮，即可复制三个副本图层，如图6-95所示；然后按Ctrl键单击图层3副本，使它不被选择，再隐藏图层1至图层3，如图6-96所示，再按Ctrl+E键合并图层1副本与图层2副本为图层2副本，结果如图6-97所示。

22. 在【滤镜】菜单中执行【杂色】→【添加杂色】命令，弹出【添加杂色】对话框，在其中设置【数量】为6%，【分布】为平均分布，勾选【单色】选项，如图6-98所示，设置好后单击【确定】按钮，即可给老虎添加杂色，画面效果如图6-99所示。

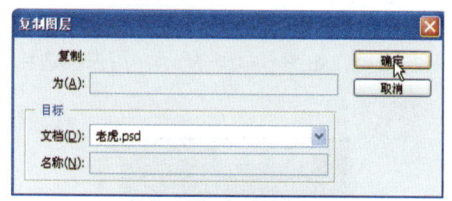

图6-94 【复制图层】对话框

图6-98 【添加杂色】对话框

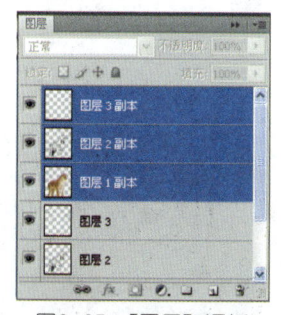

图6-95 【图层】调板

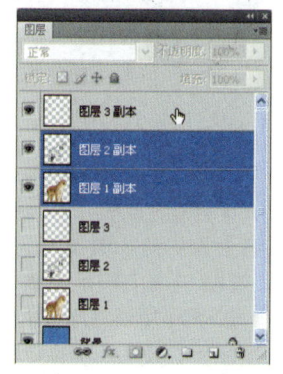

图6-96 【图层】调板

图6-99 添加杂色后的效果

163

中文版Photoshop CS4手绘艺术技法
Hand-drawn Art Techniques

23. 在工具箱中点选 涂抹工具,将该工具的参数复位,在选项栏中选择 画笔,如图6-100所示。如果没有该画笔可以自定义该画笔,使用画笔工具在新建的空白文件中点上三个小点,然后在【编辑】菜单中执行【定义画笔预设】命令即可。

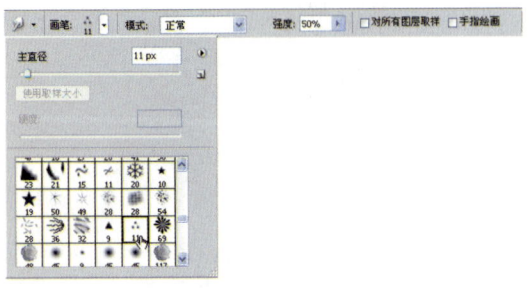

图6-100 涂抹工具选项栏

24. 按"["键将画笔直径缩小至5px,然后在老虎的头部顶部向上拖动多次,绘制出毛发效果,绘制后的效果如图6-101所示。

图6-101 绘制毛发

25. 使用涂抹工具在老虎头部顺着毛发走势继续绘制,绘制后的效果如图6-102、图6-103所示。

图6-102 绘制毛发

图6-103 绘制毛发

提 示

在绘制过程中要细致,要一个部位一个部位完成。

26. 在【路径】调板中新建路径1,如图6-104所示,使用钢笔工具在老虎的嘴部绘制出多条路径,如图6-105所示,用来描边绘制出胡须。

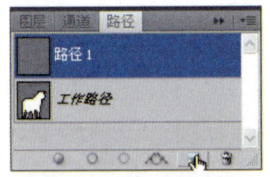

图6-104 【路径】调板

图6-105 绘制胡须

27. 在【图层】调板中新建图层4,如图6-106所示,按B键选择画笔工具,在选项栏中设置【画笔】为尖角3像素,【不透明度】为100%,如图6-107所示,然后在【路径】调板中单击 (用画笔描边路径)按钮,如图6-108所示,使用画笔描边路径,描好边后的效果如图6-109所示。

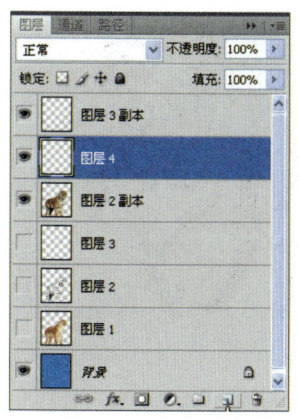

图6-106 【图层】调板

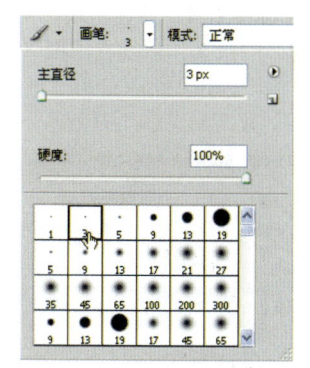

图6-107 设置画笔

图6-108 【路径】调板

图6-109 描边路径后效果

28 在【路径】调板的灰色空白区域单击隐藏路径的显示，其画面效果如图6-110所示。

图6-110 隐藏路径后的效果

29 在工具箱中点选涂抹工具，在选项栏中设置【画笔】为尖角3像素，如图6-111所示，然后在画面中从空白处向白色线条涂抹，将线条头绘制成尖头，如图6-112所示。

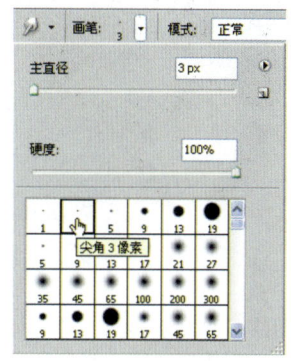

图6-111 选择画笔

图6-112 将线条头绘制成尖头

30 在【图层】调板中设置图层4的【不透明度】为70%，如图6-113所示，改变不透明度后的画面效果如图6-114所示。

165

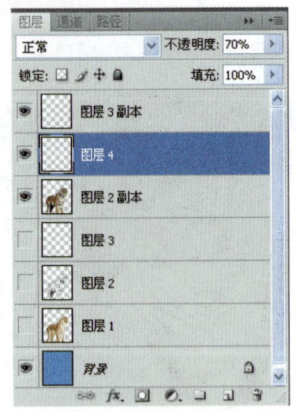

图6-113 【图层】调板

图6-114 改变不透明度后的效果

31 在【图层】调板中单击 ▣（锁定透明像素）按钮，锁定图层4的透明像素，如图6-115所示，设置前景色为 #e7e48c，在画笔工具的选项栏中设置【不透明度】为20%，然后在画面中胡须上进行绘制，加强层次效果，绘制后的效果如图6-116所示。

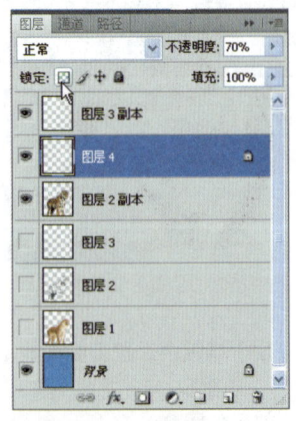

图6-115 【图层】调板

图6-116 改变胡须颜色

32 在【图层】调板中单击 ▣ 按钮，解开透明像素的锁定，如图6-117所示，在工具箱中点选 ◢ 橡皮擦工具，并在选项栏中设置【不透明度】为100%，然后在画面中胡须上进行擦除，将一些胡须擦掉一部分，使它们更逼真，擦除后的效果如图6-118所示。

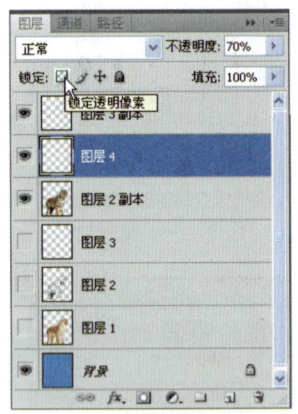

图6-117 【图层】调板

图6-118 对胡须进行擦除

33 在选项栏中设置【不透明度】为10%，然后在一些胡须上进行擦除，擦除一些像素，使一些胡须隐约可见，加强层次效果，擦除后的效果如图6-119所示。

第6章 绘制动物

图6-119 对胡须进行擦除

34 按 Ctrl+O 键从配套光盘的素材库中打开一张风景图像，如图 6-120 所示。

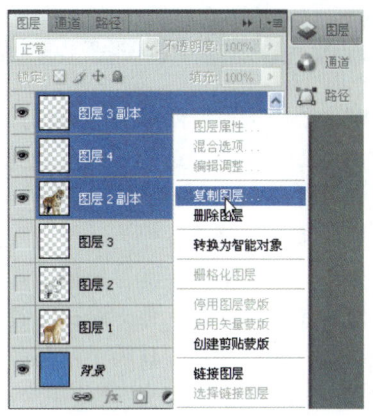

图6-122 【图层】调板

图6-120 打开的风景图像

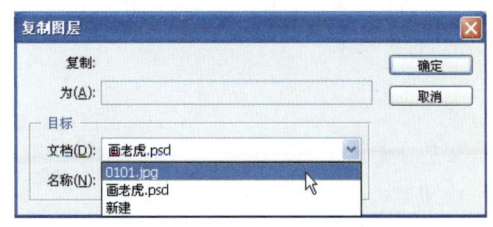

图6-123 【复制图层】对话框

35 激活老虎所在的文件，在【图层】调板中单击图层 2 副本、图层 4 与图层 3 副本，同时选择这三个图层，如图 6-121 所示。在选择图层上右击，并在弹出的快捷菜单中执行【复制图层】命令，如图 6-122 所示，紧接着弹出【复制图层】对话框，在【文档】下拉列表中选择刚打开的文件（如：0101.jpg），如图 6-123 所示，选择好后单击【确定】按钮，即可将老虎复制到风景图像中，如图 6-124 所示。

图6-124 将老虎复制到风景图像中

36 按 V 键选择移动工具，将老虎移动到风景图像的适当位置，排放好后的效果如图 6-125 所示。

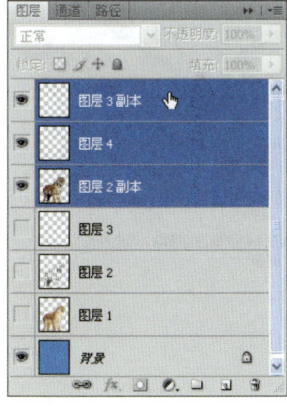

图6-121 【图层】调板

图6-125 最终效果图

167

6.4 本章小结

本章主要讲解如何使用 Photoshop CS4 中的新建、钢笔工具、路径选择工具、创建新图层、用前景色填充路径、用画笔描边路径、橡皮擦工具、吸管工具、将路径作为选区载入、画笔工具、加深工具、渐变工具、模糊工具、椭圆工具、复制图层、添加杂色、涂抹工具、锁定透明像素、打开、移动工具等工具与命令来绘制动物。在绘制老虎毛发时主要使用涂抹工具，重要的是在进行涂抹时先用添加杂色命令向画面中添加许多杂色，以便在使用涂抹工具涂抹时产生毛发效果。

6.5 上机练习题

根据本章所学内容将如图 6-126 所示的蝴蝶绘制出来。操作流程图如图 6-127 所示。其操作步骤请查看视频教学光盘。

图6-126　绘制好的蝴蝶

① 用钢笔工具勾画出蝴蝶的轮廓图

② 用路径选择工具选择路径，并对路径进行颜色填充

③ 用路径选择工具选择路径，再将路径载入选区，然后用渐变工具对选区进行渐变填充

④ 用路径选择工具选择路径，再对路径进行颜色填充

⑤ 用路径选择工具选择路径，用画笔工具对路径进行描边

⑥ 用橡皮擦工具对线条的两端进行擦除，再用画笔工具绘制出身体的亮部

图6-127　绘制蝴蝶的流程图

第7章 绘制人物画

本章提要

本章重点讲解在电脑中用Photoshop的绘画工具与命令来绘制人物。手绘人物是绘制的重点也是难点。希望读者通过本章的学习能够熟练掌握写实人物的皮肤、头发与服装等绘制方法。只要掌握了手绘人物的五官、毛发等绘制技巧，就可以在以后的生活中绘制各种风格的人物。

7.1 人物画简介

人物画是绘画的一种，是以人物形象为主体的绘画。中国的人物画，简称"人物"，是中国画中的一大画科，比山水画、花鸟画等稍早；大体分为道释画、仕女画、肖像画、风俗画、历史故事画等。人物画力求人物个性刻画得逼真传神，气韵生动、形神兼备。其传神之法，常把对人物性格的表现，寓于环境、气氛、身段和动态的渲染之中。故中国画论上又称人物画为"传神"。历代著名人物画有东晋顾恺之的《洛神赋图》卷，如图 7-1 所示，唐代韩滉的《文苑图》，五代南唐顾闳中的《韩熙载夜宴图》，南宋李唐的《采薇图》，如图 7-2 所示、梁楷的《李白行吟图》，元代王绎的《杨竹西小像》，明代仇英的《列女图》卷，清代任伯年的《高邕之像》，以及现代徐悲鸿的《泰戈尔像》，如图 7-3 所示。在现代，更强调"师法化"，还吸取了西洋技法，在造型和布色上有所发展。

图7-1 顾恺之的《洛神赋图》

图7-2 南宋李唐的《采薇图》

图7-3 徐悲鸿的《泰戈尔像》

通常人的身体是依据比例生长的，只要掌握了体的比例就可以准确的画出人物的脸与身体。人脸部的比例遵循"三庭五眼"、"四高三低"的原则。从人的正面纵向观察，前额发际线到眉骨、眉骨到鼻底、鼻底到下巴的距离是一样的，这个距离称为"三庭"。人脸的横向距离刚好是五只眼睛的宽度，两眼之间有一只眼睛的距离，两眼外侧至耳际各为一只眼睛的距离，所以称为"五眼"。

眼睛的位置在第二庭的上三分之一处，嘴唇中线的位置在第三庭（即鼻底到下巴）的三分之一处，耳朵上与眉齐，下与鼻底齐。当双目直视前方时，瞳孔与嘴角成一条直线，如图7-4所示所示。

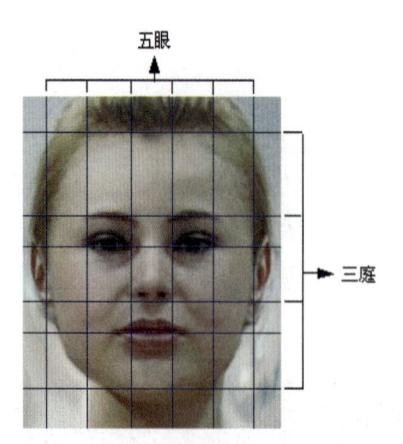

图7-4 人脸部的"三庭五眼"

从侧面观察人脸，共有四处高起部位，分别为额部、鼻尖、嘴唇与下巴，其中最高的是鼻尖；三个低位，分别为两眼之间、鼻额的交界处，嘴唇上方（人中）的凹陷处，下唇的下方的凹陷处。

一般人的身体是头的7.5倍，而模特的身体可达到8个头高，在某些漫画里则达到9至10个头高。

人的上半身即头顶到胯部一般都是4个头高。身高的差距一般是由腿的长短来决定的，如果要画比较高的人物只需在腿部画长一些即可。

手的长度大约是下巴到眉头的长度，脚的长度大约是一个头长。

男性的骨骼一般比较突出，肌肉线条明显。而女性的身体线条比较纤细而圆滑。

7.2 绘制美女

【实例分析】

先利用钢笔工具将人物轮廓线勾画出，然后对画面的整体色调进行平铺与控制，再用加深与减淡工具结合涂抹工具与画笔工具等其他工具对人物进行塑造，直到满意的效果。

绘画人像需要掌握人体的基本结构，要有一定的时间和耐心，而且需具有一个模特或一张照片或是自己设计的一个人物。

实例效果如下图所示。

实例效果图

【实例制作】

1. 在【文件】菜单中执行【新建】命令，并在弹出的【新建】对话框中设置【宽度】为502像素，【高度】为750像素，【颜色模式】为RGB颜色，【分辨率】为72像素/英寸，【背景内容】为白色，单击【确定】按钮，即可新建一个图像文件。

2. 在工具箱中点选 钢笔工具，并选项栏中选择 与 按钮，显示【路径】调板，并在其中单击 （创建新路径）按钮，新建路径1，如图7-5所示，在画布中勾画出人物的基本姿势，然后确定三庭位置，如图7-6所示。

提示

为了便于修改与控制，我们采用钢笔工具中的路径来勾画人物的轮廓图，用路径的目的，它即便于修改，又可以对路径进行填充与描边，还可将其载入选区，并对选区进行编辑。

图7-5 【路径】调板

第7章 绘制人物画

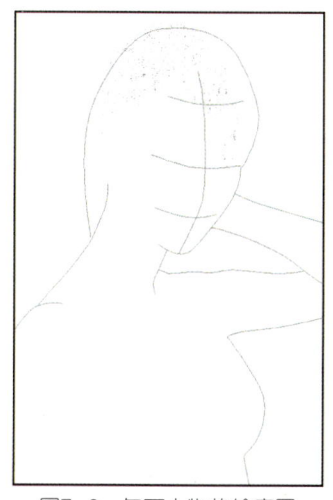

图7-6 勾画人物的轮廓图

图7-9 删除不需要的路径

3 在【路径】调板中复制路径1为路径1副本，如图7-7所示，使用钢笔工具勾画出其他的结构线，如图7-8所示；按A键选择路径选择工具，在画面中选择不需要的路径，在键盘上按Delete键将其删除，删除路径后的结果如图7-9所示。

4 在工具箱中点选 多边形套索工具，并在选项栏中选择 按钮，然后在画面中勾选出要绘制肤色的区域，如图7-10所示，在【图层】调板中单击 （创建新图层）按钮，新建图层1，如图7-11所示。

图7-7 【路径】调板

图7-10 勾选出要绘制肤色的区域

图7-11 【图层】调板

图7-8 勾画人物结构线

5 在选项栏中选择 （从选区减去）按钮，在画面中将被多选择的区域减去，如图7-12所示。

171

图7-12 将被多选择的区域减去

6. 设置前景色为 #e7c5af，按 Alt+Delete 键填充前景色，填充前景色后的效果如图7-13所示。

图7-13 填充颜色后的效果

7. 设置前景色为 #3f2420，在【图层】调板中新建一个图层，如图7-14所示，按 Ctrl+D 键取消选择，使用多边形套索工具在画面中勾选出要绘制头发的区域；然后按 Alt+Delete 键填充前景色，得到如图7-15所示的效果。

图7-14 【图层】调板

图7-15 填充颜色后的效果

8. 取消选择后设置前景色为 #f4e0e5，在【图层】调板中新建图层3，如图7-16所示，使用路径选择工具在画面中选择表示衣服与项链的路径，在【路径】调板中单击 ◯（用前景色填充路径）按钮，如图7-17所示，得到如图7-18所示的效果。

图7-16 【图层】调板

图7-17 【路径】调板

图7-18 用前景色填充路径

绘制人物画 第7章

9 设置前景色为#ebdcd8，使用路径选择工具在画面中选择表示绑带的路径，在【路径】调板中单击 ◎（用前景色填充路径）按钮，得到如图7-19所示的效果。

图7-19 用前景色填充路径

10 取消选择后设置前景色为黑色，在【图层】调板先激活图层1，再新建图层4，如图7-20所示，使用路径选择工具在画面中选择表示眼珠的路径，在【路径】调板中单击 ◎（用前景色填充路径）按钮，得到如图7-21所示的效果。

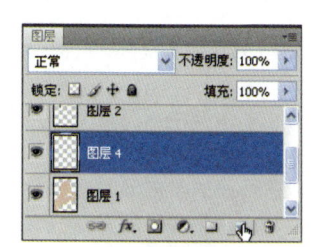

图7-20 【图层】调板

图7-21 用前景色填充路径

11 使用路径选择工具在画面中选择表示上眼线的路径，如图7-22所示。

图7-22 选择表示上眼线的路径

12 设置前景色为#a77a66，点选 ✐ 画笔工具，在选项栏中设置画笔的主直径为2px，硬度为0%，如图7-23所示，在【画笔】调板中设置形状动态的控制为渐隐，参数为80，如图7-24所示；然后在【路径】调板中单击 ◎（用画笔描边路径）按钮，描边后的效果如图7-25所示。

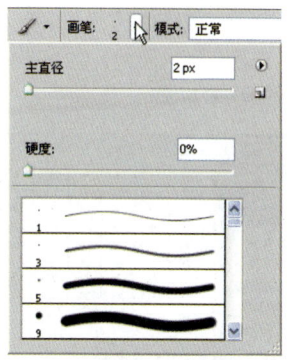

图7-23 画笔工具选项栏

图7-24 【画笔】调板

图7-25 用画笔描边路径

173

13. 使用路径选择工具分别选择要描边的路径,点选画笔工具,将渐隐改为 60 或 200,对其他眼线进行描边,描边后的效果如图 7-26 所示。

图7-26 对眼线进行描边

14. 使用路径选择工具在画面中选择眉毛,再点选画笔工具,在【画笔】调板中将渐隐改为 80,然后单击【画笔笔尖形状】选项,设置【直径】为 12px,【角度】为 29 度,【圆度】为 40%,如图 7-27 所示,对选择的路径描边,描边后的效果如图 7-28 所示。

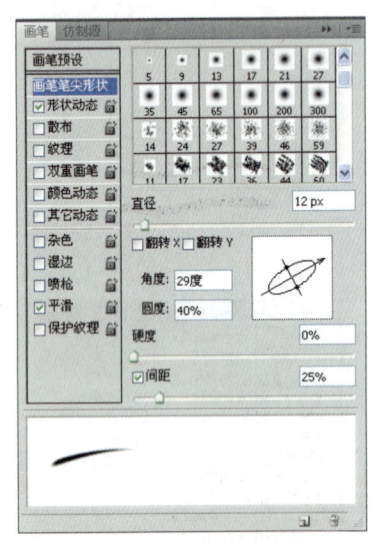

图7-27 【画笔】调板

图7-28 对选择的路径描边

15. 设置前景色为 #dca7ac,使用路径选择工具在画面中选择表示嘴唇的路径,在【路径】调板中单击〔用前景色填充路径〕按钮,填充前景色后的效果如图 7-29 所示。

图7-29 用前景色填充路径

16. 设置前景色为黑色,点选画笔工具,分别在【画笔】调板中将渐隐改为 20 与 15,然后单击【画笔笔尖形状】选项,设置【直径】为 2px,其他不变,对选择的路径描边,描边后的效果如图 7-30 所示。

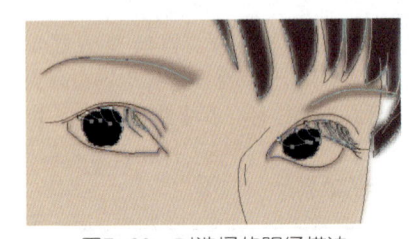

图7-30 对选择的路径描边

17. 在【图层】调板中激活图层 3,再新建一个图层为图层 5,如图 7-31 所示,使用路径选择工具在画面的空白处单击取消选择,点选画笔工具,在选项栏的弹出式调板中选择尖角 1 像素画笔,如图 7-32 所示,然后在【路径】调板中单击〔用画笔描边路径〕按钮,给路径描边,描好边后按 Shift 键单击路径副本隐藏路径,结果如图 7-33 所示。

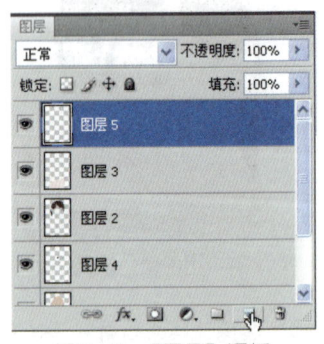

图7-31 【图层】调板

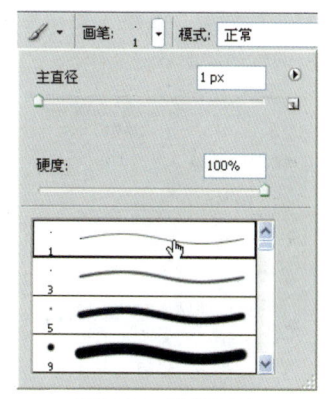

图7-32 选择画笔

图7-35 绘制皮肤的亮面

19 按 Ctrl+D 键取消选择，使用减淡工具对脸部中的亮面进行细致涂抹，绘制出脸部的基本结构，从而体现立体效果，绘制后的效果如图 7-36 所示。

提 示

在眼睛、鼻子、耳朵等处绘制亮部时一定要特别仔细，沿着线条边缘绘制亮面，其画笔直径要调小；对结构细致的部位进行涂抹，需要将画面放大。按 Ctrl++ 键放大画面，按 Ctrl+- 键缩小画面。

图7-33 用画笔描边路径

18 在【图层】调板中激活图层1，按 Ctrl 键单击图层1的缩览图，如图 7-34 所示，使图层1载入选区，然后在工具箱中点选 减淡工具，在选项栏中右击工具图标，在弹出的快捷菜单中执行【复位工具】命令，将工具复位，再设置【曝光度】为 10%，在画面中绘制出皮肤的亮面，绘制后的效果如图 7-35 所示。

图7-36 绘制脸部的基本结构

20 使用减淡工具对颈部、手部与上身中的亮面进行细致涂抹，绘制出颈部、手部与上身的基本结构，从而体现立体效果，绘制后的效果如图 7-37 所示。

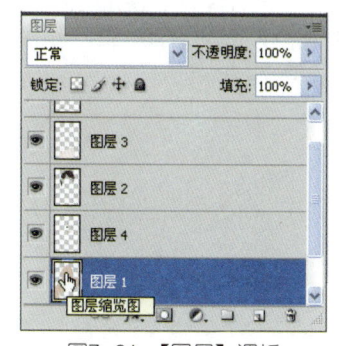

图7-34 【图层】调板

175

图7-37 绘制颈部、手部与上身的基本结构

21 设置前景色为白色，在【图层】调板中激活图层 4，即眼睛、眉毛与嘴所在图层，如图 7-38 所示；点选画笔工具，在选项栏中设置【不透明度】为 40%，然后在画面中为眼睛与嘴唇添加高光颜色，绘制好后的效果如图 7-39 所示。

图7-38 【图层】调板

图7-39 为眼睛与嘴唇添加高光颜色

22 在【图层】调板中隐藏图层 5，如图 7-40 所示，将轮廓线隐藏；先后设置前景色为 #7e5247 与黑色，使用画笔工具，控制画笔直径为 1px，对眉毛、眼线与眼睫毛进行绘制，绘制后的效果如图 7-41 所示。

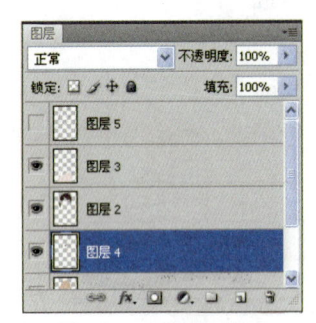

图7-40 【图层】调板

图7-41 对眉毛、眼线与眼睫毛进行绘制

23 点选加深工具，在选项栏中设置【曝光度】为 10%，然后在画面中眼睛与眉毛中需要加深颜色的地方进行涂抹，加深其颜色，涂抹后的效果如图 7-42 所示。

图7-42 绘制眼睛与眉毛

24 设置前景色为 #b34e57，使用画笔工具，并控制画笔直径为 1px，在嘴部绘制出嘴唇的交界线，如图 7-43 所示。

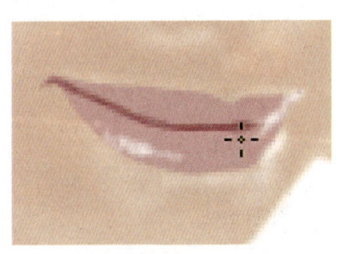

图7-43 绘制嘴唇的交界线

25 使用加深工具绘制出嘴唇的细小结构线与阴影部分，绘制好后的效果如图7-44所示。

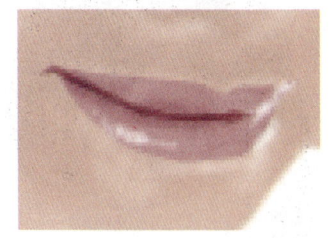

图7-44 绘制嘴唇的细小结构线与阴影部分

26 在工具箱中点选涂抹工具，将工具复位，设置【强度】为30%，然后对眉毛与眼睛进行涂抹，使其线条融入在画面中，涂抹后的效果如图7-45所示。

图7-45 对眉毛与眼睛进行涂抹

27 在【图层】调板中激活图层1，如图7-46所示，使用加深工具在画面中绘制眼睛与嘴边的暗部，绘制后的效果如图7-47所示。

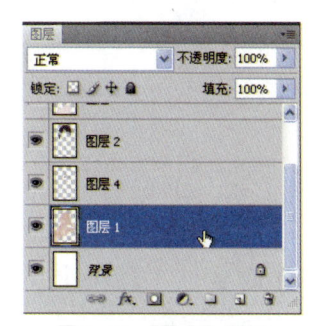

图7-46 【图层】调板

图7-47 绘制眼睛与嘴边的暗部

28 在【路径】调板中新建一个路径，如图7-48所示，再使用钢笔工具在画面中勾选出鼻子的轮廓，如图7-49所示。

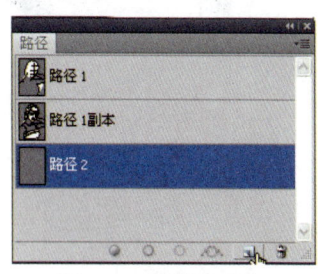

图7-48 【路径】调板

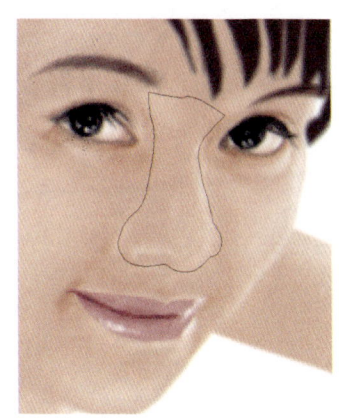

图7-49 勾选出鼻子的轮廓

29 在【路径】调板中单击（将路径作为选区载入）按钮，将刚绘制的路径载入选区，按Ctrl+Shift+I键反选，得到如图7-50所示的选区，再使用加深工具在选区的边缘进行涂抹，将其边缘及附近需要加深颜色的区域加深颜色，绘制后的效果如图7-51所示，再按Ctrl+D键取消选择，结果如图7-52所示。

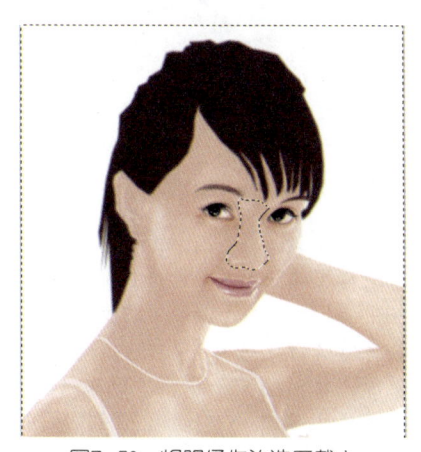

图7-50 将路径作为选区载入

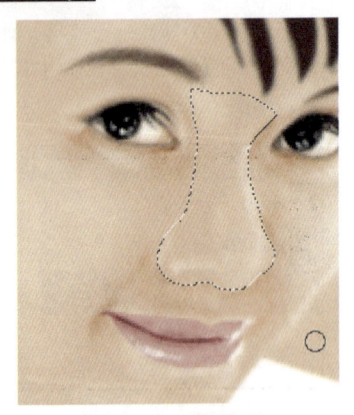

图7-51 反选选区

图7-52 绘制鼻子

30. 使用加深工具绘制鼻子暗部，绘制后的效果如图7-53所示。

图7-53 绘制鼻子暗部

31. 在【路径】调板中激活路径1副本，使用路径选择工具在画面中选择脸部轮廓路径，如图7-54所示，在【路径】调板中单击 ○ （将路径作为选区载入）按钮，将其载入选区，然后按Shift键单击路径1副本，隐藏路径，再按Ctrl+Shift+I键反选，得到如图7-55所示的选区。

图7-54 选择脸部轮廓路径

图7-55 将路径作为选区载入并反选

32. 在【选择】菜单中执行【修改】→【羽化】命令，弹出【羽化选区】对话框，并在其中设置【羽化半径】为1像素，如图7-56所示，单击【确定】按钮，将选区进行1个像素的羽化，然后使用加深工具在脸部轮廓的边缘与附近进行涂抹，以加深颜色，如图7-57所示，按Ctrl+D键取消选择，得到如图7-58所示的效果。

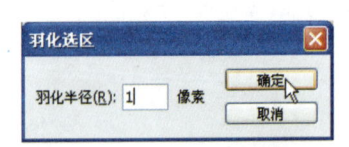

图7-56 【羽化选区】对话框

图7-57 绘制颈部

图7-58 绘制颈部

33 使用前面同样的方法，使用加深工具、路径选择工具、反选、载入选区等工具与命令对耳朵、颈部、手与身体部分需要加暗的区域进行涂抹，加深其颜色，绘制后的效果如图7-59所示。

图7-59 对耳朵、颈部、手与身体部分需要加暗的区域进行涂抹

34 设置前景色为 cfbdb2，在【图层】调板中激活图层3，按 Ctrl 键单击图层3的缩览图，如图7-60所示，使图层3载入选区；点选画笔工具，在选项栏中将画笔的硬度改为0%，设置【不透明度】为15%，如图7-61所示，然后在选区内绘制出衣服的褶皱纹理，凸起的部位褶皱少一些，绘制好后的效果如图7-62所示。

图7-60 【图层】调板

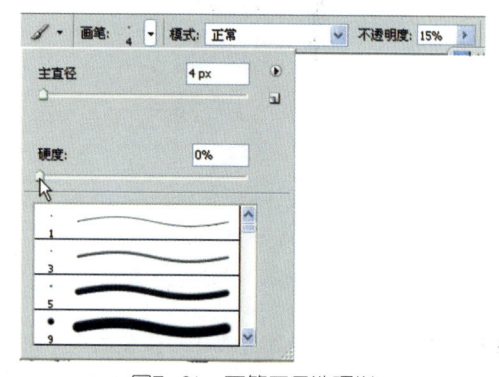

图7-61 画笔工具选项栏

图7-62 绘制出衣服的褶皱纹理

35 使用减淡工具将亮面中的边缘与凸起部分加亮，加亮后的效果如图7-63所示。

179

图7-63　加亮衣服的褶皱

36　使用加深工具将腋窝下方的衣服加暗，绘制好后按Ctrl+D键取消选择，得到如图7-64所示的效果。

图7-64　将腋窝下方的衣服加暗

37　现在对脸部与身体过渡比较强硬的地方进行处理，达到光滑的效果，同时去除一些不需要的皱纹。在工具箱中点选 涂抹工具，在脸部或大面积的区域进行涂抹时画笔直径控制在20至36px之间，在局部涂抹时画笔直径控制在10px左右，涂抹后的效果如图7-65所示。

图7-65　对脸部与身体过渡比较强硬的地方进行处理

38　使用减淡工具将过暗的区域加亮，加亮后的效果如图7-66所示。

> **提示**
>
> 脸颊、眼睛、眉毛、鼻子、嘴等部位的暗部采用较大的画笔进行单击或稍微拖动，将其颜色减淡。

图7-66　用减淡工具将过暗的区域加亮

> **提示**
>
> 在完成脸部绘制后，下面开始绘制头发。

39　在【路径】调板中新建一个路径为路径3，使用钢笔工具在画面中勾画出表示发丝的路径，如图7-67所示。

图7-67　勾画表示发丝的路径

40　按A键选择 路径选择工具，按Alt键将指针指向路径时指针右下方带上一个+号，如

图 7-68 所示，再按下左键进行拖移，显示出另一条路径副本，如图 7-69 所示，到达所需的位置后松开左键，即可复制一条路径。

图7-68 选择路径

图7-71 绘制一些路径

43 设置前景色为 #ffefe6，在【图层】调板中新建一个图层，如图 7-72 所示，按 B 键选择画笔工具，并在其中选择尖角 1 像素画笔，并设置【不透明度】为 100%，【流量】为 100%，其他不变，然后在【路径】调板中单击【用画笔描边路径】按钮，如图 7-73 所示，给路径描边，描好边后按 Shift 键单击路径 3，隐藏路径，得到如图 7-74 所示的效果。

图7-69 拖移并复制路径

41 用上步同样的方法分别对多条路径进行复制，复制后的效果如图 7-70 所示。

图7-72 【图层】调板

图7-73 【路径】调板

图7-70 拖移并复制路径

42 使用钢笔工具在画面中再绘制一些路径，如图 7-71 所示。

图7-74 给路径描边

44. 在【图层】调板中设置图层6的【不透明度】为18%，如图7-75所示，将刚绘制的发丝不透明度降低，从而得到如图7-76所示的效果。

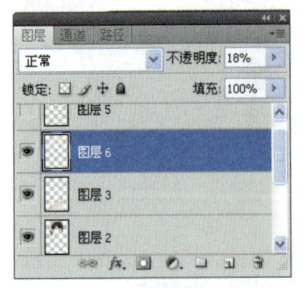

图7-75 【图层】调板

图7-78 绘制头发

46. 设置前景色为黑色，在工具箱中点选 画笔工具，【不透明度】为18%，再次绘制头发中较暗的区域，绘制后的效果如图7-79所示。

图7-76 将刚绘制的发丝不透明度降低

图7-79 绘制头发中较暗的区域

47. 按Ctrl+J键复制图层6为图层6副本，如图7-80所示，隐藏图层6，然后按E键选择橡皮擦工具，在选项栏中设置画笔的硬度为0%，【不透明度】为20%，如图7-81所示，在画面中将一些较暗区域的头发擦除一部分，擦除后的效果如图7-82所示。

45. 在【图层】调板中激活要绘制头发的图层，如图7-77所示，在工具箱中点选 加深工具，在选项栏中设置【曝光度】为10%，在画面中头发上绘制出较暗的部分，然后启用 减淡工具，其【曝光度】为20%，在画面中头发上绘制出亮的部分，绘制后的效果如图7-78所示。

提示

复制图层的目的是为了备份，以免擦除多了并且效果不满意而无法还原。

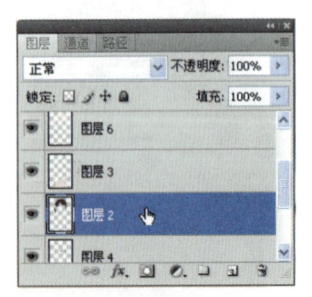

图7-77 【图层】调板

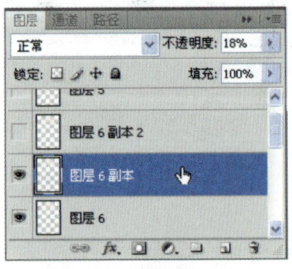

图7-80 【图层】调板

第7章 绘制人物画

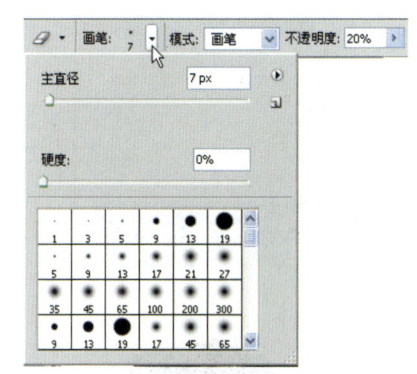

图7-81 橡皮擦工具选项栏

图7-82 将一些较暗区域的头发擦除一部分

48 在【图层】调板中新建一个图层为图层7，如图7-83所示，在【路径】调板中新建一个路径，然后按P键选择钢笔工具，在画面中绘制出前额中的杂乱发丝，如图7-84所示。

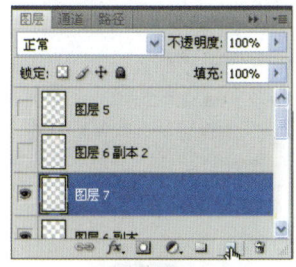

图7-83 【图层】调板

图7-84 绘制出前额中的杂乱发丝

49 按I键选择吸管工具，在画面中吸取所需的颜色为前景色，如图7-85所示；按B键选择画笔工具，在选项栏中设置【画笔】为尖角1像素，【不透明度】为100%，然后在【路径】调板中单击【用画笔描边路径】按钮，给路径描边，描好边后隐藏路径，得到如图7-86所示的效果。

图7-85 吸取所需的颜色

图7-86 用画笔描边路径

50 按E键选择橡皮擦工具，在选项栏中设置画笔的【硬度】为0%，【不透明度】为35%，然后对刚绘制的杂乱发丝进行擦除，擦除一部分，使发丝自然些，擦除后的效果如图7-87所示。

图7-87 对刚绘制的杂乱发丝进行擦除

51 按 Ctrl+J 键复制图层 7 为图层 7 副本，激活图层 7，如图 7-88 所示。在【滤镜】菜单中执行【模糊】→【高斯模糊】命令，弹出【高斯模糊】对话框，在其中设置【半径】为 5.0 像素，如图 7-89 所示，将下层杂乱发丝模糊，模糊后的效果如图 7-90 所示。

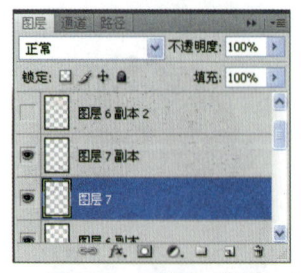

图7-88 【图层】调板

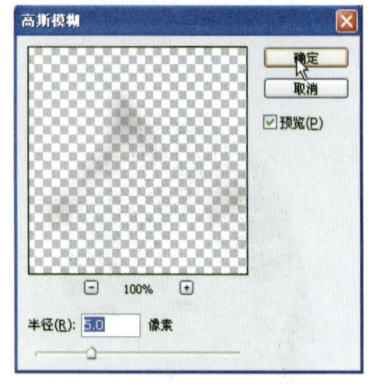

图7-89 【高斯模糊】对话框

图7-90 模糊后的效果

52 设置前景色为 #b53616，在【图层】调板中单击 按钮，锁定图层 7 的透明像素，如图 7-91 所示，然后按 Alt+Delete 键填充前景色，得到如图 7-92 所示的效果。

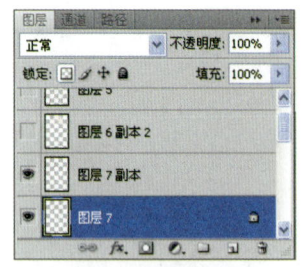

图7-91 【图层】调板

图7-92 绘制头发

53 在【图层】调板中再次单击锁定透明像素按钮解除锁定，如图 7-93 所示，使用橡皮擦工具将不需要的部分擦除，擦除后的效果如图 7-94 所示。

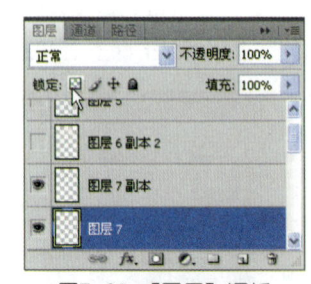

图7-93 【图层】调板

图7-94 绘制头发

54 按 X 键切换前景与背景色，设置前景色为黑色，在【图层】调板中激活图层 2，使用画笔工具，在选项栏中设置【不透明度】为 18%，然后将散发边缘较亮的部分加深颜色，多余的部分用橡皮擦工具将其擦除，绘制后的效果如图 7-95 所示。

图7-95 绘制头发

55 在【图层】调板中激活图层 4，新建一个图层为图层 8，如图 7-96 所示，按 X 键切换前景与背景色，绘制出右边头发的阴影，绘制后的效果如图 7-97 所示。

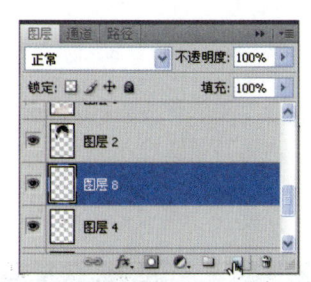

图7-96 【图层】调板

图7-97 绘制头发的阴影

56 在【图层】调板中新建一个图层，在【路径】调板中新建一个路径，使用钢笔工具勾画出一些用于绘制杂乱头发的路径，如图 7-98 所示。

图7-98 绘制杂乱头发的路径

57 设置前景色为 #b3b2b2，按 B 键选择画笔工具，在选项栏中设置画笔为尖角 1 像素画笔，【不透明度】为 100%，描边后隐藏路径，得到如图 7-99 所示的效果。

图7-99 描边后的效果

58 使用橡皮擦工具对刚绘制的线条进行擦除，使其融入到头发中，擦除后的效果如图 7-100 所示。

图7-100 对刚绘制的线条进行擦除

59 检查绘画，感觉耳朵不太自然，颜色太浅，因此需要对耳朵进行处理。设置前景色为#b53616，使用画笔工具，设置画笔的硬度为0%，【不透明度】为20%，【流量】为50%，对耳朵进行绘制，绘制后的效果如图7-101所示。

图7-101　绘制耳朵

60 明确眼睛的轮廓线，在【图层】调板中激活图层5并显示它，如图7-102所示，使用矩形选框工具在画面中框选出眼睛的轮廓线，如图7-103所示。

图7-102　【图层】调板

图7-103　框选出眼睛的轮廓线

61 按Ctrl+J键复制选区内容为图层10，隐藏图层5，如图7-104所示，画面效果如图7-105所示。

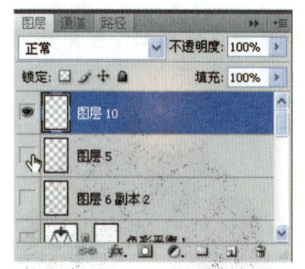

图7-104　【图层】调板

图7-105　复制图层后的效果

62 点选涂抹工具，在选项栏中设置【强度】为50%，对眼睛轮廓线进行涂抹，使用橡皮擦工具将不需要的线条擦除，得到如图7-106所示的效果。

图7-106　绘制眼睛

63 在【图层】调板中激活嘴唇所在图层，点选模糊工具，在选项栏中设置【强度】为50%，对嘴唇边缘的轮廓线进行涂抹将其模糊，绘制后的效果如图7-107所示。

图7-107　对嘴唇边缘的轮廓线进行涂抹

64 在【图层】调板中激活皮肤颜色所在图层，使用加深工具将鼻孔的颜色加深，加深颜色后的效果如图7-108所示。

图7-108　将鼻孔的颜色加深

65 设置前景色为白色，在【图层】调板中先单击图层5，新建一个图层为图层11，如图7-109所示，在【路径】调板中激活路径1副本，显示所有路径，按A键选择路径选择工具，然后按Shift键在画面中单击下眼线的两条路径选择它们，如图7-110所示。

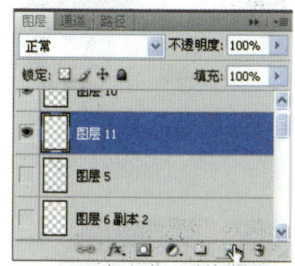

图7-109　【图层】调板

图7-110　选择路径

66 设置前景色为白色，按B键选择画笔工具，在选项栏中设置画笔的【主直径】为1px，【硬度】为0%，【不透明度】为100，【流量】为100%，如图7-111所示，在【路径】调板中单击【用画笔描边路径】按钮，给选择的路径描边，描好边后隐藏路径，得到如图7-112所示的效果。

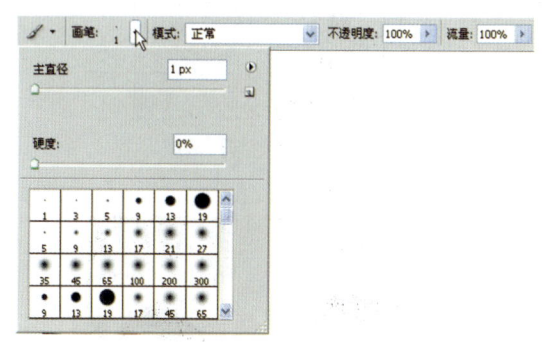

图7-111　画笔工具选项栏

图7-112　描好边后的效果

67 按V键选择移动工具，在键盘上按向下键一次，将刚描边的线条向下移动一个像素，结果如图7-113所示，使用橡皮擦工具对其进行擦除，使白色眼线嵌入下眼皮中，如图7-114所示。

图7-113　移动像素

图7-114　擦除后的效果

中文版Photoshop CS4手绘艺术技法

68 在【图层】调板中激活图层10，如图7-115所示，使用涂抹工具绘制出下眼线的睫毛，绘制后的效果如图7-116所示。

图7-115 【图层】调板

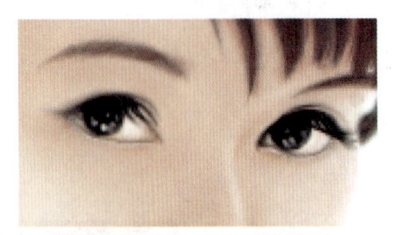

图7-116 绘制下眼线的睫毛

69 在【图层】调板中激活图层4，如图7-117所示，使用涂抹工具绘制出下眼线的睫毛，绘制后的效果如图7-118所示。

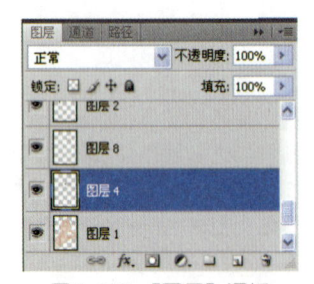

图7-117 【图层】调板

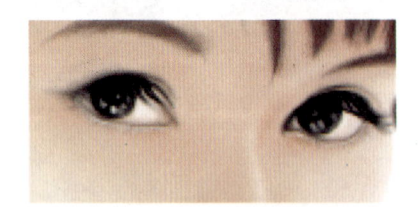

图7-118 绘制下眼线的睫毛

70 在【图层】调板中激活图层2，新建一个图层，如图7-119所示，在画笔工具的选项栏中设置【不透明度】为10%，【流量】为10%，画笔直径要大，然后在头发上绘制出亮面，绘制后的效果如图7-120所示。

图7-119 【图层】调板

图7-120 绘制头发亮面

71 在【图层】调板中新建一个图层，使用钢笔工具勾画出留海中的一些较暗的发丝，如图7-121所示，设置前景色为黑色，按B键选择画笔工具，设置【画笔】为尖角1像素画笔，其【硬度】为0%，【不透明度】为100%，【流量】为100%，然后给路径描边，描好边后隐藏路径后的效果如图7-122所示。

图7-121 勾画较暗的发丝

图7-122 描好边后的效果

188

绘制人物画 第7章

72 按 E 键选择橡皮擦工具，在选项栏中设置【不透明度】为 35%，【画笔】为柔角画笔，其他不变，在画面中将刚绘制发丝的两端及中间部分擦除一些，使发丝自然并融入到前面绘制的发丝中，擦除后的效果如图 7-123 所示。

图 7-123　使发丝自然并融入到前面绘制的发丝中

73 按 Ctrl+J 键复制图层 13 为图层 13 副本，如图 7-124 所示，按 V 键选择移动工具，并按向右键两次，得到如图 7-125 所示的效果。

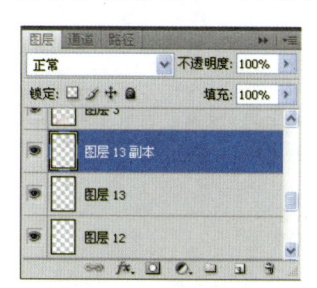

图 7-124　【图层】调板

图 7-125　复制图层后的效果

74 使用模糊工具对头发的边缘进行模糊，使它不过于强硬，模糊后的效果如图 7-126 所示。这样，美女就绘制完成了。

图 7-126　最终效果图

7.3　把照片变成手绘卡通效果

【实例分析】

先利用涂抹工具将人物的肤色、头发、衣服、嘴唇、眼睛与眉毛进行光滑处理，接着使用减淡工具在皮肤上需要加亮的区域进行涂抹；使用钢笔工具、用画笔描边路径、画笔调板、将路径作为选区载入、加深工具等工具与命令绘制眼睛的眼睫毛、眉毛、眼线、头发、鼻子的结构线以及整个人物的结构线，最后使用一个背景图像替换人物中的背景，并使用画笔工具在背景中添加一点点闪光点，丰富画面效果。

实例效果如下图所示。

绘制前的效果　绘制后的效果

【实例制作】

1 从配套光盘的素材库中打开一个要变成手绘卡通效果的照片，如图 7-127 所示。

189

图7-127 打开的照片

2 按 Ctrl+M 键执行【曲线】命令，弹出【曲线】对话框，在其中将网格中的直线调为如图7-128 所示的曲线，将图像调亮，单击【确定】按钮，得到如图7-129 所示的效果。

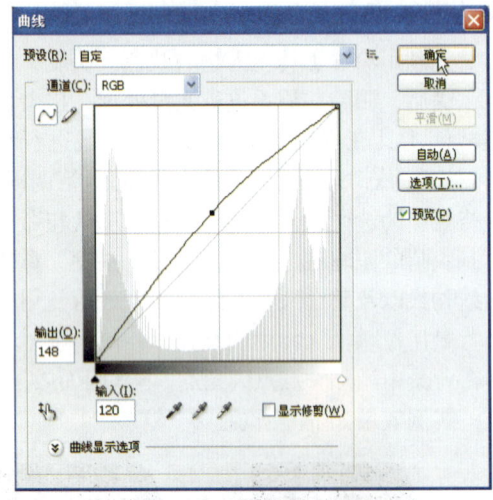

图7-128 【曲线】对话框

图7-129 将图像调亮

3 按 Ctrl+J 键将背景层复制为图层1，如图7-130 所示，目的是为了备份。

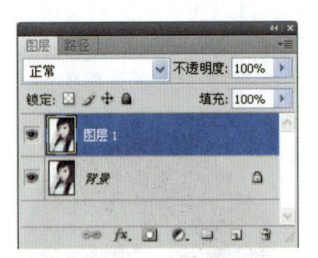

图7-130 【图层】调板

4 在【图像】菜单中执行【图像大小】命令，弹出【图像大小】对话框，看到原图像大小为442×600 像素，如图7-131 所示，图像比较小，需要将图像放大。在图像大小对话框中将像素大小的高度改为700 像素，其宽度也随着更改，如图7-132 所示，设置好后单击【确定】按钮。

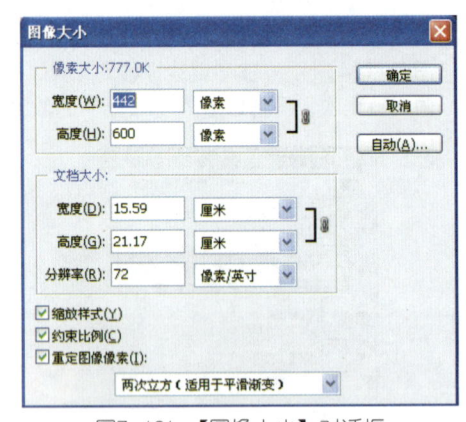

图7-131 【图像大小】对话框

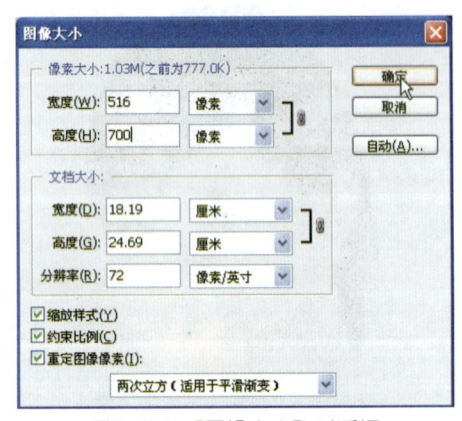

图7-132 【图像大小】对话框

5 在工具箱中点选涂抹工具，在选项栏中右击工具图标，在弹出的快捷菜单中执行【复位工具】命令，将工具复位，设置【强度】为20%，如图7-133所示，根据需要按"["与"]"键来调整画笔主直径的大小，然后在画面中对肤色进行涂抹，以使皮肤变成光滑，涂抹后的效果如图7-134所示。

> **提示**
>
> 在涂抹时可按 Ctrl++ 键将画面放大，以便对其进行细致涂抹；在眼睛周围进行涂抹时，要注意睫毛的走向，在涂抹时要顺着睫毛的方向进行涂抹，画笔主直径要小如4px以下；而在脸部涂抹时可将画笔主直径改大如25px以上；在颈部涂抹时特别要细致，在有发丝的地方需要沿着发丝的方向进行涂抹，一些杂乱而发散的发丝可以将其涂抹掉，不过不要影响整体头发效果，画笔主直径控制在20px以下。

图7-133　涂抹工具选项栏

图7-134　对肤色进行涂抹

6 将画笔主直径控制在45px左右，使用涂抹工具对头发进行涂抹，直到看不清发丝为止，如图7-135所示。

7 将画笔主直径控制在5px以上，使用涂抹工具在衣服上进行涂抹，涂抹后的效果如图7-136所示。

图7-135　对头发进行涂抹

图7-136　对衣服进行涂抹

8 将画笔主直径控制在10px以下，使用涂抹工具在眉毛与眼睛上进行涂抹，涂抹后的效果如图7-137所示。

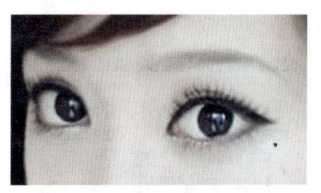

图7-137　对眉毛与眼睛进行涂抹

9 将画笔主直径控制在6px，使用涂抹工具对嘴唇进行涂抹，注意高光与阴影部分，涂抹后的效果如图7-138所示。

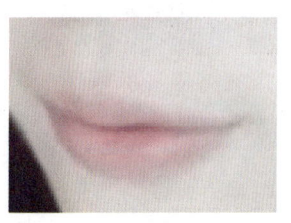

图7-138　对嘴唇进行涂抹

10 在工具箱中点选 ◎减淡工具，在选项栏的工具图标上右击，将工具复位，设置【曝光度】为20%，如图7-139所示，在画面中皮肤上需要加亮的区域进行涂抹，将其调亮，调亮后的效果如图7-140所示。

提示

在脸部与手臂上进行涂抹时将画笔主直径放大一些。

图7-139 减淡工具选项栏

图7-140 调亮皮肤

11 在【图层】调板中新建一个图层为图层2，如图7-141所示，显示【路径】调板，并在其中单击 （创建新路径）按钮，新建一个路径1，如图7-142所示。

图7-141 【图层】调板

图7-142 【路径】调板

12 按Ctrl++键将画面放大，在工具箱中点选钢笔工具，在画面中勾画出表示眼睛睫毛的曲线路径，如图7-143所示，按Esc键完成曲线路径绘制，如图7-144所示。

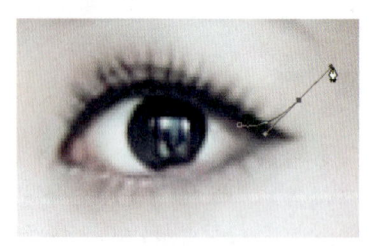

图7-143 勾画表示睫毛的路径

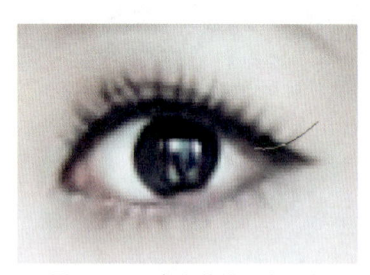

图7-144 完成曲线路径绘制

13 在工具箱中点选画笔工具，在选项栏中设置【不透明度】为100%，显示【画笔】调板，在其中单击【画笔笔尖形状】选项，在其右边栏中选择尖角3像素画笔，接着单击【形状动态】选项，然后在右边栏中设置【控制】为渐隐，其参数为28，其他不变，如图7-145所示。

图7-145 【画笔】调板

14 设置前景色为黑色,在【路径】调板中单击【用画笔描边路径】按钮,给刚绘制的路径描边,按 Shift 键单击路径 1,暂隐路径,描边后的效果如图 7-146 所示。

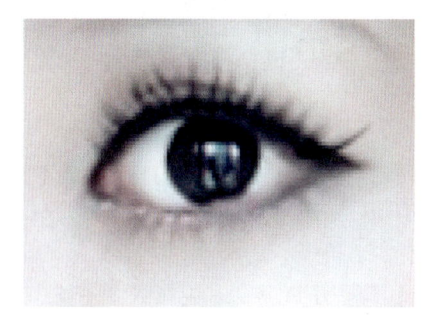

图 7-146 给路径描边后的效果

15 在【路径】调板中新建一个路径,如图 7-147 所示,使用钢笔工具,在画面中勾画出表示眼睛长睫毛的曲线路径,按 Esc 键完成曲线路径绘制,如图 7-148 所示。

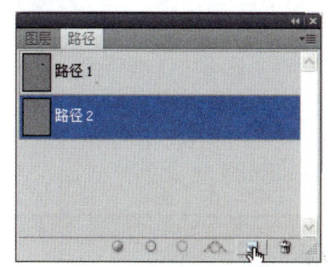

图 7-147 【路径】调板

图 7-148 勾画表示长睫毛的路径

16 按 B 键选择画笔工具,显示【画笔】调板,将渐隐改参数为 20,单击【画笔笔尖形状】选项,在右边栏中设置【直径】为 2px,【角度】为 45 度,【圆度】为 50%,其他不变,如图 7-149 所示,然后在【路径】调板中单击 （用画笔描边路径）按钮,给路径描边,隐藏路径后的描边效果如图 7-150 所示。

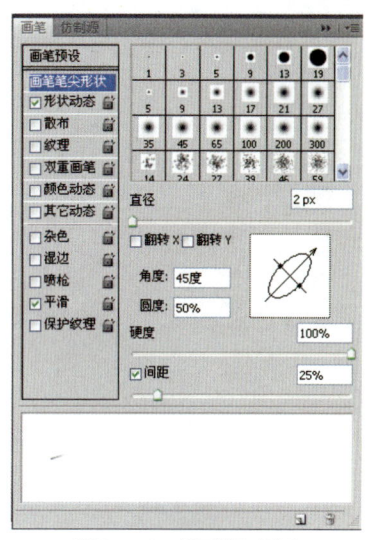

图 7-149 【画笔】调板

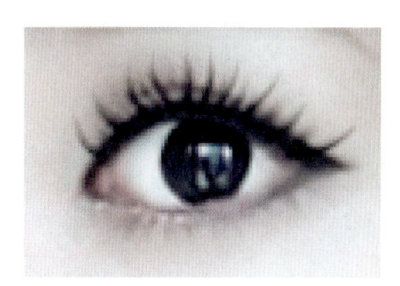

图 7-150 给路径描边后的效果

17 在【路径】调板中新建一个路径,使用钢笔工具在画面中勾画出表示眼睛长睫毛的曲线路径,按 Esc 键完成曲线路径绘制,如图 7-151 所示。

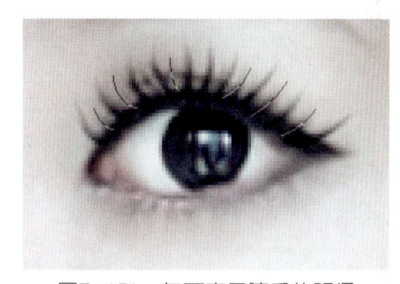

图 7-151 勾画表示睫毛的路径

18 按 B 键选择画笔工具,显示【画笔】调板,将渐隐改参数为 18,单击【画笔笔尖形状】选项,在右边栏中设置【硬度】为 0%,其他不变,如图 7-152 所示,然后在【路径】调板中单击 （用画笔描边路径）按钮,给路径描边,隐藏路径后的描边效果如图 7-153 所示。

193

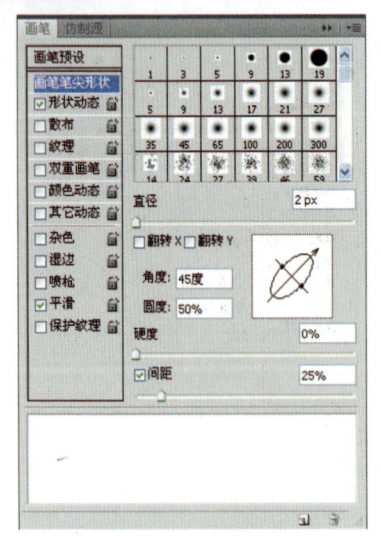

图7-152 【画笔】调板

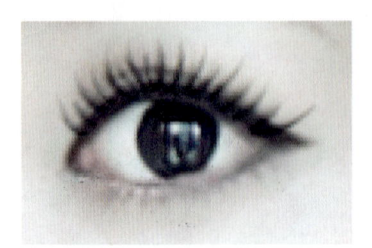

图7-153 给路径描边后的效果

19 使用前面同样的方法将另一只眼的睫毛画好，绘制好的效果如图7-154所示。

图7-154 绘制睫毛

20 按 I 键选择 吸管工具，在画面中眼线上的所需的颜色处单击，如图7-155所示，吸取该颜色为前景色，在【图层】调板中新建一个图层，如图7-156所示。

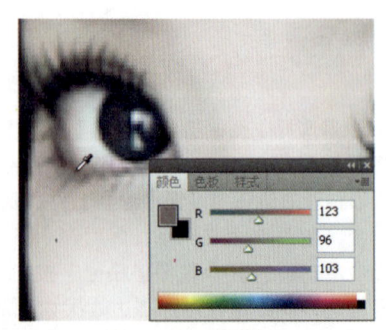

图7-155 吸取颜色

图7-156 【图层】调板

21 使用钢笔工具在画面中勾画出表示下眼睛线的路径，按 Esc 键完成曲线路径绘制，如图7-157所示。

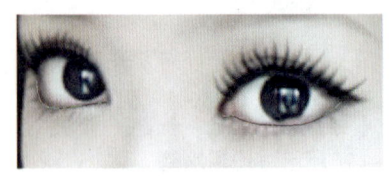

图7-157 勾画表示下眼线的路径

22 按 B 键选择画笔工具，在【画笔】调板中将形状动态的【控制】设为关，如图7-158所示，在选项栏中设置【不透明度】为60%，然后在【路径】调板中单击 ○ （用画笔描边路径）按钮，给路径描边，隐藏路径后的描边效果如图7-159所示。

图7-158 【画笔】调板

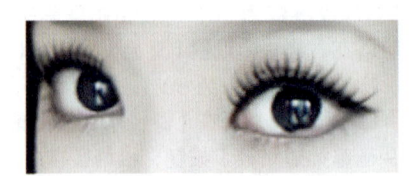

图7-159 给路径描边后的效果

23 按 X 键切换前景与背景色，设置前景色为 #ffbfb，在【图层】调板中新建一个图层为图层 4，显示【路径】调板，并在其中激活刚绘制的眼线路径，如图 7-160 所示，然后再单击【用画笔描边路径】按钮，给路径描边，隐藏路径后的描边效果如图 7-161 所示。

图7-160 【路径】调板

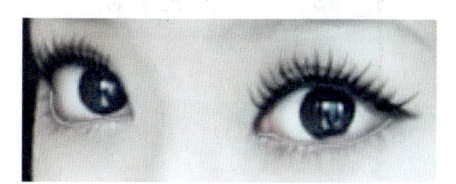

图7-161 给路径描边后的效果

24 按 V 键选择移动工具，按↓向下键将刚描边的白色眼线至适当位置，如图 7-162 所示；然后使用涂抹工具对其进行涂抹，使其眼线自然，涂抹后的效果如图 7-163 所示。

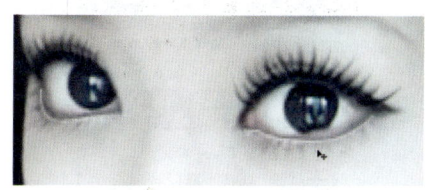

图7-162 移动白色眼线

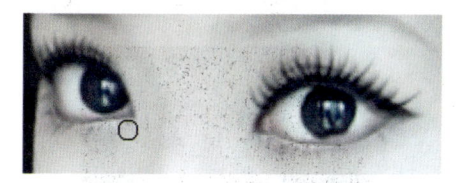

图7-163 涂抹白色眼线

25 在【图层】调板中新建一个图层为图层 5，显示【路径】调板，在其中新建一个路径为路径 9，如图 7-164 所示，使用钢笔工具在画面中勾画出表示下眼睫毛的路径，按 Esc 键完成曲线路径绘制，如图 7-165 所示。

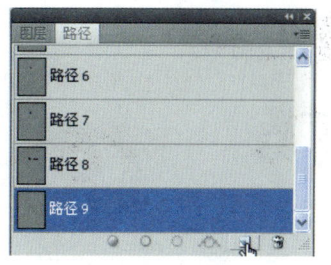

图7-164 【路径】调板

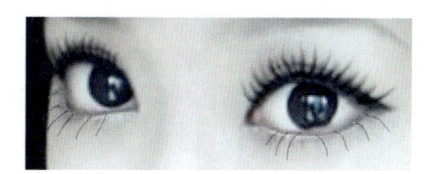

图7-165 勾画下眼睫毛的路径

26 按 X 键切换前景与背景色，显示【画笔】调板，在其中设置形状动态的【控制】为渐隐，参数为 12，其他不变，然后在【路径】调板中单击 ○（用画笔描边路径）按钮，给路径进行描边，隐藏路径后的描边效果如图 7-166 所示。

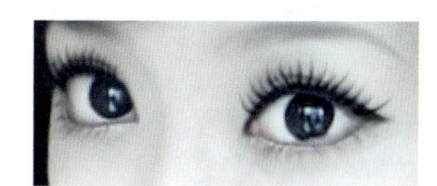

图7-166 给路径描边后的效果

27 在【图层】调板中激活图层 1，如图 7-167 所示，在工具箱中点选 加深工具，在选项栏中右击工具图标，将工具复位，再设置【曝光度】为 30%，画笔主直径控制在 10px 左右，然后对眉毛进行加深，加深后的效果如图 7-168 所示。

图7-167 【图层】调板

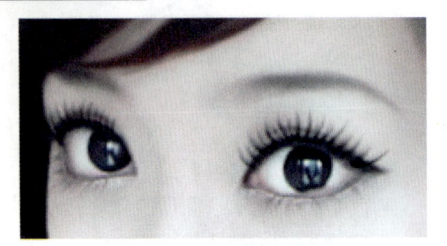

图7-168 对眉毛进行加深

28 使用钢笔工具在画面中勾画出表示下眼睫毛的路径，按 Esc 键完成曲线路径绘制，如图 7-169 所示；在【路径】调板中单击 ◌（将路径作为选区载入）按钮，将工作路径载入选区，如图 7-170 所示。

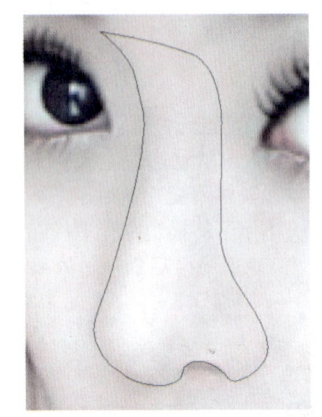

图7-169 勾画表示鼻子轮廓的路径

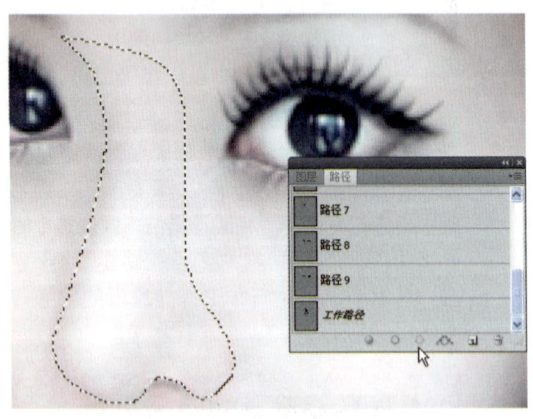

图7-170 将路径作为选区载入

29 在工具箱中点选 ◌ 加深工具，在选项栏中设置【曝光度】为 20%，画笔主直径控制在 10px 左右，然后在选区的左边缘与下边缘及右下角边缘进行涂抹，将其颜色加深，如图 7-171 所示，按 Ctrl+D 键取消选择，结果如图 7-172 所示。

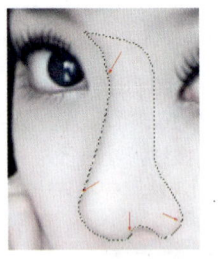

图7-171 将鼻子边缘颜色加深

图7-172 颜色加深后的效果

30 使用涂抹工具对在眉毛与眼睛处的鼻子结构处进行涂抹，使其衔接自然，涂抹后的效果如图 7-173 所示。

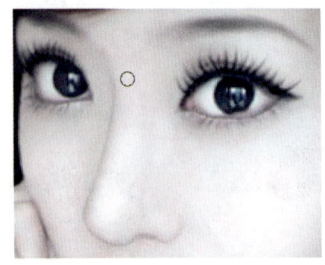

图7-173 在眉毛与眼睛处的鼻子结构处进行涂抹

31 在【图层】调板中先激活图层 5，单击 ◌（创建新图层）按钮，新建图层 6，如图 7-174 所示，使用钢笔工具在画面中绘制多条曲线路径，用来绘制发丝，如图 7-175 所示。

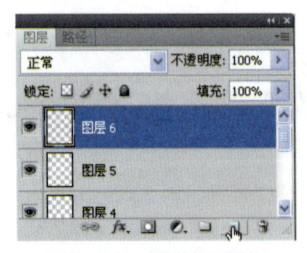

图7-174 【图层】调板

图7-175 绘制多条曲线路径

32 使用钢笔工具在画面中绘制一条表示发丝的路径，如图 7-176 所示，再按 A 键选择路径选择工具，然后按 Alt 键指针指向这条路径呈 状时按下左键向到稍左上方拖动一点点，复制一条路径，使用同样的方法复制多条路径，复制好后结果如图 7-177 所示。

图7-176 绘制表示发丝的路径

图7-177 复制并移动路径

33 使用上两步同样的方法绘制出满头的发丝，如图 7-178 所示。

图7-178 绘制满头的发丝

34 设置前景色为 #ffe4d1，按 B 键选择画笔工具，在选项栏中设置【画笔】为尖角 1 像素，设置其【硬度】为 0%，【不透明度】为 60%，【流量】为 100%，如图 7-179 所示，然后在【路径】调板中单击【用画笔描边路径】按钮，如图 7-180 所示，给刚绘制的路径描边，按 Shift 键在【路径】调板中单击路径 3，隐藏路径，其画面效果如图 7-181 所示。

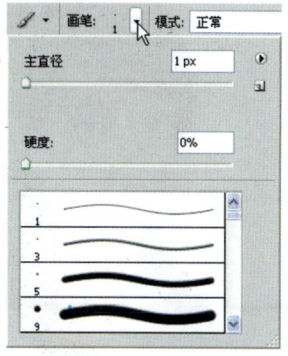

图7-179 设置画笔

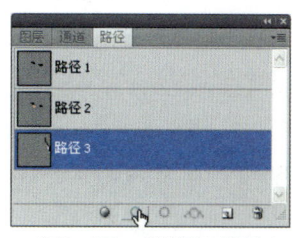

图7-180 【路径】调板

图7-181 给路径描边后的效果

35 在【图层】调板中设置图层 6 的不透明度为 20%，如图 7-182 所示，将刚描边的头发不透明度降低，得到如图 7-183 所示的效果。

图7-182 【图层】调板

图7-183 将刚描边的头发不透明度降低

36 按 Ctrl+J 键复制图层 6 为图层 6 副本，如图 7-184 所示，其画面效果如图 7-185 所示。

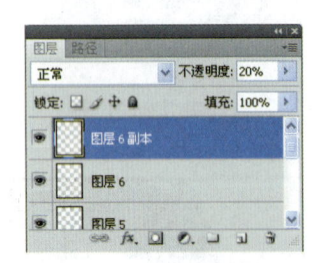

图7-184 【图层】调板

图7-185 复制图层后的效果

37 在【图层】调板中激活图层 6，如图 7-186 所示，在【滤镜】菜单中执行【模糊】→【高期模糊】命令，弹出【高期模糊】对话框，在其中设置【半径】为 5 像素，如图 7-187 所示，设置好后单击【确定】按钮，从而得到如图 7-188 所示的效果。

图7-186 【图层】调板

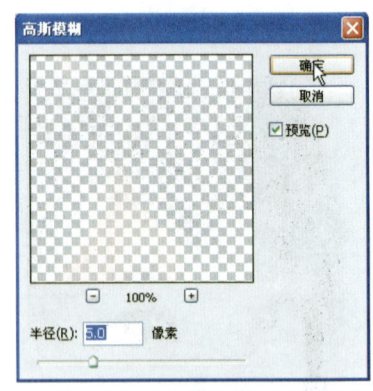

图7-187 【高期模糊】对话框

图7-188 高期模糊后的效果

38 在【图层】调板中激活图层 1，如图 7-189 所示，点选减淡工具，将画笔主直径改为 40px，然后在头发上需要加亮的区域进行涂抹，将其调亮，调亮后的效果如图 7-190 所示。

绘制人物画 **第7章**

图7-189 【图层】调板

图7-190 调亮头发

39 在【图层】调板中新建一个图层，如图7-191所示，在【路径】调板中新建一个路径，然后使用钢笔工具在画面中勾画出主要轮廓路径，如图7-192所示。

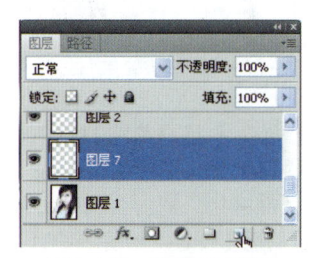

图7-191 【图层】调板

图7-192 勾画出主要轮廓路径

40 按 I 键选择吸管工具，在画面中吸取所需的颜色为前景色，如图7-193所示，按 B 键选择画笔工具，在选项栏中设置画笔主直径为2px，【硬度】为0%，【不透明度】为30%，在【路径】调板中单击【用画笔描边路径】按钮，给路径描边，隐藏路径后的效果如图7-194所示。

图7-193 吸取颜色

图7-194 给路径描边后的效果

41 按 E 键选择橡皮擦工具，在选项栏中设置【不透明度】为30%，然后在画面中轮廓线上进行擦除，擦除一部分线条，使其融入画面中，擦除后的效果如图7-195所示。

199

图7-195 擦除一部分线条后的效果

42 在【图层】调板中激活图层6副本,如图7-196所示,也就是最顶层的图层,再按Alt+Ctrl+Shift+E键将所有可见图层合并为一个新图层,如图7-197所示。

图7-196 【图层】调板

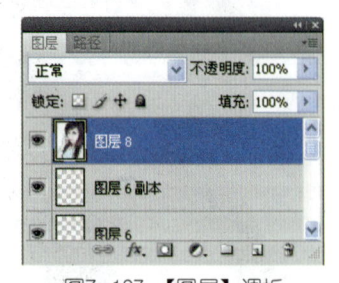

图7-197 【图层】调板

43 在工具箱中点选 多边形套索工具,在选项栏中选择 按钮与设置 羽化为2px,在画面中勾选出人物的头发部分,如图7-198所示,在选项栏中将【羽化】改为0px,然后在画面中将人物中还没有勾选的部分勾选,选择好的选区,如图7-199所示,按Ctrl+C键进行拷贝。

图7-198 勾选人物的头发部分

图7-199 勾选人物的头发部分

44 从配套光盘的素材库中打开一个已经准备好的背景图像文件,如图7-200所示,按Ctrl+V键将拷贝的内容粘贴到背景图像中,并排放到适当位置,如图7-201所示。

图7-200 打开的背景图像

图7-201　将人物粘贴到背景图像中

图7-204　最终效果图

45 在【图层】调板中新建一个图层，如图7-202所示，设置前景色为白色，按B键选择画笔工具，在选项栏中设置【画笔】为，【不透明度】为100%，显示【画笔】调板，并在其中设置【间距】为20%，【直径】为25px，如图7-203所示，然后在画面中绘制出一些白色的小闪点，绘制好后的效果如图7-204所示。这样就将照片绘制成手绘卡通效果了。

7.4　本章小结

本章简要介绍了人物画的基本结构及相关资料，主要讲解了如何使用Photoshop中的新建、打开、创建新图层、钢笔工具、画笔工具、涂抹工具、吸管工具、加深工具、减淡工具、图像大小、放大、缩小、路径选择工具、用画笔描边路径、用前景色填充路、将路径作为选区载入、【画笔】调板、高斯模糊、复制图层、合并图层、多边形套索工具、模糊工具、移动工具、橡皮擦工具、锁定透明像素、另存为、色彩平衡等工具与命令来绘制人物画。

7.5　上机练习题

根据本章所学内容将如图7-205所示的武侠少女绘制出来。操作流程图如图7-206所示。

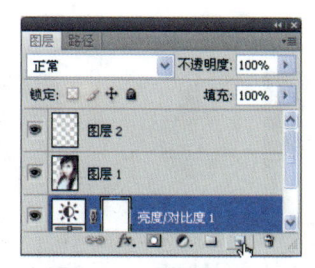

图7-202　【图层】调板

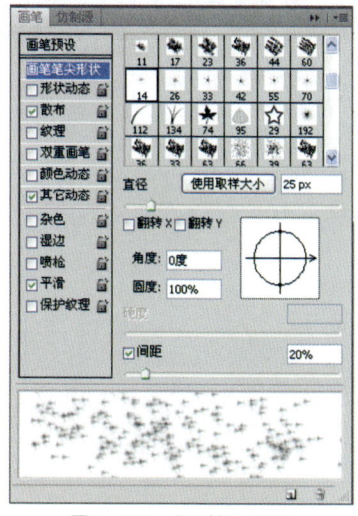

图7-203　【画笔】调板

图7-205　绘制武侠少女

201

中文版Photoshop CS4手绘艺术技法

① 勾画出人物的轮廓线

② 给皮肤填充统一的颜色

③ 给头发、头冠、腰带、裙子、肩盔、鞋子等填充颜色

④ 绘制较暗的肤色

⑤ 绘制头冠、腰带、裙子、肩盔、鞋子的阴暗部分，以加强立体效果

⑥ 继续精细绘制头发、头冠、腰带、裙子、肩盔、鞋子等

⑦ 给人物添加背景

⑧ 给人物添加阴影

⑨ 给人物添加大刀后的最终效果

图7-206　绘制武侠少女的流程图

第8章 商业绘画

本章提要

本章首先讲解什么是商业绘画。然后重点讲解使用Photoshop来绘制一些商业绘画，如酒杯、花瓶、小娇车、CD合封面、包装效果图、游戏人物等。

8.1 关于商业绘画

商业绘画，从广义上讲是买方以货币为媒介，通过交易，从绘画生产者手里买进绘画作品后又把绘画作品作为传达某种商业目的的商品卖给实际消费者的过程。

从狭义上讲，商业绘画是指在商业活动中为某个企业或产品所绘制的插图类作品，并以一定的报酬交换作者对作品的所有权，作者只保留署名权的商业买卖行为。商业绘画是一种用直观的视觉形象传达商业信息、推广商业活动的图像化视觉传达形式，它能将需要传递的内容扼要生动地传达给人们。商业绘画的含义涵盖商业艺术、商业插图，是视觉传达的一个分支。商业绘画的创作领域，包括杂志广告、商业电影、吉祥物设计、CD盘面、包装盒、名片、图书封面、明信片等商业领域。

商业绘画大致分为以下几类：

（1）广告商业插画：广告商业插画是商业绘画的主要组成部分，主要为广告公司和企业产品服务，包括主题招贴海报插画、产品广告插图等。

（2）出版物插图：广泛应用在书籍出版物中。形式上包括各类杂志插图、带插图的文学书籍、以文字配图的插画绘本、连环画等；内容上包括文学艺术、儿童读物、自然科普、社会人文等。

（3）商业卡通吉祥物设计：主要为企业和某些社会机构服务，通过结合卡通与产品、企业以及社会活动的特点为企业、社会活动设计卡通形象以及外延产品。具体有3种：产品吉祥物、企业吉祥物、社会吉祥物。

（4）影视动画美术设计：主要在影视剧、广告片等方面应用广泛，包括形象设计、场景设计、故事脚本等。

（5）游戏美术设计：游戏产业包括网络游戏中的人物形象设计、故事场景设计、故事脚本等。

（6）网络美术设计：主要为网络服务，包括网页上的浮动广告、动画等。通过结合网络技术和卡通等形象宣传网站、企业、社会活动等。

（7）工业美术设计：主要为轻工业服务，如玩具形象、造型以及相关造型设计。

8.2 绘制酒杯

【实例分析】

本例将要绘制一个透明的玻璃酒杯，通过酒杯能清楚地看到周围的物件，所以在绘制时除了要注意光线外还要注意周围物件的颜色，以便于绘制。

在制作时，确定背景色，使用钢笔工具勾画出玻璃酒杯的形状，接着使用画笔工具、椭圆选框工具、描边、填充等工具与命令绘制玻璃杯，然后用钢笔工具、将路径作为选区载入、渐变工具、椭圆选框工具、创建新图层、画笔工具、图层不透明度、描边、高斯模糊等工具与命令绘制红酒；最后用钢笔工具、将路径作为选区载入、羽化、加深工具、涂抹工具等工具与命令对酒杯进行刻画。

中文版Photoshop CS4手绘艺术技法

实例效果如下图所示。

实例效果图

【实例制作】

1. 按 Ctrl+N 键，新建一个文件，【宽度】为 350 像素，【高度】为 420 像素，【分辨率】为 150 像素/英寸，【颜色模式】为 RGB 颜色，【背景内容】为白色。

2. 在工具箱中设置前景色 R：165、G：170、B：175；背景色 R：225、G：230、B：230；点选渐变工具，在选项栏中单击▬▬中的下拉按钮，在弹出的渐变拾色器中选择前景色到背景色渐变，并选择■（线性渐变）按钮，然后在画面上拖动鼠标得到如图 8-1 所示的效果。

图8-1 渐变填充后的效果

3. 在【路径】调板中新建路径 1，在工具箱中点选钢笔工具，在选项栏上单击（路径）按钮，然后在画面上勾画出酒杯的外轮廓线，如

图 8-2 所示。

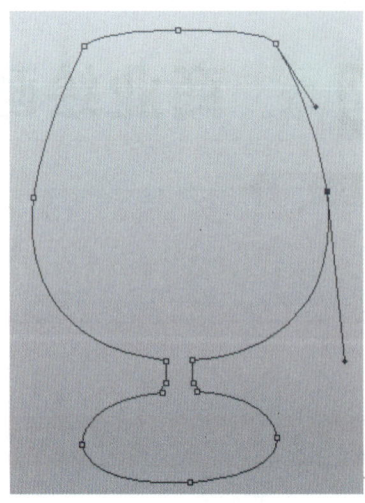

图8-2 勾画酒杯外轮廓线

4. 显示【路径】调板，按住 Ctrl 键用鼠标单击工作路径，将路径载入选区；显示【图层】调板，在其中单击（创建新图层）按钮，新建图层 1，设置前景色为 R：155、G：160、B：165；在工具箱中点选画笔工具，在选项栏中设置【流量】为 50%，【画笔】为画笔，并点选按钮，然后在画面上沿着轮廓线边上进行涂抹，得到如图 8-3 所示的效果。

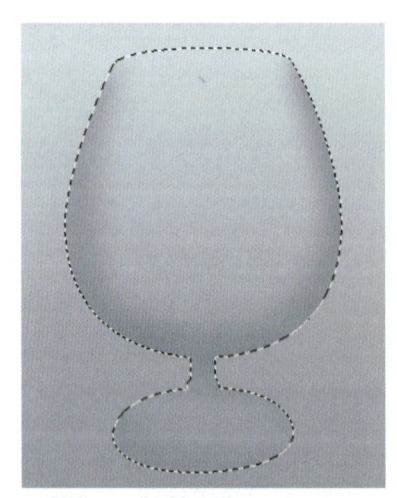

图8-3 沿着轮廓线进行涂抹

5. 在【图层】调板中新建图层 2，使用椭圆选框工具在画面画出杯口，在【编辑】菜单中执行【描边】命令，在弹出的对话框中设定【宽度】为 2，【位置】为居中，如图 8-4 所示，单击【确定】按钮，按 Ctrl+D 键取消选择，得到如图 8-5 所示的效果。

204

商业绘画 **第8章**

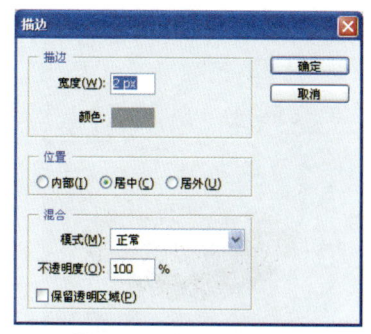

图8-4 【描边】对话框

图8-5 描边后的效果

6 按Ctrl键在【路径】调板中用鼠标单击路径1将路径载入选区；在【图层】调板上以图层1为当前图层，设置前景色为白色；在工具箱中点选 ✎ 画笔工具，在画面上沿着轮廓线边缘再次进行涂抹，得到如图8-6所示的效果。

图8-6 沿着轮廓线边缘进行涂抹

7 在【图层】调板上新建一个图层3，使用椭圆选框工具在杯座上画一个椭圆来表示杯底的上面，设置前景色为R：170、G：170、B：180，并Alt+Delete键填充前景色，效果如图8-7所示，按Ctrl+D取消选择。

图8-7 填充颜色

8 在工具箱中点选 ✎ 画笔工具，设置不同的前景色，在画面中右击并在弹出的调板中，设置不同的画笔直径，在屏幕的灰色区单击取消调板的显示，然后分别在画面中进行涂抹，来绘制杯座的基本结构，效果如图8-8所示。

图8-8 绘制杯座的基本结构

9 在【路径】调板上新建路径2，在工具箱中点选 ✐ 钢笔工具，在杯底勾画出如图8-9所示的路径。

图8-9 在杯底勾画路径

205

10. 按住 Ctrl 键，使用鼠标单击路径 2，将路径 2 载入选区，在【图层】调板上新建图层 4，设置前景色为 R：160、G：30、B：30，背景色为 R：110、G：10、B：10，使用渐变工具在画面上拖动鼠标得到如图 8-10 所示的效果。

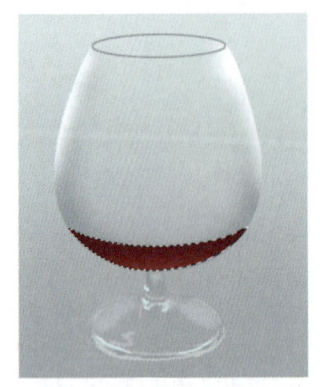

图8-10 渐变填充后的效果

11. 在【图层】调板上新建图层 5，使用椭圆选框工具，在画面上画一个椭圆，设置前景色为 R：225、G：105、B：105，背景色为 R：155、G：30、B：30，在画面上拖动鼠标得到如图 8-11 所示的效果。

图8-11 渐变填充后的效果

12. 在【路径】调板上新建路径 3，在工具箱中点选钢笔工具，在杯底勾画出如图 8-12 所示的路径。

13. 按 Ctrl 键在【路径】调板中使用鼠标单击路径 3，将路径 3 载入选区，在【图层】调板上新建图层 6，在工具箱中点选画笔工具，在选区内涂上不同的深褐色；然后在【图层】调板上将图层 6 的【不透明度】设为 18%，按 Ctrl+D 键取消选择，得到如图 8-13 所示的效果。

图8-12 在杯底勾画路径

图8-13 涂抹后的效果

14. 按 Ctrl 键在【图层】调板用鼠标单击图层 5，将图层 5 载入选区，在【图层】调板上新建图层 7；在【编辑】菜单中执行【描边】命令，在弹出的对话框中设定【宽度】为 2，颜色为 R：170、G：80、B：70，单击【确定】按钮，按 Ctrl+D 键取消选择，得到如图 8-14 所示的效果。

图8-14 描边后的效果

15 在【滤镜】菜单中执行【模糊】→【高斯模糊】命令，并在弹出的对话框中设定【半径】为1像素，如图8-15所示，单击【确定】按钮，得到如图8-16所示的效果。

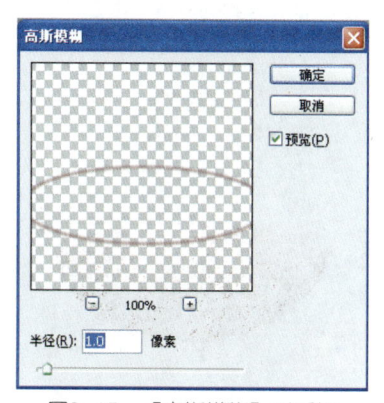

图8-15 【高斯模糊】对话框

图8-16 高斯模糊后的效果

16 在【图层】调板上新建图层8，使用椭圆选框工具在酒杯的旁边画一个椭圆，使用画笔工具，沿着椭圆边缘用白色进行涂抹，用来表示气泡，效果如图8-17所示。

图8-17 绘制气泡

17 按Ctrl+T键将气泡缩小，按Ctrl+Alt键拖动气泡，松开鼠标后即可复制一个气泡，这样进行多次并沿着边缘排放好，然后在【图层】调板中将所有复制后的气泡图层合并为图层8，并设定图层8的【不透明度】为25%，效果如图8-18所示。

图8-18 复制气泡并降低不透明度

18 在【路径】调板上新建路径4，在工具箱中点选钢笔工具，在画面上勾画出如图8-19所示的路径。

图8-19 勾画路径

19 按Ctrl键使用鼠标单击路径4，将路径4载入选区；在【图层】调板上新建图层9，并填充灰色，如图8-20所示，按Ctrl+D键取消选择。

20 在【路径】调板上新建路径5，使用钢笔工具在画面上勾画出如图8-21所示的形状。

图8-20　将路径载入选区并填充灰色

图8-21　勾画亮部区域形状

21　按Ctrl键用鼠标单击路径5，将路径5载入选区；在【图层】调板上新建图层10，设定【不透明度】为50%，按Shift+F6键，弹出【羽化选区】对话框，并在其中设置【羽化半径】为5像素，再将选区填充为白色，按Ctrl+D键取消选择，得到如图8-22所示的效果。

图8-22　羽化选区并填充颜色

22　按住Ctrl键用鼠标单击路径1，将路径1载入选区；在工具箱中点选 加深工具，给杯壁加深颜色，效果如图8-23所示。

图8-23　给杯壁加深颜色

23　以图层3为当前图层，在工具箱中点选 涂抹工具，在需要前景色的地方，勾选【手指绘画】复选框，否则就取消它的勾选，效果如图8-24所示；给底座进行深入刻画，最后得到的效果如图8-25所示。

> **提　示**
>
> 这里需要设置多种不同的前景色，同时应注意底座的反光。

图8-24　用涂抹工具深入刻画

图8-25 最终效果图

8.3 绘制花瓶

【实例分析】

本例主要使用路径工具勾画出花瓶的外型，然后用高斯模糊和画笔工具对瓶子进行塑造，再将花纹赋于瓶身，并设定花纹所在图层混合模式为正片叠底，就可以制作出花瓶了。实例效果如下图所示。

实例效果图

【实例制作】

（1）绘制背景

1. 新建一个文件，【宽度】为450像素，【高度】为580像素，【分辨率】为100像素/英寸，【颜色模式】为RGB颜色。

> **提示**
> 设置低分辨率的目的是为了练习，如果是制作正式作品，根据需要设置分辨率。

2. 设置前景色为R：110、G：50、B：30，背景色为R：40、G：8、B：2；在【滤镜】菜单中执行【渲染】→【云彩】命令，得到如图8-26所示的效果。

图8-26 执行【云彩】命令后的效果

3. 在【滤镜】菜单中执行【渲染】→【分层云彩】命令，按Ctrl+F键重复执行分层云彩效果，直到满意为止，效果如图8-27所示。

图8-27 执行【分层云彩】命令后的效果

（2）花瓶的造型

1. 在【路径】调板上新建一个路径1，如图8-28所示；从工具箱中点选钢笔工具，在画面中勾画出花瓶的外型，如图8-29所示。

图8-28 【路径】调板

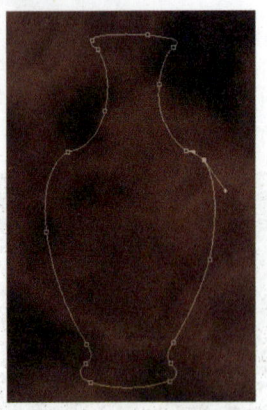

图8-29 勾画花瓶的外型

2. 在【路径】调板中单击 ■（将路径载入选区）按钮，使路径 1 载入选区；单击【通道】标签转到【通道】调板，再单击底部的 ■（将选区存储为通道）按钮，得到 Alpha 1，如图 8-30 所示，画面效果如图 8-31 所示。

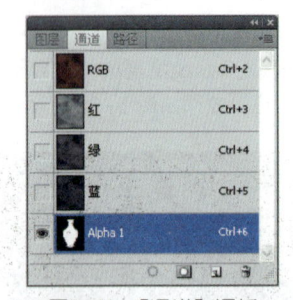

图8-30 【通道】调板

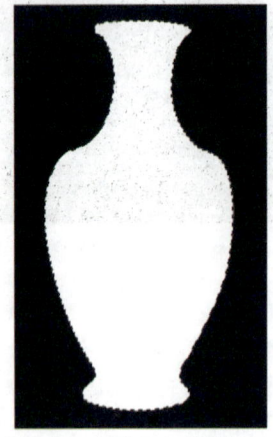

图8-31 将选区存储为通道

3. 在【滤镜】菜单中执行【模糊】→【高斯模糊】命令，并在弹出的【高斯模糊】对话框中设定【半径】为 20 像素，如图 8-32 所示，设置好后单击【确定】按钮；再执行两次高斯模糊，设定【半径】分别为 10 像素和 5 像素，让花瓶更有立体感，效果如图 8-33 所示。

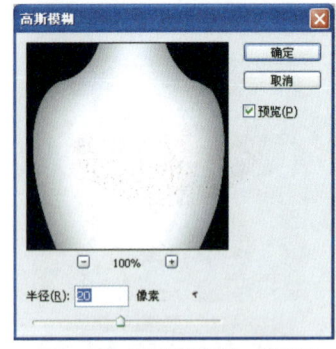

图8-32 【高斯模糊】对话框

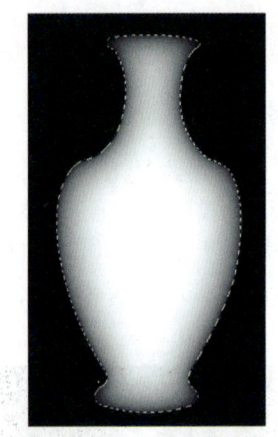

图8-33 高斯模糊后的效果

4. 按 Ctrl+C 键拷贝选区，单击【图层】标签返回到【图层】调板，并激活背景层，按 Ctrl+V 键进行粘贴，得到图层 1。

5. 按 Ctrl 键在【图层】调板中单击图层 1，将图层 1 载入选区；在工具箱中点选 ■ 椭圆选框工具，按住 Alt 键，将不要的选区减掉，只留下瓶底的选区，如图 8-34 所示。

图8-34 绘制选区

商业绘画 第8章

6 按 Ctrl+Shift+I 键反选，设置前景色为黑色，在工具箱中点选 画笔工具，在选项栏中设置【画笔】为 ，【流量】为 5%，对瓶身进行立体感的塑造，注意画笔要尽量大一些，这样瓶身就比较细腻一点，流量要尽量小一点，对控制画面的效果很有帮助，如图 8-35 所示。

图8-35　对瓶身进行立体感的塑造

7 按 Ctrl+Shift+I 键反选，使用同样的方法对瓶底进行塑造，按 Ctrl+D 键取消选择，就可得到如图 8-36 所示效果。

图8-36　取消选择后的效果

8 在【路径】调板上单击 （将路径载入选区）按钮，使路径 1 载入选区；按 Ctrl+Shift+I 键反选，按 Delete 键将瓶身外的颜色删除，如图 8-37 所示。

9 按 Ctrl+D 键取消选择，在【图层】调板上新建一个图层 2，使用 椭圆选框工具，在瓶口上画一个椭圆，如图 8-38 所示。

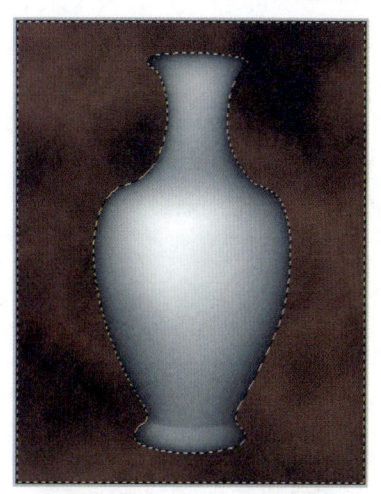

图8-37　将瓶身外的颜色删除

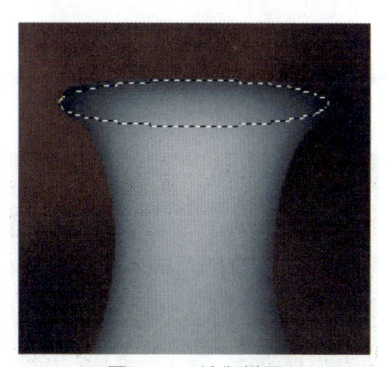

图8-38　绘制椭圆

10 按 Ctrl+Shift+I 键反选，在工具箱中点选 加深工具，在选项栏中设置【画笔】为 ，【曝光度】为 20%，对瓶口的边缘进行加深，如图 8-39 所示。

图8-39　对瓶口的边缘进行加深

11 在【图层】调板中新建一个图层，在【编辑】菜单中执行【描边】命令，并在弹出【描边】对话框中设定【宽度】为 1，【颜色】为白色，【位置】为居中，如图 8-40 所示，设置好后单击【确定】按钮。

211

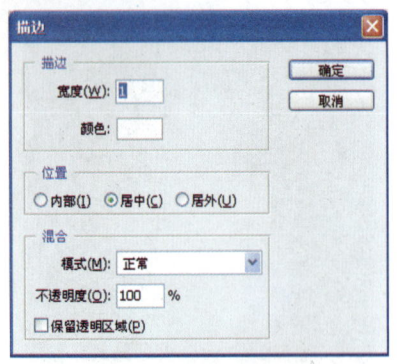

图8-40 【描边】对话框

12 按 Ctrl+D 键取消选择，在【滤镜】菜单中执行【模糊】→【高斯模糊】命令，并在弹出的【高斯模糊】对话框中设定【半径】为 0.3 像素，单击【确定】按钮。

13 在工具箱中点选多边形套索工具，在选项栏中设置【羽化】为 10px，然后在瓶口勾选出不要的部分，如图 8-41 所示。

图8-41 绘制选区

14 按 Delete 键两次，删除不要的部分，按 Ctrl+D 键取消选择，这样花瓶的造型就完成了，如图 8-42 所示。

图8-42 完成花瓶的造型

（3）贴图

1 打开一张如图 8-43 所示的花纹，注意该花纹应为单独的一个图层（如图层 1），背景为白色。

图8-43 打开的花纹

2 把它拖到画面上来，得到图层 3，按 Ctrl+T 键，对花纹进行调整，大小和位置如图 8-44 所示，按 Enter 键即可。

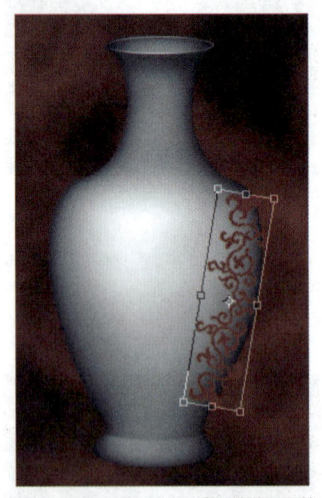

图8-44 复制花纹后再进行调整

3 按 Ctrl+J 键新建一个通过拷贝的图层，在【编辑】菜单中执行【变换】→【水平翻转】命令，将它调到如图 8-45 所示的位置，再将这两个花纹合并为图层 2。

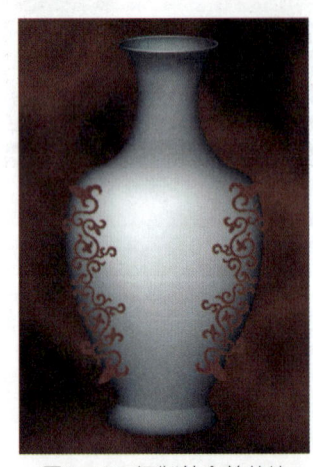

图8-45 复制并合并花纹

商业绘画 **第8章**

4 保持图层2为当前图层，按Ctrl键在【图层】调板中单击图层1，将图层1载入选区；在【滤镜】菜单中执行【扭曲】→【球面化】命令，在弹出的【球面化】对话框中设定【数量】为80%，如图8-46所示，按【确定】按钮。

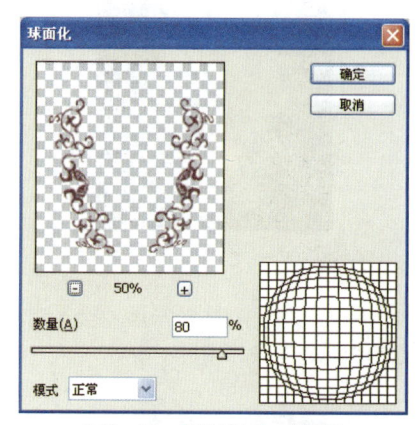

图8-46 【球面化】对话框

5 按Ctrl+Shift+I键反选，按Delete键将瓶外的花纹删除，按Ctrl+D键取消选择，就可得到如图8-47所示的效果。

图8-47 将瓶外的花纹删除

6 同样将花纹拖动到画面上来，并按Ctrl+J键复制图层，得到两个花纹；然后单击移动工具，将这两个花纹左右连接，并按Ctrl+E键合并这两个连续的图层为图层4，接着按Ctrl+T键将花纹调整到如图8-48所示的大小和排放位置。

7 保持图层4为当前图层，按Ctrl键在【图层】调板中单击图层1，将图层1载入选区；然后在工具箱中点选椭圆选框工具，按住Alt键，将瓶口和瓶颈部分减掉，选区如图8-49所示。

图8-48 复制并调整花纹

图8-49 选择区域

8 在【滤镜】菜单中执行【扭曲】→【球面化】命令，并在弹出的【球面化】对话框中设定【数量】为30%，按【确定】按钮；按Ctrl+Shift+I键反选，按Delete键将不要的花纹删除，接着按Ctrl+D键取消选择，就可得到如图8-50所示的效果。

图8-50 球面化花纹并删除多余部分

213

9. 再次将花纹拖动到画面上来，按 Ctrl+T 键将花纹调整到如图 8-51 所示的大小和排放位置。

图8-51 复制并调整花纹

10. 按 Ctrl+J 键复制一个图层，在【编辑】菜单中执行【变换】→【水平翻转】命令，将它调到如图 8-52 所示的位置，再将这两个花纹合并为图层 5。

图8-52 复制并合并花纹

11. 保持图层 5 为当前图层，按 Ctrl 键在【图层】调板中单击图层 1，将图层 1 载入选区；按 Ctrl+Shift+I 键反选，按 Delete 键将瓶外的花纹删除，按 Ctrl+D 键取消选择，就可得到如图 8-53 所示的效果。

图8-53 将瓶外的花纹删除

12. 打开一张如图 8-54 所示的花纹，同样背景层为白色，花纹在图层 1 中。

图8-54 打开的花纹

13. 把它拖到画面上来，按 Ctrl+T 键，对花纹进行调整并排放在瓶底；使用前面的方法对花纹进行球面化，在【球面化】对话框中设定【数量】为 30%；再反选删除瓶外的花纹，按 Ctrl+D 键取消选择，就可得到如图 8-55 所示的效果。

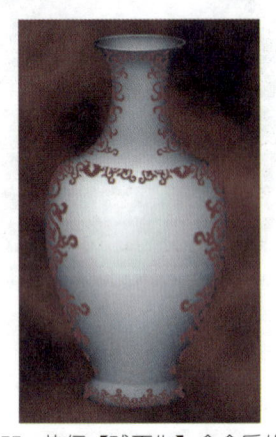

图8-55 执行【球面化】命令后的效果

14. 打开一张如图 8-56 所示的龙，颜色为土黄色，同样该图片的背景层为白色，图层 1 为这条龙；把它拖到画面上来，按 Ctrl+T 键对它进行自由变换调整，位置和大小如图 8-57 所示。

商业绘画 **第8章**

16 经过处理后的【图层】调板，如图 8-59 所示，在【图层】调板中将所有花纹图层和花瓶图层合并为图层 7，如图 8-60 所示。

图8-56　打开的图案

图8-57　调整图案

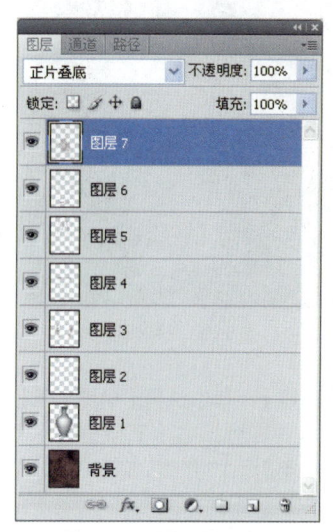

图8-59　【图层】调板

图8-60　【图层】调板

15 在【图层】调板上将所有有花纹的【混合模式】设为正片叠底，就可得到如图 8-58 所示的效果。这样，花纹就贴好了。

17 按 Ctrl+J 键复制图层 7 为图层 8，以图层 7 为当前图层，并将图层 7 载入选区，填充颜色为黑色，如图 8-61 所示，按 Ctrl+D 键取消选择。

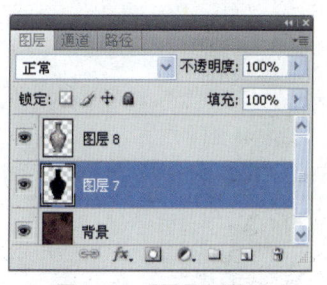

图8-61　【图层】调板

18 按 Ctrl+T 键进行自由变换，按 Ctrl 键的同时对四个角的控制点进行调整，调到如图 8-62 所示的效果，在变换框内双击应用此变换。

图8-58　改变混合模式后的效果

215

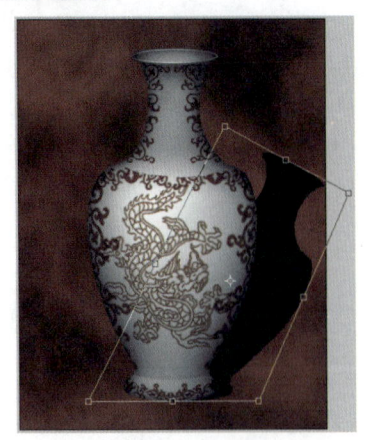

图8-62 制作投影

20 在【图层】调板上合并所有图层，在【滤镜】菜单中执行【渲染】→【光照效果】命令，并在弹出的【光照效果】对话框中进行设置，具体参数如图8-65所示，按【确定】按钮。这样，花瓶就制作完成了，如图8-66所示。

19 在【滤镜】菜单中执行【模糊】→【高斯模糊】命令，并在弹出的【高斯模糊】对话框中设定【半径】为15像素，如图8-63所示，按【确定】按钮，得到如图8-64所示的效果。

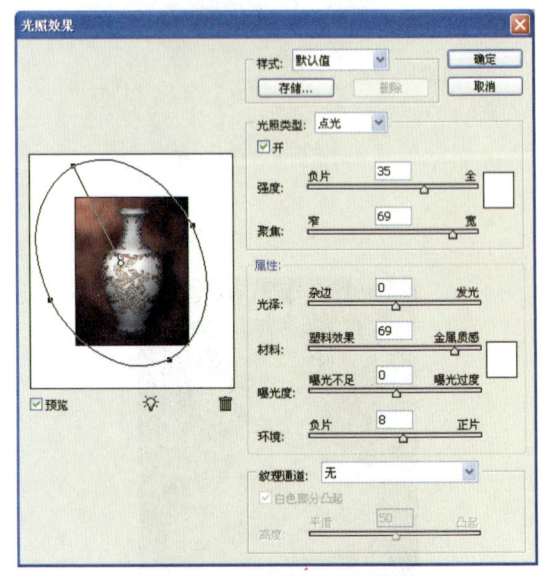

图8-65 【光照效果】对话框

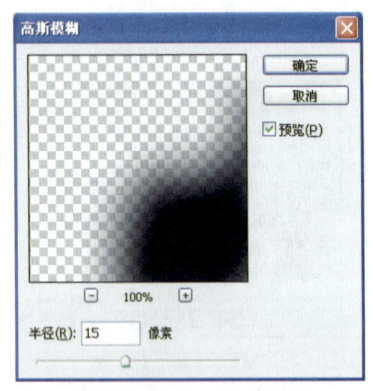

图8-63 【高斯模糊】对话框

图8-66 最终效果图

图8-64 高斯模糊后的效果

8.4 绘制小轿车

【实例分析】

先使用钢笔工具在画面中绘制出小轿车的轮廓图，再用画笔工具与涂抹工具以给小轿车上色并绘制出立体效果。实例效果如下图所示。

商业绘画 **第8章**

实例效果图

【实例制作】

（1）绘制基本结构

1. 按 Ctrl+N 键，新建一个文件【宽度】为 1000 像素，【高度】750 像素，【分辨率】为 72 像素/英寸，【颜色模式】为 RGB 颜色，【背景内容】为白色。

2. 显示【路径】调板，并在其中单击 🗋〔创建新路径〕按钮，新建路径 1；在工具箱中点选 钢笔工具，并在选项栏中点选 （路径）按钮，然后在画面上勾画出如图 8-67 所示的路径，来表示汽车的大概外型。

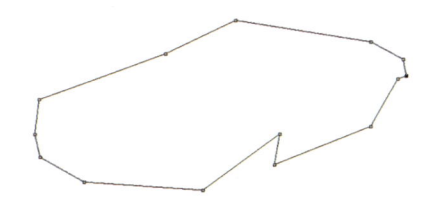

图8-67　勾画汽车的大概外型

3. 勾选好外型轮廓后按 Ctrl 键单击路径选择它，再按 Ctrl 键将指针指向某个需要调整的锚点，按下鼠标左键向所需的方向拖移，以调整路径的形状；如果添加锚点，则需在要添加锚点的线段上指针呈 ◊ 状时单击，即可添加一个锚点，然后再根据需要把它移动到适当的位置，经过多次调整过后的路径如图 8-68 所示。

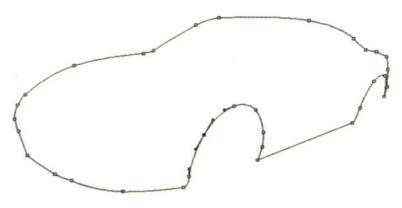

图8-68　调整汽车外型

4. 使用钢笔工具在画面上勾画出如图 8-69 所示的形状，来表示汽车的窗户结构。

图8-69　勾画窗户结构

5. 按住 Ctrl 键将指针指向所需调整的锚点，按下鼠标左键向所需的方向拖动；当指针呈 ◊ 状时即可在需要添加锚点的地方单击，添加一个锚点，然后按 Ctrl 键对该锚点进行调整，调整后的路径如图 8-70 所示。

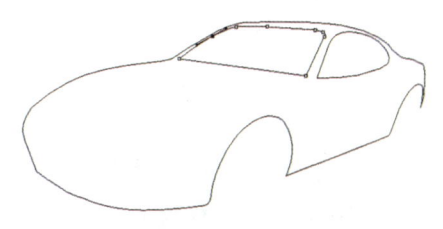

图8-70　调整路径

6. 在画面上勾画出如图 8-71 所示的形状，来表示汽车的轮胎结构。

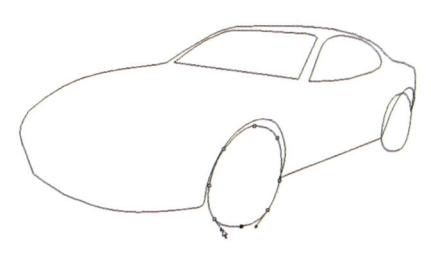

图8-71　勾画轮胎结构

7. 使用钢笔工具在画面上勾画出如图 8-72 所示的形状，来表示汽车的前身结构。

图8-72　勾画汽车的前身结构

8. 使用钢笔工具在画面上勾画出如图 8-73 所示的形状，来表示汽车的后身结构。

217

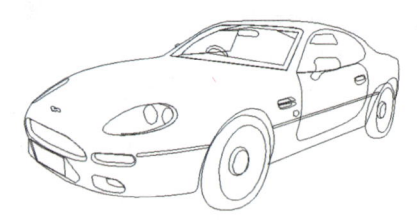

中文版Photoshop CS4手绘艺术技法

图8-73 勾画汽车的后身结构

图8-77 对车下身暗部较亮的部位进行涂抹

（2）整体上色

1 在【图层】调板中新建图层1，在工具箱中点选画笔工具，并在选项栏的弹出式画笔调板中点选笔触与设置【主直径】为20像素。设置前景色为R：74、G：81、B：82，然后显示【色板】调板，并在其中单击（创建前景色的新色板）按钮，将前景色添加到色板中如图8-74所示；对车的下身暗部进行涂抹，如图8-75所示。

图8-74 【色板】调板

图8-75 对车的下身暗部进行涂抹

2 设置前景色为R：99、G：121、B：173，同样在【色板】调板中单击【创建前景色的新色板】按钮，将其添加到【色板】调板中，如图8-76所示；在选项栏中分别设置【不透明度】为100%和40%，对下身暗部较亮的部位进行涂抹，涂抹后的效果如图8-77所示。

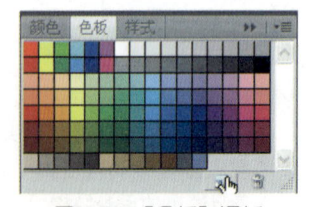

图8-76 【色板】调板

3 设置前景色为R：99、G：113、B：123，在选项栏中分别设置【不透明度】为90%和100%，并在弹出式画笔调板中分别设置画笔主直径为8像素、20像素，同样对暗部进行涂抹，如果一些地方需要刚添加到【色板】调板中的第1个颜色，直接将指针指向【色板】调板中的该颜色单击，即可使前景色为在色板中单击时的颜色，然后再利用它进行涂抹，涂抹后的效果如图8-78所示。

图8-78 对车下身部位进行涂抹

4 分别设置前景色为R：82、G：105、B：189；R：115、G：150、B：239；R：148、G：182、B：247；R：214、G：247、B：255；R：90、G：121、B：189；R：99、G：134、B：214；R：214、G：247、B：255；R：165、G：199、B：255；并分别将他们添加到【色板】调板中，然后再根据具体需要在色板中点选所需的颜色，对车身相应的地方进行涂抹，以给它整体上色，注意前面较亮，后面较暗，再根据需要设置不同的透明度，经过涂抹后的效果如图8-79所示，这里主要是给车身涂上它的基本色调。

图8-79 给车身涂上基本色调

218

提示

可参照画的汽车进行上色，也可找到相应的汽车图片来进行练习，只需要参照绘画过程，具体颜色、画笔笔触和直径，视需而定。

5 在弹出式画笔调板中设置画笔主直径为 31 像素或 20 像素，并在选项栏中设置【不透明度】为 50% 或 80%，再根据需要在【色板】调板中单击所需的颜色，对车身继续进行喷画，效果如图 8-80 所示。

图8-80 对车身继续进行喷画

6 在【色板】调板中点选黑色，接着在选项栏中设置【不透明度】为 100%，并在弹出式画笔调板中设置画笔主直径为 8 像素或 10 像素或 20 像素，绘制汽车的前轮胎的暗部，然后设置前景色为 R：82、G：89、B：82，同样将其添加到【色板】调板中，并在选项栏中设置【不透明度】为 80%，在弹出式画笔调板中设置画笔主直径为 3 像素至 10 像素，绘制汽车前轮胎的亮部，得到如图 8-81 所示的效果。

图8-81 绘制前轮胎

7 在【色板】调板中点选黑色，在弹出式画笔调板中设置主直径为 10 像素，在画面中先绘制前轮胎盘的暗部。分别设置前景色为 R:49、G:65、B:82 和 R:33、G:48、B:57，根据需要设置所需的画笔主直径和不透明度，对暗部进行涂抹。同样再根据周围环境来设置不同的前景色，对轮胎盘的较暗部和亮部进行涂抹，涂抹后的效果如图 8-82 所示。

图8-82 对轮胎盘的较暗部和亮部进行涂抹

提示

由于轮胎盘是不锈钢制作的，它特别受到周围的影响，因此颜色是相当的丰富的。所以在给它添加颜色时，应考虑周围的颜色，也就是需要添加多种颜色。

8 按 Alt 键使用吸管工具在前车轮或车身上吸取所需的颜色，松开 Alt 键用画笔工具，按"["与"]"键来设置画笔直径，并在选项栏中设置所需的不透明度，然后对汽车的后轮胎进行涂抹，这样重复操作，直到绘制出如图 8-83 所示的效果为止。

图8-83 对汽车的后轮胎进行涂抹

9 按住 Ctrl 键单击大前灯的外轮廓封闭路径，在【路径】调板中单击【将路径作为选区载入】按钮，使它们载入选区，设置前景色为黑色，按 Alt+Delete 键填充前景色；然后再分别设置前景色为 R：74、G：81、B：90；R：156、G：150、B：206；R：90、G：105、B：123；R：74、G：89、B：107；R：123、G：134、B：156；R：107、G：113、B：132；并在弹出式画笔调板中设置画笔主直径为 2 像素至 10 像素，可根据需要设置不同的不透明度，用这些颜色对汽车的大前灯分别上色，并取消路径的显示，上色后得到的效果如图8-84所示。

图8-84 对汽车的大前灯分别上色

10. 在工具箱中设定前景色分别为黑色、R：214、G：105、B：57；R：123、G：105、B：107；R：150、G：131、B：128；R：170、G：168、B：168；R：72、G：78、B：88；R：190、G：197、B：188；R：162、G：192、B：151等相应的颜色，在弹出式画笔调板中设置画笔直径为2像素至6像素，对汽车的小前灯进行喷画，直到出现如图8-85所示的效果为止。

图8-85 对汽车的小前灯进行喷画

11. 在【路径】调板中激活路径1，显示路径，再按Ctrl键单击前面车牌上面的表示通风口的路径，以选择它，然后在【路径】调板中单击【将路径作为选区载入】按钮，将它载入选区，如图8-86所示。

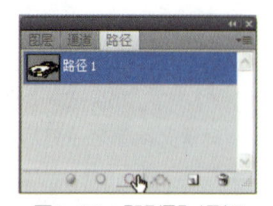

图8-86 【路径】调板

12. 在【路径】调板中取消路径显示，设置前景色为黑色，并按Alt+Delete键填充前景色；在弹出式画笔调板中点选 笔触，对车牌的

下面进行涂抹；分别设置前景色为R：57、G：73、B：89，R：206、G：239、B：255 和在【色板】调板中点选所需的颜色，然后分别设置所需的画笔直径如主直径为5像素至9像素，再根据需要在选项栏中设置所需的不透明度，对刚填充黑色的边缘进行涂抹，直到出现如图8-87所示的效果为止。

图8-87 对车牌的下面进行涂抹

13. 在【路径】调板中单击路径1，显示路径，然后按Ctrl键在画面中单击前玻璃的轮廓线，以选择该轮廓线，再单击面板底部的 （将路径作为选区载入）按钮，将该路径载入选区，如图8-88所示。

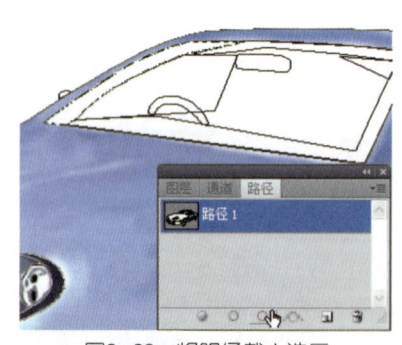

图8-88 将路径载入选区

14. 设置前景色为黑色，按Alt+Delete键填充前景色；再设置前景色为R：62、G：93、B：142,使用画笔工具对汽车的前车窗侧面喷画，按Ctrl+D键取消选择，得到如图8-89所示的效果。

图8-89 对汽车的前车窗侧面喷画

商业绘画 第8章

15. 在【色板】调板中分别点选我们所需的颜色，用画笔工具绘制通过前车窗口所能看到的物件，直至绘制出如图8-90所示的效果为止。

图8-90 绘制车窗内的物件

16. 按Alt键用吸管工具在车上吸取所需的颜色，松开Alt键用画笔工具，并在弹出式画笔调板中点选所需的尖角像素笔触和软角像素笔触，并设置所需的画笔直径，然后对通过汽车的侧窗口所能看到的物件进行绘制，直至绘制出如图8-91所示的效果为止。注意要留出反光镜的位置。

图8-91 绘制车窗内的物件

17. 在【路径】调板中激活路径1，显示路径，按Ctrl键单击表示反光镜的路径，然后在【路径】调板中单击【将路径作为选区载入】按钮，使它载入选区。再设置前景色为黑色，在反光镜转折处进行绘制，再绘制它下面的最暗部，然后用吸管工具，吸取画面中所需的颜色，用笔触并设置画笔直径为4像素，对反光镜用不同的颜色进行绘制，直到出现如图8-92所示的效果为止。

图8-92 对反光镜用不同的颜色进行绘制

18. 在【图层】调板中新建图层2，将图层2拖到图层1的下面，如图8-93所示，在工具箱中设定前景色分别为黑色、R：168、G：54、B：24；R：32、G：32、B：8；R：199、G：90、B：30，设置画笔直径为50像素，分别用这四种颜色对背景进行绘制，直到出现如图8-94所示的效果为止。

图8-93 【图层】调板

图8-94 对背景进行绘制

（3）细部刻画

1. 在【图层】调板中以图层1为当前图层，在工具箱中点选涂抹工具，在选项栏中右击涂抹工具图标，复位工具，使用默认值先对车身进行全面涂抹，按"["与"]"键来调整画笔的直径，对汽车的车身进行涂抹。在需要前景色时，先使用吸管工具，吸取画面中的颜色，再点选涂抹工具，并在选项栏中勾选【手指绘画】选项，然后根据需要设置所需的画笔直径，在车身上需要前景色的地方进行涂抹，再取消【手指绘画】选项，对它们进行软化处理，直到出现如图8-95所示的效果为止。

图8-95 对汽车的车身进行涂抹

2. 在涂抹工具选项栏中不勾选【手指绘画】选项，根据需要设置画笔直径为5像素至20像素，对大前灯进行涂抹，涂抹后的如图8-96所示。

221

图8-96 对大前灯进行涂抹

3. 如果需要颜色请勾选【手指绘画】选项,并使用吸管工具吸取所需的颜色,使用涂抹工具进行绘制,绘制好颜色后再取消【手指绘画】选项的勾选,然后对小前灯进行涂抹,涂抹后的效果如图 8-97 和图 8-98 所示。

图8-97 对小前灯进行涂抹

图8-98 对小前灯进行涂抹

4. 使用涂抹工具对汽车左边的大前灯进行涂抹,得到如图 8-99 所示的效果。

图8-99 对汽车左边的大前灯进行涂抹

5. 根据需要设置画笔直径,然后对汽车前面的通风口进行涂抹,得到如图 8-100 所示的效果。

图8-100 对汽车前面的通风口进行涂抹

6. 设置前景色为 R:58、G:57、B:65,并点选画笔工具,在弹出式画笔调板中点选▢笔触,在汽车前面的通风口进行绘制,绘出网格状,效果如图 8-101 所示。

图8-101 绘制通风口

7. 在工具箱中点选涂抹工具,在弹出式画笔调板中设置画笔直径为 4 像素,对这些细线进行涂抹,得到如图 8-102 所示的效果。

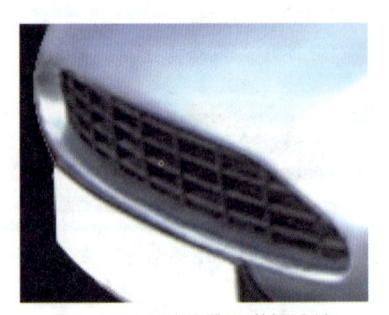

图8-102 对通风口进行涂抹

8. 设置前景色为黑色,在工具箱中点选 T 文字工具,在汽车的前面单击并输入"FNU555",选择文字后在选项栏中设置所需的字体和字体大小,并单击 ✓(提交当前编辑)按钮,得到如图 8-103 所示的文字。

商业绘画 **第8章**

图8-103 输入文字

9. 按 Ctrl+T 键，对文字进行适当的旋转并拖动到适当的位置，然后按 Ctrl 键对准四角的控制点，进行适当的调整，调整到如图 8-104 所示的结果时，在变换框中双击，得到如图 8-105 所示的效果。

图8-104 调整文字　　图8-105 调整文字

10. 经过前面这么多步的绘制，得到如图 8-106 所示的效果。

图8-106 调整后的效果

11. 在【图层】调板中以图层1为当前图层，同样用前面的方法，用涂抹工具继续对车身进行细致涂抹，得到如图 8-107 所示的效果。

图8-107 继续对车身进行细致涂抹

12. 使用涂抹工具继续对汽车的反光灯进行细致涂抹，得到如图 8-108 所示的效果。

图8-108 对汽车的反光灯进行细致涂抹

13. 在【路径】调板单击路径1，显示路径，分别设置前景色为白色和 R：58、G：67、B：83，并点选画笔工具，在弹出式画笔调板点选尖角3像素笔触，分别用这两种颜色沿着车门路径对车门的结构进行勾画，如图 8-109 所示，在【路径】调板的灰色区域单击隐藏路径，效果如图 8-110 所示。

图8-109 对车门的结构　　图8-110 隐藏路径
　　　　　 进行勾画　　　　　　　　后的效果

14. 在工具箱中点选涂抹工具，并在弹出式画笔调板中设置画笔直径为1像素至3像素，对车门进行细致涂抹，涂抹后的效果如图 8-111 所示。

223

图8-111 对车门进行细致涂抹

15. 在【路径】调板单击路径1，在画面上显示路径，按Ctrl键用鼠标单击如图8-112所示的路径，并在【路径】调板的底部单击 ▢（将路径作为选区载入）按钮，将路径载入选区，在【路径】调板的灰色区域单击隐藏路径。

图8-112 将路径载入选区

16. 设置前景色为黑色，并按Alt+Delete键填充前景色；使用吸管工具在画面中吸取所需的颜色，在工具箱中点选涂抹工具，并在选项栏中设置【强度】为90%，勾选【手指绘画】选项，对刚填充黑色的周围进行涂抹，涂抹后的效果如图8-113所示。

图8-113 填充颜色并进行涂抹

17. 在【路径】调板单击路径1，在画面上显示路径，按Ctrl键用鼠标单击如图8-114所示的路径，并在【路径】调板的底部单击 ▢（将路径作为选区载入）按钮，将路径载入选区，在【路径】调板的灰色区域单击隐藏路径。

图8-114 将路径载入选区

18. 设置前景色分别为黑色、R:204、G:102、B:14；R:241、G:209、B:61，在工具箱中点选画笔工具，在选区内分别喷画出相应的颜色，然后点选涂抹工具，并在选项栏中取消【手指绘画】的勾选，在弹出式画笔调板中设置画笔直径为1像素至3像素，在选区内进行涂抹，得到如图8-115所示的效果。

图8-115 填充颜色并进行涂抹

19. 在【路径】调板中单击路径1，在画面上显示路径，按Ctrl键用鼠标单击如图8-116所示的路径，并在其中单击 ▢（将路径作为选区载入）按钮，将路径载入选区，在【路径】调板的灰色区域单击隐藏路径；在工具箱中点选画笔工具，并用吸管工具在画面中吸取所需的颜色，在选区内喷画相应的颜色，然后用涂抹工具在选区内进行涂抹，得到如图8-117所示的效果。

图8-116 将路径载入选区

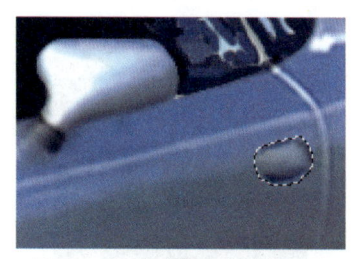

图8-117 填充颜色并进行涂抹

20 在【路径】调板单击路径1，显示路径，按 Ctrl 键用鼠标单击如图 8-118 所示的路径，并在【路径】调板的底部单击 ◯ (将路径作为选区载入) 按钮，将路径载入选区，再在【路径】调板的灰色区域单击隐藏路径；使用上面相同的方法，使用画笔工具在选区内喷画相应的颜色，然后用涂抹工具在选区内进行涂抹，按 Ctrl+D 键取消选择，再对拉手进行涂抹，得到如图 8-119 所示的效果。

图8-118 将路径载入选区

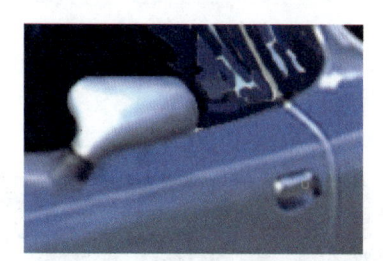

图8-119 填充颜色并进行涂抹

21 在【路径】调板中单击路径1，显示路径，按 Ctrl 键用鼠标单击如图 8-120 所示的路径，并在【路径】调板的底部单击 ◯ (将路径作为选区载入) 按钮，将路径载入选区。

图8-120 将路径载入选区

22 在【路径】调板的灰色区域单击隐藏路径；使用画笔工具，在选区内喷画相应的颜色，然后使用涂抹工具在选区内进行涂抹，得到如图 8-121 所示的效果，按 Ctrl+D 键取消选择，得到如图 8-122 所示的效果。

图8-121 填充颜色并进行涂抹

图8-122 取消选择后的效果

23 在【路径】调板中单击路径1，显示路径，按 Ctrl 键用鼠标单击路径，并在【路径】调板中单击 ◯ (将路径作为选区载入) 按钮，将路径载入选区，得到如图 8-123 所示的选区。

图8-123 将路径载入选区

24 在【路径】调板的灰色区域单击隐藏路径；使用上面相同的方法用画笔工具，在选区内喷画相应的颜色，然后使用涂抹工具在选区内进行涂抹，得到如图 8-124 所示的效果。

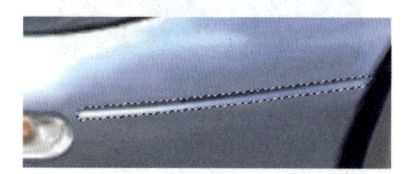

图8-124 填充颜色并进行涂抹

25 经过对车身的细致刻画，得到如图8-125所示的效果。

图8-125　经过对车身的细致刻画后的效果

26 在【路径】调板中单击路径1，显示路径，按Ctrl键用鼠标单击路径，并在【路径】调板中单击 按钮，将路径载入选区，得到如图8-126所示的选区。

图8-126　将路径载入选区

27 使用上面相同的方法，使用画笔工具在选区内喷画相应的颜色，使用涂抹工具在选区内（即轮胎）进行涂抹，按Ctrl+D键取消选择，得到如图8-127所示的效果。

图8-127　对轮胎进行涂抹

28 使用涂抹工具对前轮胎盘进行涂抹，涂抹后的效果如图8-128所示。

图8-128　对前轮胎盘进行涂抹

29 使用涂抹工具对后轮胎进行涂抹，涂抹后的效果如图8-129所示。

图8-129　对后轮胎进行涂抹

30 使用涂抹工具对前玻璃及通过前玻璃所能看到的内部结构进行涂抹，在需要前景色时请勾选【手指绘画】选项，在不需要时则取消【手指绘画】选项的勾选，对它进行细致的涂抹，得到如图8-130所示的效果。

图8-130　对内部结构进行涂抹

31 使用涂抹工具对侧玻璃及通过侧玻璃所能看到的内部结构进行涂抹，得到如图8-131所示的效果。

图8-131　对内部结构进行涂抹

32 经过对车身、轮胎、车窗等部的细致刻画，这样汽车就基本上完成了，如图8-132所示。

图8-132 对车身、轮胎、车窗等部的细致刻画

33 在【图层】调板中单击图层2，使图层2成为当前图层，用涂抹工具对背景进行涂抹，得到如图8-133所示的效果。这样，这副作品就绘制完成了。

图8-133 绘制背景后的最终效果图

8.5 绘制CD盒封面

【实例分析】

先确定封面内容，再确定背景颜色，然后使用各种图片与文字进行组合与排放，从而设计出封面效果图。实例效果如下图所示。

实例效果图

【实例制作】

1 按Ctrl+O键打开一个图像文件，用来作背景，如图8-134所示。

图8-134 打开的背景文件

2 打开一个有人物图像的文件，如图8-135所示，然后使用移动工具将其拖动到背景文件中，并排放到适当位置，如图8-136所示。

图8-135 打开的人物图像

图8-136 将人物拖动到背景文件中

3 在【图层】调板中单击【添加图层蒙版】按钮，给图层1添加图层蒙版，如图8-137所示。

227

图8-137　添加图层蒙版

4 在工具箱中点选 画笔工具，在选项栏中设置【画笔】为 ，然后在画面中人物的周围进行涂抹，将人物的背景隐藏，涂抹后的效果如图8-138所示。

图8-138　将人物的背景隐藏

5 打开一个有花的图像文件，如图8-139所示，按 Ctrl 键将花拖动到背景文件中，并排放到适当位置，如图8-140所示。

图8-139　打开有花的图像文件

图8-140　将花拖动到背景文件中

6 打开一个标志图形，并拖动到背景文件中，再排放到适当位置，如图8-141所示。

图8-141　打开标志图形并拖动到背景文件中

7 在工具箱中点选 横排文字工具，并在选项栏中设置参数为 ，然后在画面中标志图形的右边单击并输入所需的文字，如图8-142所示，在选项栏中单击 按钮，确认文字输入。

图8-142　输入文字

8 在文字的右边单击，显示光标后在选项栏中设置参数为 ，然后再输入所需的文字，如图8-143所示，在选项栏中单击 按钮，确认文字输入。使用同样的方法在文字的下方输入所需的文字，其字体为文鼎CS细等线，字体大小为3点，画面效果如图8-144所示。

图8-143　输入文字

228

商业绘画 **第8章**

图8-144 输入文字

9 在【图层】调板中新建图层4，如图8-145所示，在工具箱中设置前景色为白色，点选矩形工具，并在选项栏中选择 □（填充像素）按钮，然后在文字之间绘制一条直线段，画面效果如图8-146所示。

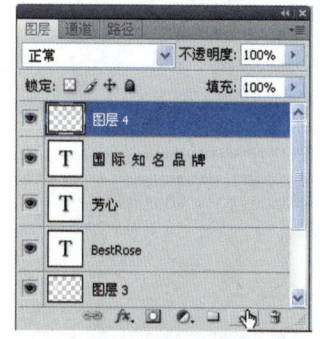

图8-145 【图层】调板

图8-146 绘制一条直线段

10 按Shift键在【图层】调板中单击BestRose文字图层，选择图层4与所有的文字图层，如图8-147所示，再按Ctrl+E键将选择的图层合并为一个图层，如图8-148所示。

图8-147 【图层】调板

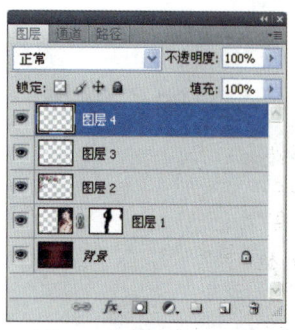

图8-148 【图层】调板

11 在【图层】菜单中执行【图层样式】→【投影】命令，弹出【图层样式】对话框，并在其中设置【距离】为2像素，【大小】为2像素，其他不变，如图8-149所示，设置好后单击【确定】按钮，以给图层4的内容添加投影，添加投影后的效果如图8-150所示。

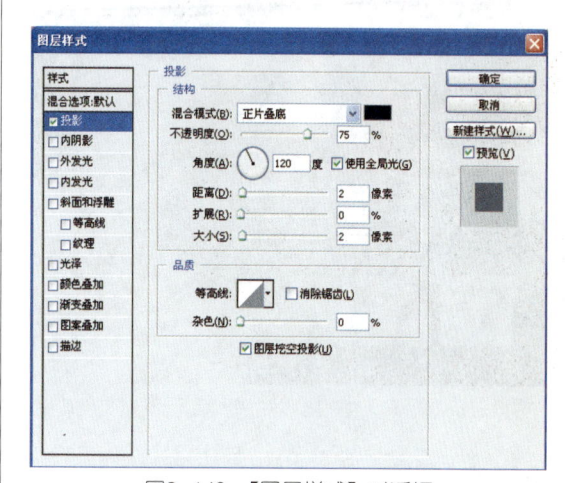

图8-149 【图层样式】对话框

图8-150 添加投影后的效果

12 打开一个有人物的小照片，并按Ctrl键将其拖动到要制作封面的文件中来，再将其排放到适当位置，如图8-151所示。

229

图8-151　打开人物的小照片并拖动到背景文件中

13　使用同样的方法将另两个有人物的照片复制到要制作封面的文件中来，并排放到适当位置，如图8-152所示。

图8-152　打开人物的小照片并拖动到背景文件中

14　在【图层】调板中新建一个图层为图层8，如图8-153所示，在工具箱中设置前景色为R：148、G：148、B：148，再点选矩形工具，并在选项栏中选择 （填充像素）按钮，然后在画面中适当位置绘制一个小矩形，如图8-154所示。

图8-153　【图层】调板

图8-154　绘制一个小矩形

15　按Alt+Ctrl+Shift键将小矩形向右拖动并复制，复制一个副本，如图8-155所示，然后使用同样的方法再拖动并复制多个副本，复制好后的效果如图8-156所示。

图8-155　复制矩形

图8-156　复制矩形

16　使用横排文字工具在画面的底部单击并输入所需的文字，输入好后的效果如图8-157所示。

图8-157　输入好文字后的最终效果图

8.6　绘制CD盘面

【实例分析】

利用Photoshop CS4来绘制CD盘面，需要先新建一个空白图像文件，接着使用椭圆选框工具绘制出两个圆选框来表示光盘的大小，再使用椭圆选框工具与填充命令绘制出多个同心圆表示光盘的结构，然后使用移动工具、合并图层、自由变换、载入选区、添加图层蒙版、矩形选框工具等工具与命令为将CD盒封面置入到光盘中。实例效果如下图所示。

实例效果图

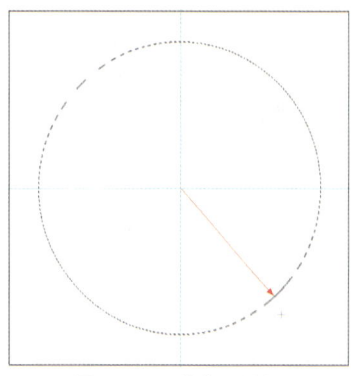

图8-159　绘制圆选框

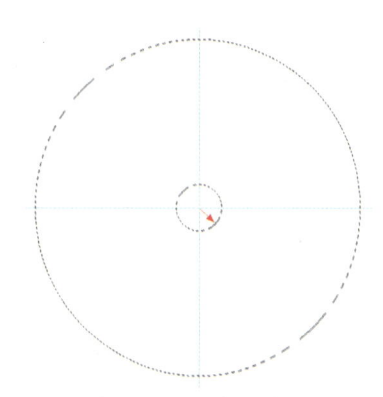

图8-160　绘制圆选框

【实例制作】

1 按Ctrl+N键新建一个大小为600×600像素，【分辨率】为"150像素/英寸"，【颜色模式】为"RGB颜色"，【背景内容】为"白色"的文件。

2 按Ctrl+R键显示标尺栏，分别从水平标尺栏与垂直标尺栏中拖动两条参考线，确定要绘制CD盘面的中心，如图8-158所示。

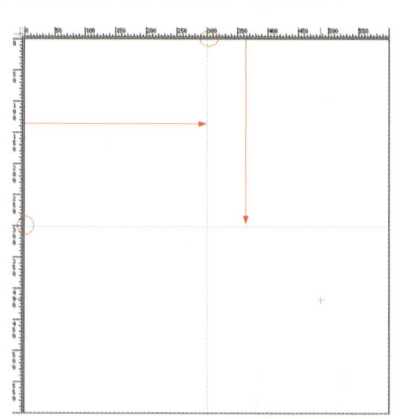

图8-158　新建文件并创建参考线

3 在工具箱中点选 椭圆选框工具，采用默认值，移动指针到参考线的交叉点上按下Alt+Shift键向外拖出一个圆选框，如图8-159所示。

4 在选项栏中选择 （从选区减去）按钮，再按Alt+Shift+Ctrl键从参考线的交叉点处拖出一个圆选框，如图8-160所示。

5 在【图层】调板中单击【创建新图层】按钮，新建图层1，接着在工具箱中点选 渐变工具，并在选项栏中单击 （可编辑渐变）按钮，弹出【渐变编辑器】对话框，并在其中设置所需的渐变，如图8-161所示，设置好后单击【确定】按钮，然后在选区内拖动鼠标，以给选区进行渐变填充，填充渐变后的效果如图8-162所示。

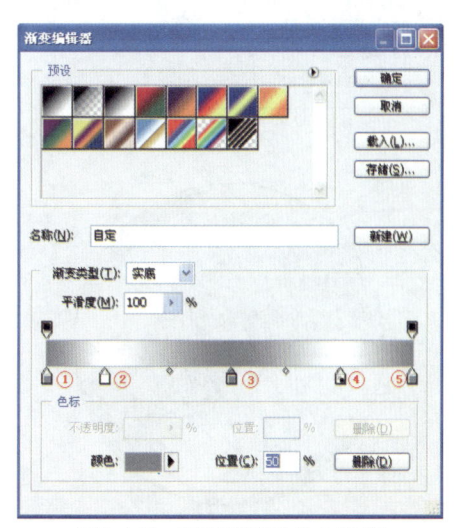

图8-161　【渐变编辑器】对话框

231

中文版Photoshop CS4手绘艺术技法

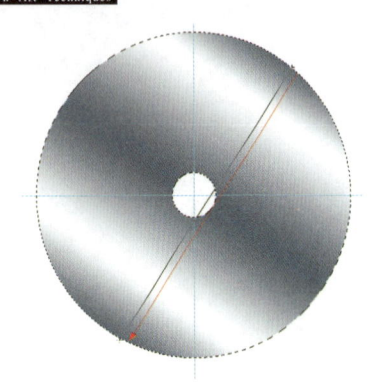

图8-162 渐变填充后的效果

> **提示**
>
> 色标1、3、5的颜色为R:105、G:105、B:105,色标2、4的颜色为白色。

6. 在【图层】调板中单击【创建新图层】按钮,新建图层2,在【编辑】菜单中执行【描边】命令,弹出【描边】对话框,并在其中设定【宽度】为2px,【颜色】为黑色,【位置】为居中,其他不变,如图8-163 所示,单击【确定】按钮,按Ctrl+D键取消选择,得到如图8-164 所示的效果。

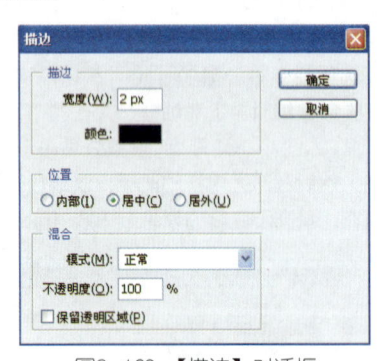

图8-163 【描边】对话框

图8-164 描边后的效果

7. 设定前景色为R:225、G:225、B:225,在【图层】调板中单击【创建新图层】按钮,新建图层3,并将其排放到图层2的下面,如图8-165 所示,再使用椭圆选框工具在画面中从参考线的交叉点处拖出一个圆选框,然后按Alt+Delete 键填充前景色,得到如图8-166 所示的效果。

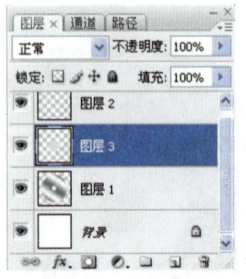

图8-165 【图层】调板

图8-166 渐变填充后的效果

8. 设定前景色为白色,在【编辑】菜单中执行【描边】命令,并在弹出的对话框中直接单击【确定】按钮,再按Ctrl+D 键取消选择,得到如图8-167 所示的效果。

图8-167 描边后的效果

9 按 Ctrl 键在【图层】调板中单击图层 1 的缩览图，使图层 1 载入选区，如图 8-168 所示，按 Ctrl+Shift+I 键反选选区，按 Delete 键将选区内容删除，如图 8-169 所示。

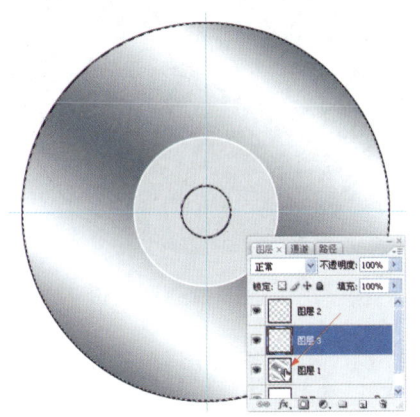

图 8-168 使图层 1 载入选区

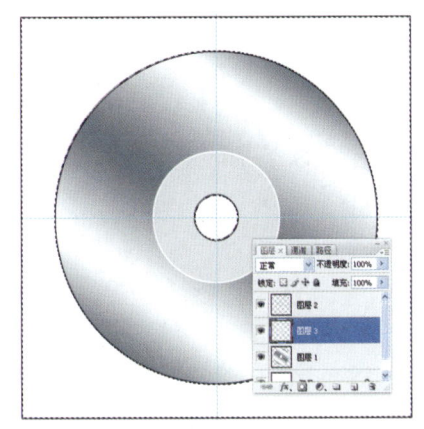

图 8-169 将选区内容删除

10 按 Ctrl+D 键取消选择，使用椭圆选框工具从参考线的交叉点上拖出一个圆选框，如图 8-170 所示。

图 8-170 从参考线的交叉点拖出一个圆选框

11 在【选择】菜单中执行【存储选区】命令，弹出【存储选区】对话框，并在其中的【名称】文本框中输入所需的名称，如图 8-171 所示，单击【确定】按钮，即可将选区存储在通道中。按 Ctrl+D 键取消选择。

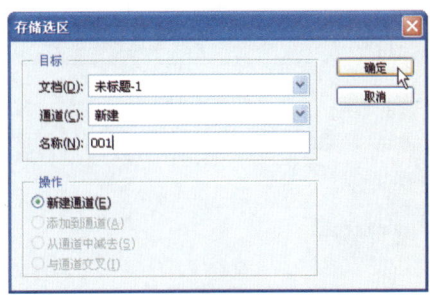

图 8-171 【存储选区】对话框

12 按 Ctrl+O 键打开前面绘制好的 CD 盒封面的平面图，并在【图层】调板中激活背景层，再将背景层拖动到制作光盘的文件中，如图 8-172 所示，以将背景内容复制到制作光盘的文件中，画面效果如图 8-173 所示。

图 8-172 将背景层拖动到制作光盘的文件中

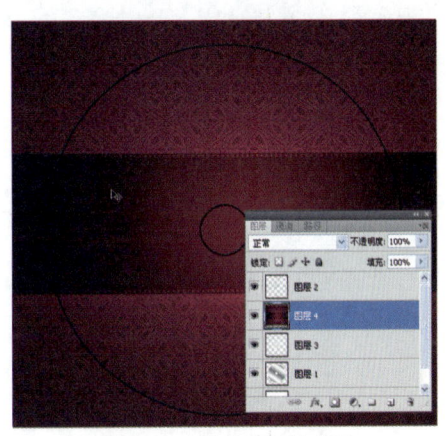

图 8-173 排放复制的背景

233

13 在【选择】菜单中执行【载入选区】命令，弹出【载入选区】对话框，并在其中设定【通道】为"001"，如图 8-174 所示，单击【确定】按钮，即可将前面存储的选区重新载入到画面中，如图 8-175 所示。

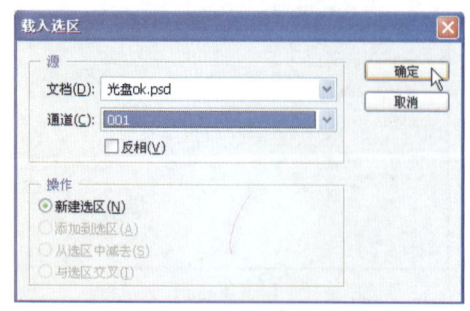

图8-174 【载入选区】对话框

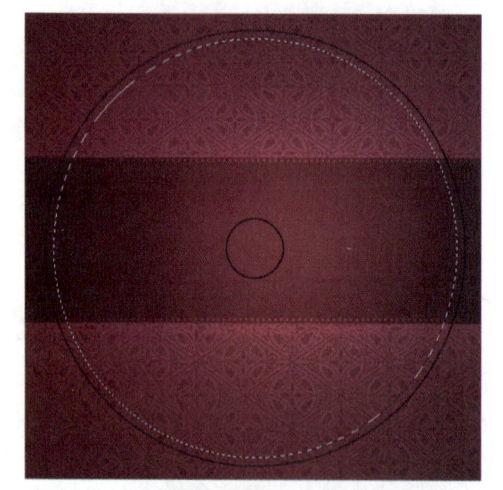

图8-175 将前面存储的选区重新载入到画面中

14 在【图层】调板中单击【添加图层蒙版】按钮，由选区给刚复制的图层建立图层蒙版，如图 8-176 所示，得到如图 8-177 所示的效果。

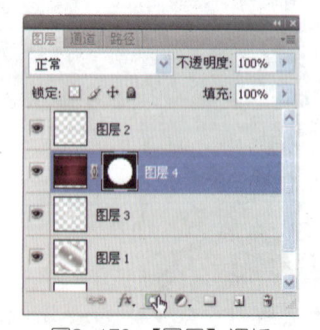

图8-176 【图层】调板

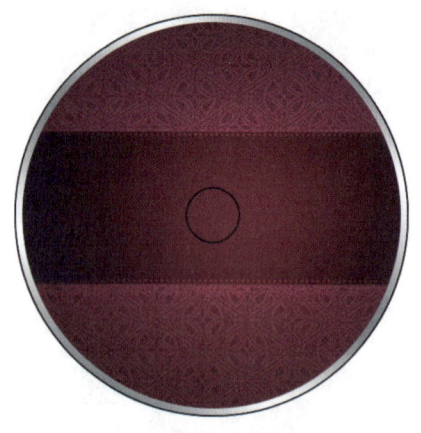

图8-177 由选区建立蒙版后的效果

15 按 Ctrl 键在【图层】调板中单击图层 3 的缩览图，如图 8-178 所示，使图层 3 载入选区，以得到如图 8-179 所示的选区。

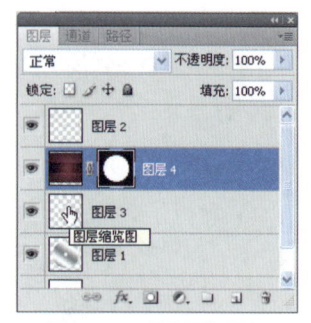

图8-178 【图层】调板

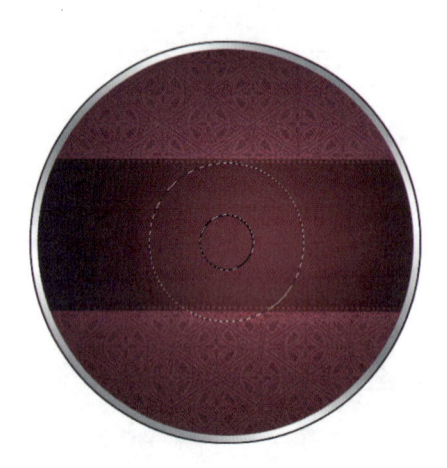

图8-179 载入选区

16 设定前景色为黑色，并保持图层 4 图层蒙版缩览图的选择，再按 Altl+Delete 键将选区填充为黑色，如图 8-180 所示，显示出选区内下层的内容，如图 8-181 所示。

商业绘画 第8章

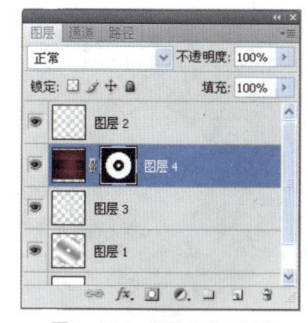

图8-180 【图层】调板

图8-181 编辑图层蒙版后的效果

17 激活光盘CD盒封面的平面图所在的文件，然后使用移动工具将其中的人物拖动到CD盘面文件中来，并排放到适当位置，如图8-182所示。

图8-182 将人物复制到CD盘面文件中来

18 在【图层】调板中单击【创建新图层】按钮，新建图层6，如图8-183所示，然后按Ctrl+E键，弹出一个如图8-184所示的警告对话框，并在其中单击【应用】按钮，将新建图层与人物所在的图层合并为一个图层，如图8-185所示，目的是为了应用图层5图层蒙版。

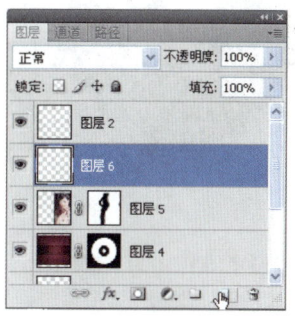

图8-183 【图层】调板

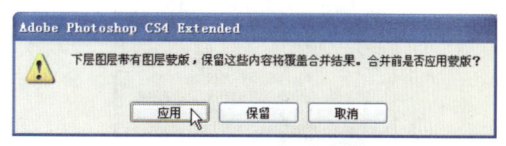

图8-184 警告对话框

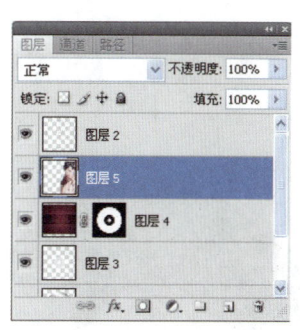

图8-185 【图层】调板

19 按Ctrl键在【图层】调板中单击图层4的图层蒙版缩览图，如图8-186所示，使蒙版载入选区，如图8-187所示。

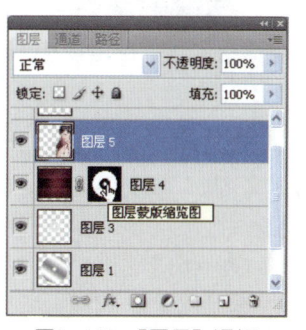

图8-186 【图层】调板

235

图8-187 使蒙版载入选区

20 在【图层】调板中单击 ▢（添加图层蒙版）按钮，如图8-188所示，由选区建立图层蒙版，结果如图 8-189 所示。

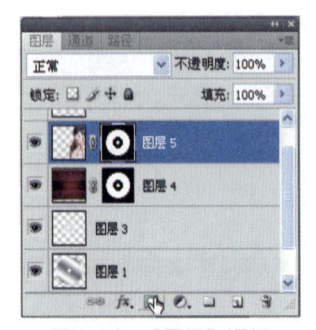

图8-188 【图层】调板

图8-189 由选区建立图层蒙版后的效果

21 激活光盘 CD 盒封面的平面图所在的文件，然后使用移动工具将其中的花拖动到 CD 盘面文件中来，并排放到适当位置，如图 8-190 所示。

22 按 Ctrl+T 键执行【自由变换】命令，将花进行变换调整，如图 8-191 所示，调整好后在变换框中双击确认变换。

图8-190 将花复制到CD盘面文件中

图8-191 将花进行变换调整

23 在【图层】调板中将花所在的图层6拖到图层5的下面，如图 8-192 所示，其画面效果如图 8-193 所示。

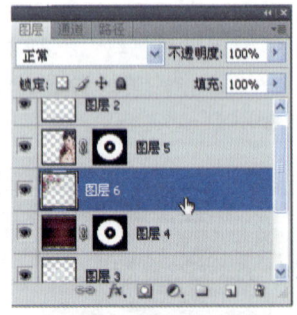

图8-192 【图层】调板

图8-193 调整花的位置

24 按 Ctrl 键在【图层】调板中单击图层 4 的图层蒙版缩览图, 如图 8-194 所示, 使蒙版载入选区, 如图 8-195 所示。

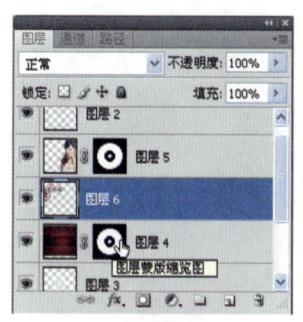

图 8-194 【图层】调板

图 8-195 使蒙版载入选区

25 在【图层】调板中单击 ▢（添加图层蒙版）按钮, 如图 8-196 所示, 由选区建立图层蒙版, 结果如图 8-197 所示。

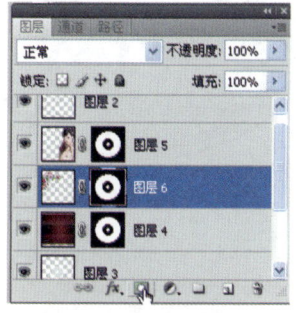

图 8-196 【图层】调板

图 8-197 由选区建立图层蒙版后的效果

26 在工具箱中点选画笔工具, 并在选项栏中设置【画笔】为 ▢, 然后在画面中不需要的部分进行涂抹将其隐藏, 涂抹后的效果如图 8-198 所示。

图 8-198 隐藏不需要的部分

27 使用前面同样的方法将标志图形与文字分别拖动到 CD 盘面文件中并进行变换调整, 调整后的效果如图 8-199 所示。

图 8-199 添加标志图形与文字

28 使用前面同样的方法将三个有人物的小照片拖动到 CD 盘面文件中并排放到适当位置, 如图 8-200 所示, 再按 Ctrl+E 键将三个图层合并为一个图层, 如图 8-201 所示。

图 8-200 添加人物的小照片

图8-201 合并图层

29. 按 Ctrl+T 键执行变换调整，如图 8-202 所示，调整好后在变换框中双击确认。

图8-202 对人物小照片进行变换调整

30. 在【图层】菜单中执行【图层样式】→【描边】命令，弹出【图层样式】对话框，并在其中设置【大小】为 1 像素，【颜色】为白色，其他不变，如图 8-203 所示，设置好后单击【确定】按钮，得到如图 8-204 所示的效果。

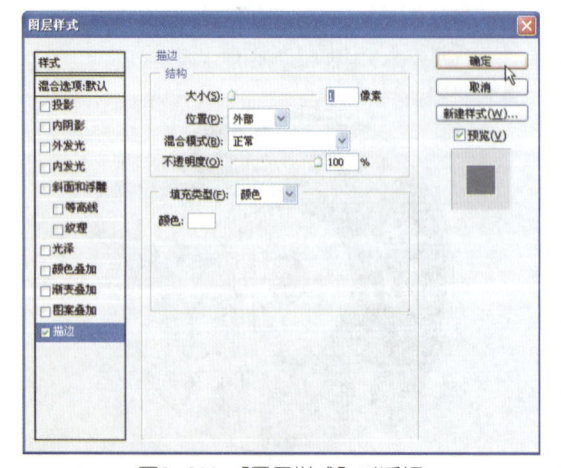

图8-203 【图层样式】对话框

图8-204 描边后的效果

31. 使用移动工具将 CD 盒封面的平面图文件中的文字拖动到 CD 盘面文件中，并进行变换调整与排放，调整好后的效果如图 8-205 所示。这样，CD 盘面就制作好了。

图8-205 最终效果图

8.7 CD盒封面立体效果

【实例分析】

　　本例是利用 Photoshop CS4 来绘制 CD 盒封面立体效果图。先新建一个空白的图像文件，接着使用自由变换、矩形选框工具、移动工具、旋转 90 度（顺时针）、合并图层、斜切、多边形套索工具、曲线、编组、复制组等工具与命令将绘制好的 CD 盒封面平面图制作成立体效果图。实例效果如下图所示。

商业绘画 第8章

实例效果图

图8-207 将合并后的封面复制到新文件中

【实例制作】

1. 按 Ctrl+N 键新建一个大小为 650×650 像素，【分辨率】为 150 像素/英寸，【颜色模式】为 RGB 颜色，【背景内容】为白色的文件。

2. 打开已经制作好的 CD 盒封面的平面图，按 Ctrl+Alt+Shift+E 键将所有可见图层合并为一个新图层，如图 8-206 所示。

图8-208 框选出所需的背景

图8-206 打开已经制作好的CD盒封面的平面图

3. 使用移动工具将合并后的封面拖动并复制到新文件中来，按 Ctrl+T 键执行【自由变换】命令，显示变换框，在选项栏中设置参数为 W：70.0%，H：70.0%，将 CD 盒封面平面效果图缩小，结果如图 8-207 所示。

4. 激活制作 CD 盒封面平面效果图文件，在【图层】调板中单击背景层，以它为当前图层，使用矩形选框工具在画面中框选出所需的内容，如图 8-208 所示；然后使用移动工具将选区的内容拖动到要制作立体效果图的文件中，如图 8-209 所示。

图8-209 复制选区内容到新文件中

239

5 激活制作CD盒封面平面效果图文件,在【图层】调板中单击图层4,按Shift键单击图层3,同时选择这两个图层,然后在选择的图层上按下左键向立体效果图文件拖移,当立体效果图文件中显示有两个图层与黑色方框(如图8-210所示)时松开左键,即可将两个图层中的内容复制到立体效果图文件中,如图8-211所示。

图8-212 将标志图形拖动到适当位置

图8-210 在不同文件中拖动时的状态

图8-213 旋转后的效果

图8-211 复制图层后的结果

6 以立体效果图文件为当前文件,在【图层】调板中单击图层3,以它为当前图层,然后使用移动工具将标志图形拖动到适当位置,如图8-212所示。

7 在【图层】调板中激活图层4,在【编辑】菜单中执行【变换】→【旋转90度(顺时针)】命令,将图层4中的内容进行旋转,旋转后的效果如图8-213所示。

8 按Shift键在【图层】调板中单击图层3,同时选择两个图层,如图8-214所示,再按Ctrl+T键执行【自由变换】命令,显示变换框,然后将变换框适当调小,如图8-215所示,调整好后在变换框中双击,即可将图层3与图层4中的内容缩小。

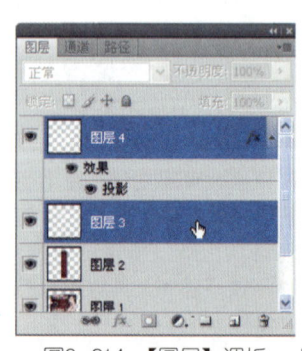

图8-214 【图层】调板   图8-215 自由变换调整

9　按 Shift 键选择图层 2，同时选择三个图层，如图 8-216 所示，再按 Ctrl+E 键将选择的图层合并为一个图层，结果如图 8-217 所示。

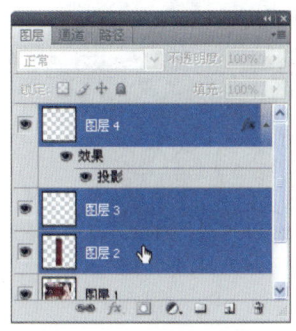

图8-216　【图层】调板

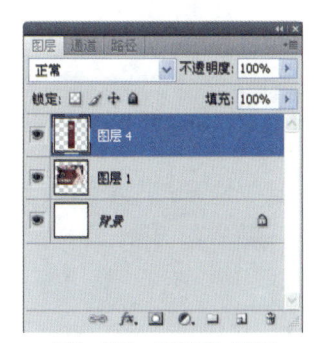

图8-217　【图层】调板

10　按 Ctrl+T 键执行【自由变换】命令，显示变换框，再将变换框调整到如图 8-218 所示的位置与大小。

图8-218　变换调整后的效果

11　在【编辑】菜单中执行【变换】→【斜切】命令，将指针移动变换框的右侧，当指针呈 状时按下左键向下方拖移一点点，如图 8-219 所示，调整好后在变换框中双击确认变换，结果如图 8-220 所示。

图8-219　执行【斜切】命令

图8-220　斜切后的效果

12　在【图层】调板中先激活背景层，新建图层 5，如图 8-221 所示，接着在工具箱中点选多边形套索工具，并设置前景色为 R：172、G：172、B：172，然后在画面中图像的下边缘绘制一个平行四边形，按 Alt+Delete 键填充前景色，结果如图 8-222 所示。

图8-221　【图层】调板

中文版Photoshop CS4手绘艺术技法

图8-222 绘制一个平行四边形

图8-225 曲线调整后的效果

13 在【图层】调板中激活图层4，如图8-223所示，按Ctrl+M键弹出【曲线】对话框，并在其中将网格中的直线向下拖动到适当位置，如图8-224所示，调暗侧面，调整好后单击【确定】按钮，得到如图8-225所示的效果。

14 按Shift键在【图层】调板中单击图层5，同时选择三个图层，如图8-226所示，按Ctrl+G键将它们编成一组，如图8-227所示。

图8-223 【图层】调板

图8-226 【图层】调板

图8-227 【图层】调板

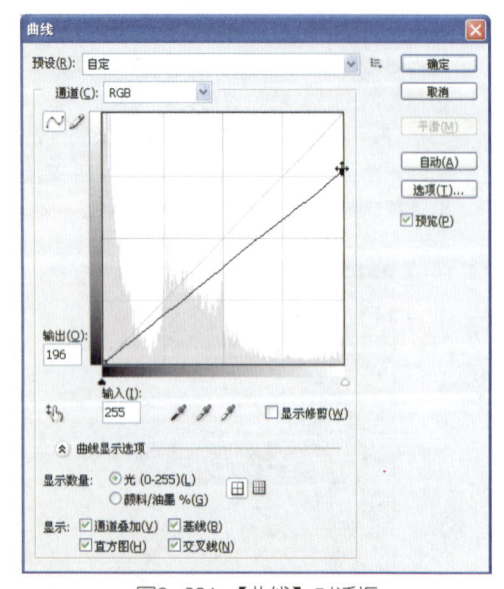

图8-224 【曲线】对话框

15 在【图层】调板中将组1拖至（创建新图层）按钮上呈凹下状态时松开左键，即可复制一个组副本，再激活组1，如图8-228所示。

16 按Ctrl+T键执行【自由变换】命令，对变换框进行调整与旋转，如图8-229所示，调整好后在变换框中双击确认变换，其画面效果如图8-230所示。

242

图与顶面图中，然后组合成立体效果图。

8.8.1 绘制包装平面效果图

【实例分析】

先新建一个文件并用渐变工具对其进行填充以确定其整体色调，接着用打开一张有水果的图片并复制到画面中作为背景，用矩形工具、钢笔工具、路径选择工具、拷贝、粘贴、直接选择工具、创建新图层、用前景色填充路径等工具与命令绘制辅助形，再用打开、移动工具、添加图层蒙版、使蒙版载入选区、渐变工具、取消选择、矩形工具等工具与命令将包装的主题内容图片排放到画面中，用横排文字工具、描边、打开、移动工具等工具与命令为画面添加主题内容文字与标志等。

实例效果如下图所示。

图8-228 【图层】调板

图8-229 自由变换调整

图8-230 最终效果图

实例效果图

【实例制作】

（1）制作包装平面图的正面

1　按 Ctrl+N 键新建一个【宽度】为650像素，【高度】为500像素，【分辨率】为100像素/英寸，【颜色模式】为RGB颜色，【背景内容】为白色的文件。

2　在工具箱中设定前景色为R：0、G：159、B：35，背景色为白色，点选渐变工具，并在选项栏的渐变拾色器中选择前景色到背景色渐变，如图 8-231 所示，其他参数为默认值，然后从画面的右上角向左下角拖动鼠标，以给画面进行渐变填充，填充后的效果如图 8-232 所示。

8.8 绘制包装效果图

先确定要绘制包装的内容，根据内容来设置包装平面图的颜色、内容与文字等。绘制好平面图后，将部分平面图中的内容拷贝到侧面

243

中文版Photoshop CS4手绘艺术技法

图8-231 渐变拾色器

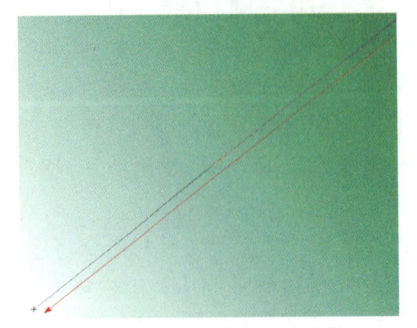

图8-232 渐变填充后的效果

3. 在【图层】调板中单击 (创建新图层)按钮，新建图层1，在工具箱中先设置前景色为白色，点选矩形工具，并在选项栏中选择 (填充像素)按钮，然后在画面的顶部绘制一个白色矩形，如图8-233所示。

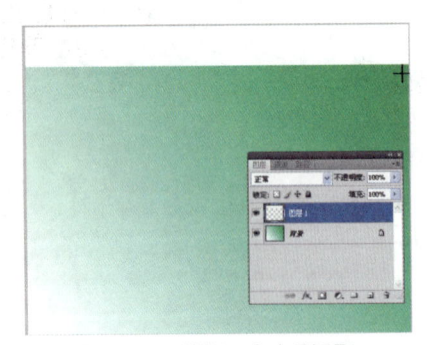

图8-233 绘制一个白色矩形

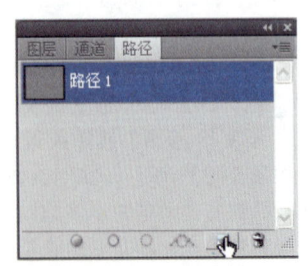

4. 在工具箱点选 钢笔工具，在选项栏中选择 (路径)按钮，在【路径】调板中新建一个路径，如图8-234所示，然后在画面中绘制一个辅助图形，如图8-235所示。

图8-234 【路径】调板

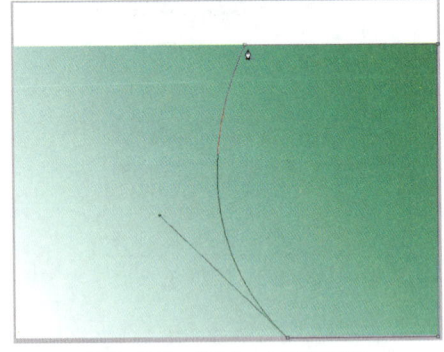

图8-235 绘制一个辅助图形

5. 在工具箱中点选 路径选择工具，在画面中选择刚绘制的路径，如图8-236所示，按Ctrl+C键进行拷贝，再按Ctrl+V键进行粘贴，以复制一个路径。

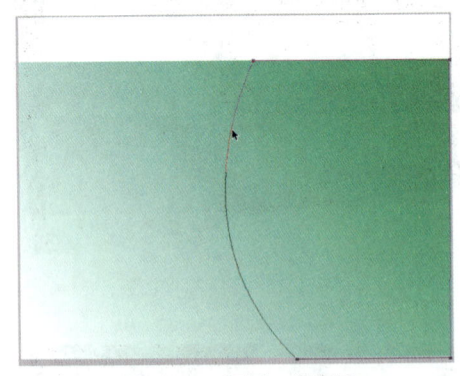

图8-236 复制一个路径

6. 在工具箱中点选 直接选择工具，先在画面的空白处单击取消选择，在路径上单击选择路径，然后对复制的路径进行调整，调整后的结果如图8-237所示。

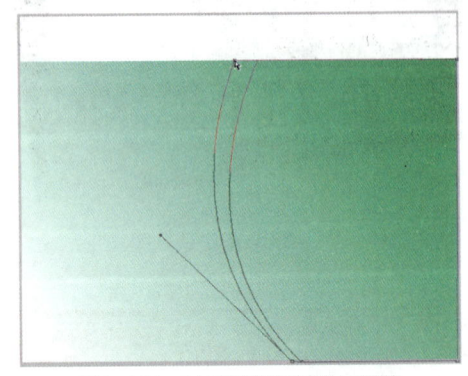

图8-237 对复制的路径进行调整

7. 设置前景色为白色，在【图层】调板中单击 (创建新图层)按钮，新建图层1，如图8-238所示，

244

商业绘画 **第8章**

在【路径】调板中单击 ○（用前景色填充路径）按钮，用白色填充路径，如图8-239所示。

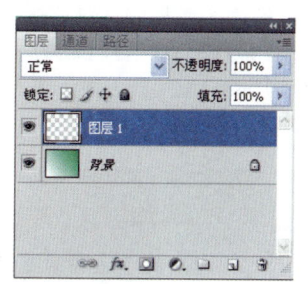

图8-238 【图层】调板

图8-241 打开一个图像文件

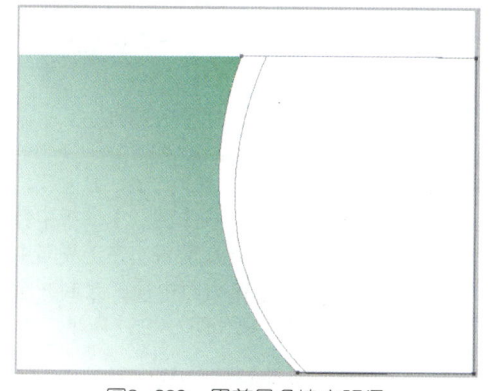

图8-239 用前景色填充路径

图8-242 复制图像后的效果

8 在【图层】调板中新建图层2，接着设置前景色为 R：56、G：182、B：77，再用路径选择工具在画面中选择另一个路径，然后在【路径】调板中单击 ○（用前景色填充路径）按钮，用前景色填充路径，如图8-240所示。

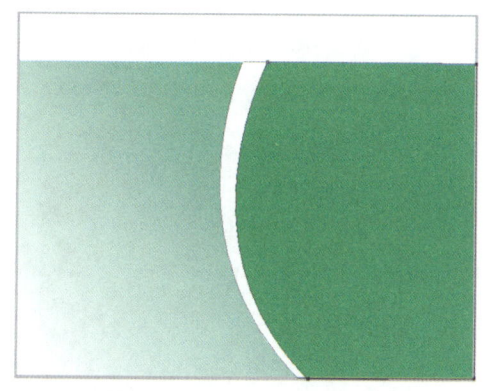

10 按 Ctrl 键在【图层】调板中单击图层2，如图 8-243 所示，使图层2载入选区，如图 8-244 所示。

图8-243 【图层】调板

图8-240 用前景色填充路径

9 按 Ctrl+O 键打开一个图像文件，如图 8-241 所示，使用移动工具将其拖动到我们要进行包装设计的文件中，并排放到适当位置，排好后的效果如图 8-242 所示。

图8-244 使图层2载入选区

245

11 在【图层】调板中单击 □（添加图层蒙版）按钮，如图8-245所示，由选区给图层3添加图层蒙版，添加蒙版后的效果如图8-246所示。

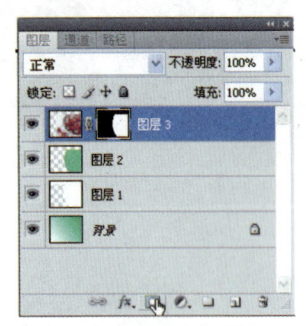

图8-245 【图层】调板

图8-246 由选区建立图层蒙版后的效果

12 按Ctrl键在【图层】调板中单击图层3的蒙版图标，如图8-247所示，使蒙版载入选区，画面结果如图8-248所示。

图8-247 【图层】调板

图8-248 使蒙版载入选区

13 在工具箱中点选渐变工具，并在选项栏中选择 ■■□□□（径向渐变）按钮，然后在画面中选区内拖动，对蒙版进行渐变填充，以隐藏一部分内容，隐藏后的效果如图8-249所示。

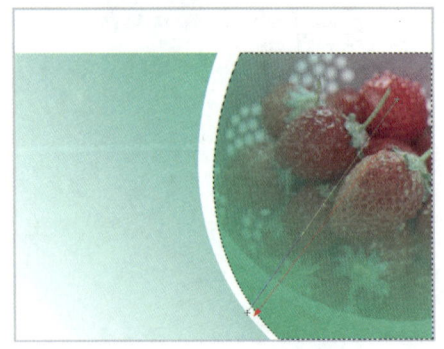

图8-249 对蒙版进行渐变填充

14 设置前景色为R：56、G：182、B：77，按Ctrl+D键取消选择，在【图层】调板中新建一个图层，如图8-250所示，在工具箱中点选矩形工具，然后在画面中顶部绘制一个矩形，绘制好后的效果如图8-251所示。

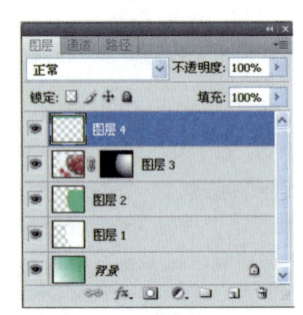

图8-250 【图层】调板

图8-251 绘制一个矩形

15 按Ctrl+O键打开一个有草莓的文件，使用移动工具将其拖动到制作包装设计的文件中来，并将其排放到适当位置，如图8-252所示。

246

图8-252 复制草莓

16 在工具箱中设置前景色为 R:56、G:182、B:77,点选横排文字工具,并在选项栏中设置参数为 Adobe 黑体 Std 65点 ,然后在画面左上方适当位置单击并输入"草莓"文字,如图 8-253 所示。

图8-253 输入文字

17 在【图层】菜单中执行【图层样式】→【描边】命令,弹出【图层样式】对话框,并在其中设置【大小】为5像素,【颜色】为白色,其他不变,如图 8-254 所示,设置好后单击【确定】按钮,得到如图 8-255 所示的效果。

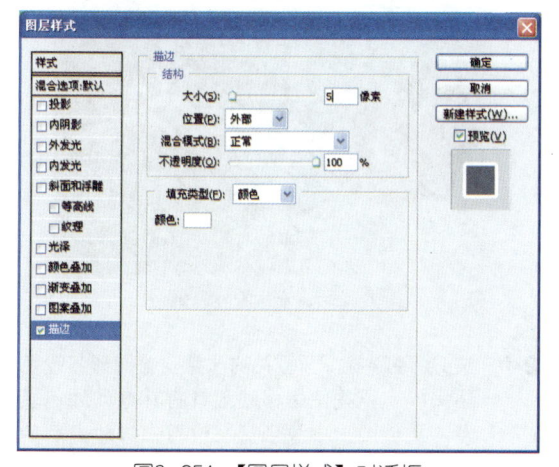

图8-254 【图层样式】对话框

图8-255 描边后的效果

18 使用横排文字工具在草莓文字后面的适当位置单击,显示一闪一闪的光标后,设置前景色为白色,然后输入"酸牛奶"文字,如图 8-256 所示。

图8-256 输入文字

19 在【图层】菜单中执行【图层样式】→【描边】命令,弹出【图层样式】对话框,并在其中设置【大小】为5像素,【颜色】为 R:0、G:180、B:239,其他不变,如图 8-257 所示,设置好后单击【确定】按钮,得到如图 8-258 所示的效果。

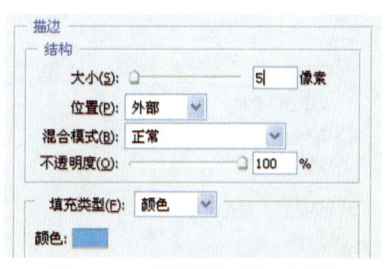

图8-257 【图层样式】对话框

247

图8-258 描边后的效果

20 使用横排文字工具在文字下方的适当位置单击，显示光标后在选项栏中设置参数为 Adobe黑体 Std 15.5点，然后输入所需的文字，如图8-259所示。

图8-259 输入文字

21 在【图层】菜单中执行【图层样式】→【描边】命令，弹出【图层样式】对话框，并在其中设置【大小】为1像素，【颜色】为R:0、G:180、B:239，其他不变，如图8-260所示，设置好后单击【确定】按钮，得到如图8-261所示的效果。

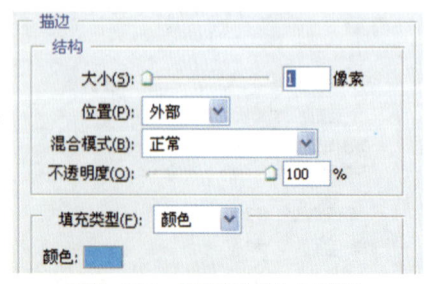

图8-260 【图层样式】对话框

图8-261 描边后的效果

22 使用同样的方法输入其他的装饰文字，输入好后的效果如图8-262所示。

图8-262 输入文字

23 按Ctrl+O键打开一个标志图形，并使用移动工具将其拖动到包装设计文件中，排放到适当位置，排放好后的效果如图8-263所示。

图8-263 复制标志图形

24 按Ctrl+O键打开相关的质量安全图形与绿色环保标志，并使用移动工具将其拖动到包装设计文件中，排放到适当位置，排放好后的效果如图8-264所示。

商业绘画 **第8章**

图8-264 复制质量安全图形与绿色环保标志

25 使用横排文字工具在画面的底部输入公司名称，在标志图形下方输入相关的宣传文字，如图8-265所示。

图8-265 输入文字

（2）制作包装平面图的侧面

1 按Ctrl+N键新建一个【宽度】为180像素，【高度】为500像素，【分辨率】为100像素/英寸，【颜色模式】为RGB颜色，【背景内容】为白色的文件。

2 在工具箱中设定前景色为R：115、G：203、B：135，背景色为白色，点选渐变工具，在画面中从右上角向左下角拖动鼠标，以给画面进行渐变填充，填充后的效果如图8-266所示。

图8-266 渐变填充后的效果

3 显示包装平面图的正面文件，在其中的【图层】调板中拖动图层5到新建的文件中，如图8-267所示，松开左键后即可将图层5的内容复制到新建文件中，将其排放到适当位置，排放好后的效果如图8-268所示。

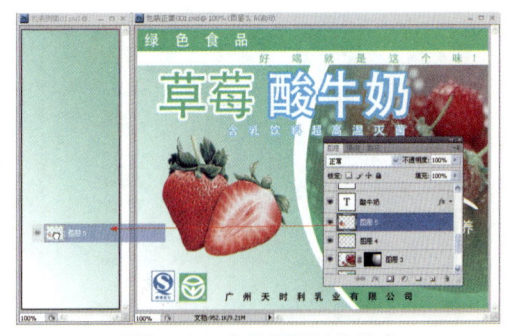

图8-267 拖动图层时的状态

图8-268 复制草莓后的结果

4 按Ctrl+T键将草莓调整到所需的大小，如图8-269所示，调整好后在变换框中双击确认变换。

图8-269 将草莓调整到所需的大小

249

中文版Photoshop CS4手绘艺术技法
Hand-drawn Art Techniques

5 使用前面的方法将"草莓"文字复制到侧面文件中,如图8-270所示,点选T横排文字工具,并在选项栏中单击（更改文本方向）按钮,将横排文字改为直排文字,然后将其移到适当位置,调整好后的结果如图8-271所示。

图8-270 复制文字　　图8-271 更改文本方向

图8-273 【图层】调板　　图8-274 自由变换调整

6 使用前面的方法将"酸牛奶"文字复制到侧面文件中,如图8-272所示,再点选T横排文字工具,在选项栏中单击（更改文本方向）按钮,将横排文字改为直排文字,然后将其移到适当位置,调整好后的结果如图8-272所示。

8 使用同样的方法将正面中其他的文字复制到侧面文件中来,并排放到适当位置,如图8-275所示。

9 按Ctrl+O键打开该商品的条形码,将其拖动到侧面文件的适当位置,排放好位置后的效果如图8-276所示。这样,包装平面图的侧面就制作完成了。

图8-272 复制文字并更改文本方向

图8-275 复制文字　　图8-276 复制条形码

（3）制作包装平面图的顶面

1 按Ctrl+N键新建一个【宽度】为650像素,【高度】为180像素,【分辨率】为100像素/英寸,【颜色模式】为RGB颜色,【背景内容】为白色的文件。

7 按Shift键在【图层】调板中单击草莓文字图层,以同时选择两个文字图层,如图8-273所示,再按Ctrl+T键执行【自由变换】命令,将草莓酸牛奶文字缩小到适当大小,并排放到适当位置,如图8-274所示。

2 显示包装平面图的正面文件,并在其中的【图层】调板中拖动背景图层到新建的文件中,如图8-277所示,松开左键后即可将背景层的内容复制到新建文件中,再将其排放到适当位置,排放好后的效果如图8-278所示。

250

第8章 商业绘画

图8-277 拖动背景层时的状态

图8-278 复制背景后的效果

3. 使用上步同样的方法将正面文件中相应的内容复制到刚新建的文件中，并排放到适当位置，如图8-279所示。

图8-279 复制草莓

4. 显示包装平面图的正面文件，并按 Ctrl 键在【图层】调板中选择所需的图层，如图 8-280 所示，然后将它们拖动到新建的文件中，并排放到适当位置，如图 8-281 所示。

图8-280 【图层】调板

图8-281 复制文字

8.8.2 绘制包装立体效果图

【实例分析】

本例将利用 Photoshop CS4 为设计好的酸牛奶平面图进行立体效果包装，先新建一个文件并用渐变工具对其进行填充来制作背景，再用移动工具、自由变换、图层合并、曲线、垂直翻转、添加图层蒙版、直线工具等工具与命令将制作好的平面图组合为立体效果图。实例效果如下图所示。

实例效果图

【实例制作】

1. 按 Ctrl+N 键新建一个【宽度】为 700 像素，【高度】为 650 像素，【分辨率】为 100 像素/英寸，【颜色模式】为 RGB 颜色，【背景内容】为白色的文件。

2. 在工具箱中设定前景色为 R：115、G：139、B：162，背景色为 R：212、G：220、B：227，点选渐变工具，并在选项栏的【渐变拾色器】调板中选择前景色到背景色渐变，其他参数为默认值，如图 8-282 所示，然后在画面中从上方向下方拖动鼠标，以给画面进行渐变填充，填充后的效果如图 8-283 所示。

251

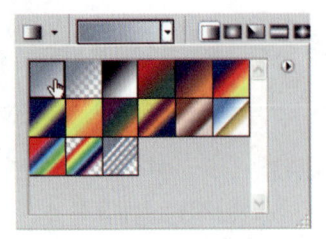

图8-282　渐变拾色器

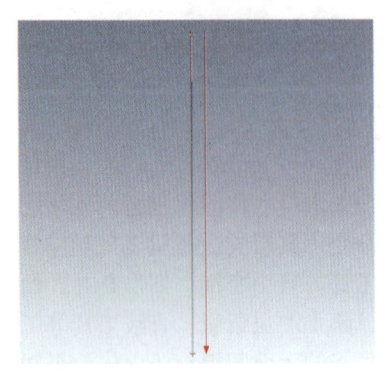

图8-283　渐变填充后的效果

3. 按 Ctrl+O 键打开制作好的包装平面图的正面，并显示【图层】调板，如图 8-284 所示，再按 Ctrl+Shift+E 键合并所有图层为背景层，如图 8-285 所示。

图8-284　打开制作好的包装平面图的正面

图8-285　合并所有图层为背景层

4. 在【图层】调板中拖动背景层到新建文件中，如图 8-286 所示，以将包装平面图复制到新建的文件中，再将其排放到适当位置，如图 8-287 所示。

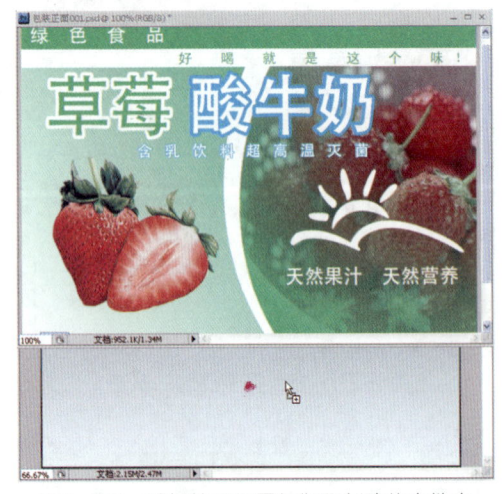

图8-286　将包装平面图复制到新建的文件中

图8-287　将其排放到适当位置

提　示

如果要关闭包装平面图文件时不要保存，否则就会用合并后的文件替换前面没有合并图层的文件。

5. 按 Ctrl+T 键执行【自由变换】命令，显示变换框，按 Shift 键将包装平面图等比缩小，再按 Ctrl 键拖动对角控制点到适当位置，将其调整到所需的形状，如图 8-288 所示，调整好后在变换框中双击确认变换，得到如图 8-289 所示的效果。

图8-288 自由变换调整

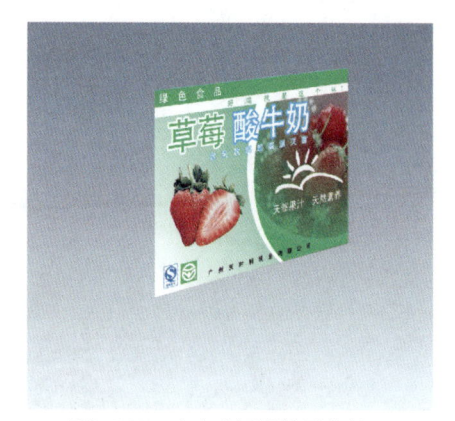

图8-289 自由变换调整后的效果

6 打开制作好的包装侧面图，如图 8-290 所示，同样按 Ctrl+Shift+E 键将所有图层合并为背景层，如图 8-291 所示。

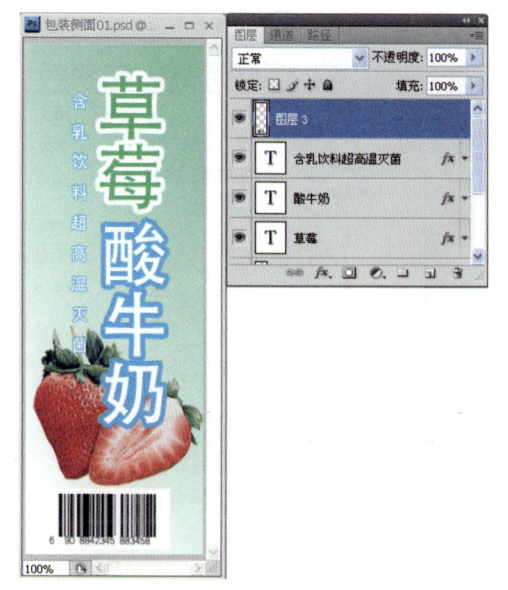

图8-290 打开制作好的包装侧面图

图8-291 将所有图层合并为背景层

7 使用前面同样的方法将侧面图拖动到要进行立体效果图制作的文件中来，并排放到适当位置，如图 8-292 所示。

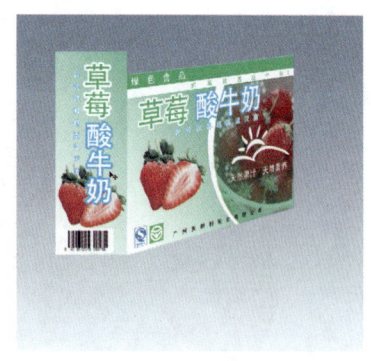

图8-292 复制包装侧面图

8 按 Ctrl+T 键同样对侧面进行自由变换调整，调整后的结果如图 8-293 所示，在变换框中双击确认变换。

图8-293 自由变换调整

9 使用前面同样的方法先打开顶面文件，合并图层，然后将其拖动到要进行立体效果图制作的文件中来，并排放到适当位置，如图8-294所示。

图8-294 复制顶面文件

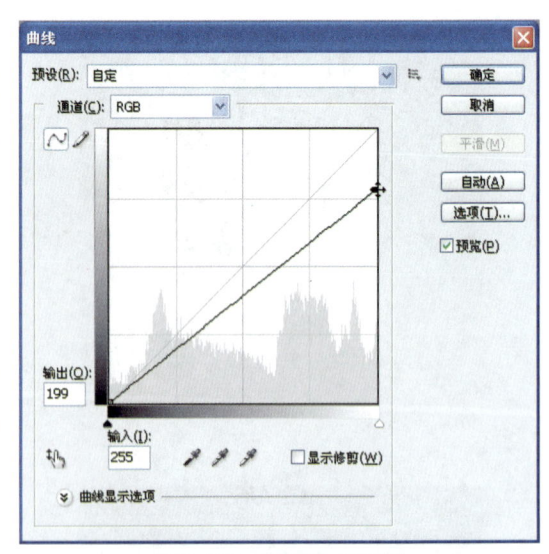

图8-296 【曲线】对话框

10 使用前面同样的方法对它进行自由变换调整，调整好后的结果如图8-295所示。

图8-295 进行自由变换调整

图8-297 曲线调整后的效果

11 按Ctrl+M键执行【曲线】命令，弹出【曲线】对话框，并在其中拖动网格内的直线右上端点向下至适当位置，如图8-296所示，以调暗顶面，单击【确定】按钮，得到如图8-297所示的效果。

12 在【图层】调板中激活图层2，即侧面所在图层,同样按Ctrl+M键，弹出【曲线】对话框，并在其中拖动网格内的直线右上端点向下至适当位置，如图8-298所示，以调暗侧面，单击【确定】按钮，得到如图8-299所示的效果。

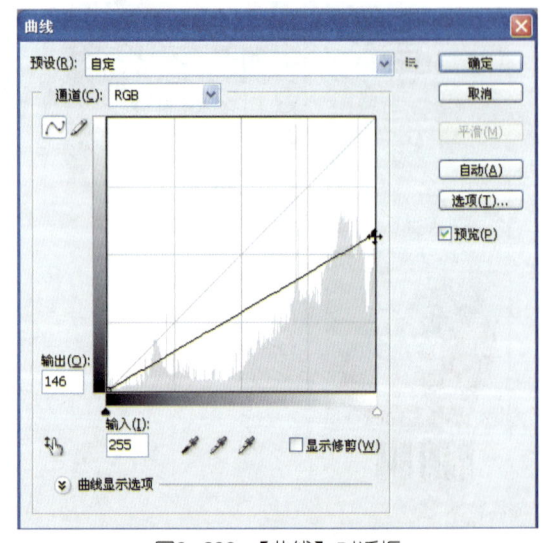

图8-298 【曲线】对话框

图8-299 曲线调整后的效果

13. 按 Ctrl+J 键复制图层 2 为图层 2 副本，再激活图层 2，如图 8-300 所示。

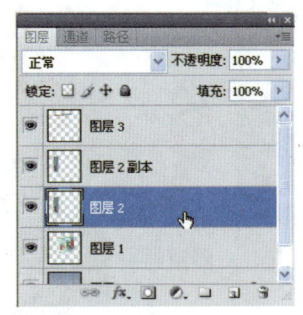

图8-300 【图层】调板

14. 在【编辑】菜单中执行【变换】→【垂直翻转】命令，以将图层 2 的内容进行垂直翻转，并将翻转后的内容向下移到适当位置，画面效果如图 8-301 所示。

图8-301 垂直翻转后的效果

15. 按 Ctrl+T 键对图层 2 的内容进行自由变换调整，如图 8-302 所示，调整好后在变换框中双击确认变换，得到如图 8-303 所示的效果。

图8-302 进行自由变换调整

图8-303 自由变换调整后的效果

16. 在【图层】调板中设定图层 2 的【填充】为"40%"，如图 8-304 所示，得到如图 8-305 所示的效果。

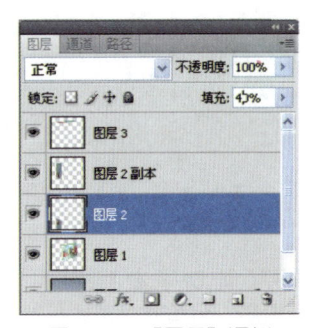

图8-304 【图层】调板

255

图8-305 改变填充不透明度后的效果

17 在【图层】调板中单击 ▢（添加图层蒙版）按钮，给图层 2 添加图层蒙版，如图 8-306 所示，在工具箱中点选渐变工具，然后在画面中拖动，给蒙版进行渐变填充，调整后的效果如图 8-307 所示。

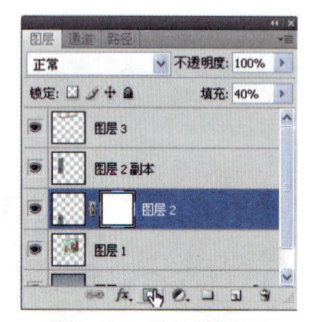

图8-306 【图层】调板

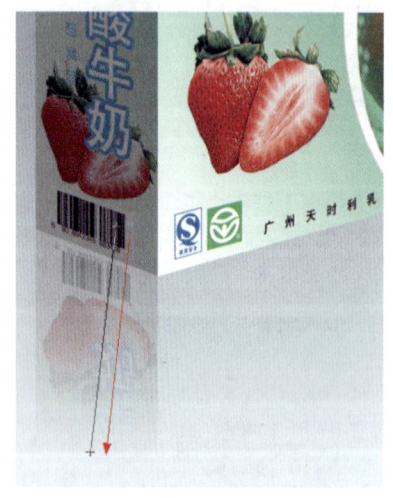

图8-307 编辑蒙版后的效果

18 在【图层】调板中先激活图层 1，再按 Ctrl+J 键复制图层 1 为图层 1 副本，然后再激活图层 1，如图 8-308 所示。

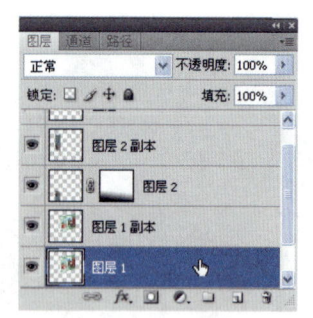

图8-308 【图层】调板

19 在【编辑】菜单中执行【变换】→【垂直翻转】命令，即可将图层 1 的内容进行垂直翻转，并将翻转后的内容向下移到适当位置，画面效果如图 8-309 所示。

图8-309 垂直翻转后的效果

20 按 Ctrl+T 键对图层 1 的内容进行自由变换调整，如图 8-310 所示，调整好后在变换框中双击确认变换，得到如图 8-311 所示的效果。

图8-310 进行自由变换调整

商业绘画 **第8章**

图8-311　自由变换调整后的效果

21 在【图层】调板中设定图层1的【填充】为"40%"，得到如图8-312所示的效果。

图8-312　改变填充不透明度后的效果

22 在【图层】调板中单击【添加图层蒙版】按钮，给图层1添加图层蒙版，再用渐变工具在画面中拖动，以给蒙版进行渐变填充，调整后的效果如图8-313所示。

图8-313　编辑蒙版后的效果

23 设定前景色为R:115、G:139、B:162，在【图层】调板中新建图层4，并设定该图层的【填充】为"50%"，如图8-314所示；接着在工具箱中点选 直线工具，并在选项栏中选择【填充像素】按钮，设定【粗细】为"1px"，然后在画面中倒影的交叉处绘制一条直线，如图8-315所示。

图8-314　【图层】调板

图8-315　绘制一条直线

24 在【图层】调板中激活图层3，按Ctrl+O键打开一个有提手把的文件，然后按Ctrl键将其拖动到我们的画面中来，并将其排放到包装盒的顶面适当位置，得到如图8-316所示的效果。这样，我们的作品就制作完成了。

图8-316　最终效果图

257

8.9 绘制美少女战士

【实例分析】

先使用铅笔工具在纸上绘制出草稿，为了线描图清楚，可以用钢笔工具对其进行勾线，勾好线后用数码相机将其拍好，再输入电脑。输入电脑后我们就得对线描图进行处理，处理好后即可用创建新图层、边形套索工具、羽化、画笔工具、减淡工具、橡皮擦工具、钢笔工具、放大、缩小、移动工具、加深工具、填充、渐变工具、取消选择、用画笔描边路径、路径选择工具、合并所有可见图层、复制图层、自由变换、水平翻转、裁剪工具、添加图层蒙版等工具与命令对人物进行上色。

实例效果如下图所示。

图8-317 用铅笔工具绘制的草稿

实例效果图

图8-318 用钢笔工具勾画过的草稿

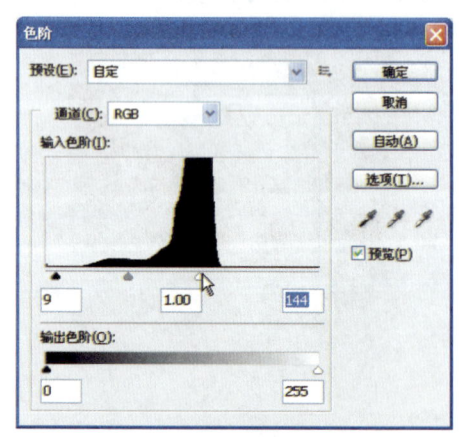

【实例制作】

（1）处理线稿

1. 先使用铅笔工具在画纸上绘制草稿，如图8-317所示，接着使用钢笔工具将其勾画，再使用数码相机拍摄好（也可用扫描仪将其扫描到电脑中），并输入到电脑中，画面效果如图8-318所示。

2. 按 Ctrl+L 键执行【色阶】命令，弹出【色阶】对话框，并在其中设置【输入色阶】为 9、1.00、144，其他不变，如图8-319所示，单击【确定】按钮，得到如图8-320所示的效果。

图8-319 【色阶】对话框

图8-320 调整色阶后的效果

3. 在工具箱中点选 套索工具，在选项栏中选择 按钮，在画面中框选出不需要的部分，如图8-321所示，再按Delete键将选区内容删除，删除后的效果如图8-322所示。

图8-321 选择不要的区域

图8-322 删除选区内容后的效果

4. 按Ctrl+D键取消选择，在工具箱中点选 魔棒工具，在选项栏中选择 按钮，然后在画面中不需要的地方单击选择它们，如图8-323所示。

图8-323 选择不要的区域

5. 在工具箱中点选 多边形套索工具，在选项栏中选择 按钮，在画面中框选出被多选择的区域，如图8-324所示；然后按Delete键将选区内容删除，删除后再取消选择，其画面效果如图8-325所示。

图8-324 减去被多选择的区域

259

中文版Photoshop CS4手绘艺术技法

图8-325 删除选区内容后的效果

6 使用多边形套索工具在画面中框选出要调整的部分，如图 8-326 所示。

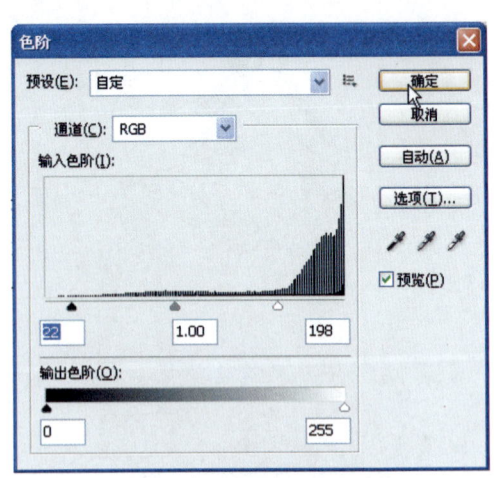

图8-327 【色阶】对话框

图8-328 调整色阶后的效果

图8-326 框选要调整的区域

7 按 Ctrl+L 键执行【色阶】命令，弹出【色阶】对话框，并在其中设置【输入色阶】为 22、1.00、198，其他不变，如图 8-327 所示，单击【确定】按钮，得到如图 8-328 所示的效果。

8 显示【通道】调板，按 Ctrl 键在其中单击"红"通道，如图 8-329 所示，使单色通道载入选区，结果如图 8-330 所示，按 Ctrl+C 键进行拷贝，将选区内容拷贝到剪贴板。

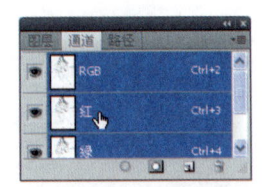

图8-329 将红通道载入选区

商业绘画 **第8章**

图8-330 载入选区后的画面

图8-333 隐藏背景层后的画面

9 显示【图层】调板，在其中激活背景层，单击 ◻ (创建新图层) 按钮，新建图层1，如图 8-331 所示，然后按 Ctrl+V 键，将拷贝到剪贴板中的内容粘贴到图层1中，如图 8-332 所示，将背景层隐藏，即可看到图层1中的内容，如图 8-333 所示。

10 设置前景色为白色，在【图层】调板中激活背景层，单击【创建新图层】按钮，新建图层2，然后按 Alt+Del 键用白色填充图层2，结果如图 8-334 所示。在工具箱中点选 ◻ 橡皮擦工具，然后在画面中将不需要的部分擦除，擦除后的效果如图 8-335 所示。

图8-331 创建新图层

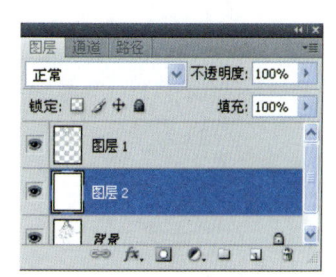

图8-334 【图层】调板

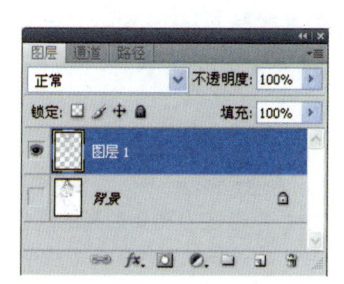

图8-332 隐藏背景层

图8-335 填充白色后的效果

261

（2）绘制肤色

1 在【图层】调板中单击 ▪（创建新图层）按钮，新建一个图层，将其名称改为绘制肤色，如图8-336所示，在工具箱中点选 ▪ 多边形套索工具，并在选项栏中设置【羽化】为2px与选择 ▪ 按钮，其他不变，然后在画面中勾选出人体中表示肤色的区域，如图8-337所示。

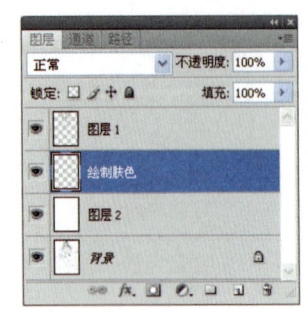

图8-336　创建新图层

图8-338　填充颜色的效果

图8-337　勾选要上色的区域

图8-339　用画笔工具绘制皮肤的暗面

2 设置前景色为 ▪ffefdf▪，按Alt+Del键用前景色填充选区，得到如图8-338所示的效果。

3 在工具箱中设置前景色为 ▪fcbaa9▪，点选 ▪ 画笔工具，在选项栏中右击工具图标，并在弹出的快捷菜单中选择【复位工具】命令，将工具复位，设置【不透明度】为30%，然后在画面中肤色的暗部进行绘制，绘制后的效果如图8-339所示。

> **提示**
> 在绘制时需要随时根据绘制要求按"["与"]"键来调整画笔的直径（也就是画笔的大小）。

4 在工具箱中点选 ▪ 减淡工具，在选项栏中设置参数为 ▪▪▪▪▪，然后在画面中选区内需要加亮的部分进行涂抹将其加亮，涂抹后的效果如图8-340所示，按Ctrl+D键取消选择。

262

商业绘画 **第8章**

2. 在【图层】调板中激活图层1，如图8-343所示，在工具箱中点选 橡皮擦工具，在选项栏中设置【不透明度】为60%，然后在画面中将眼睛内的黑色擦除，擦除后的效果如图8-344所示。

图8-340 用减淡工具绘制皮肤的亮面

图8-343 选择图层

（3）细致刻画五官

1. 设置前景色为 #e95f3b，在【图层】调板中新建一个图层，将其改名为绘制五官，如图8-341所示，使用画笔工具在画面中绘制嘴唇的颜色，绘制后的效果如图8-342所示。

图8-344 用橡皮擦工具擦除眼睛内的黑色

3. 设置前景色为 #1f0803，在【图层】调板中激活绘制五官图层，如图8-345所示，在工具箱点选 钢笔工具，在选项栏中选择 与 按钮，然后在画面中勾画眉毛，如图8-346所示。

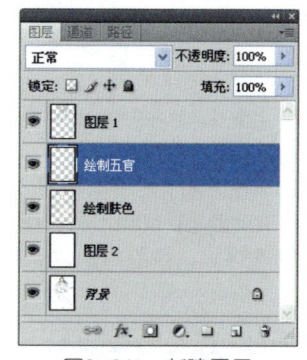

图8-341 新建图层

图8-342 绘制嘴唇颜色

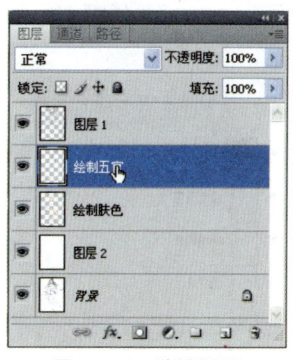

图8-345 选择图层

263

图8-346 用钢笔工具绘制眉毛

4. 按 Ctrl + + 键将画面放大到 600% 显示，然后使用钢笔工具在画面中勾画眼睛的结构，勾画后的结果如图 8-347 所示。

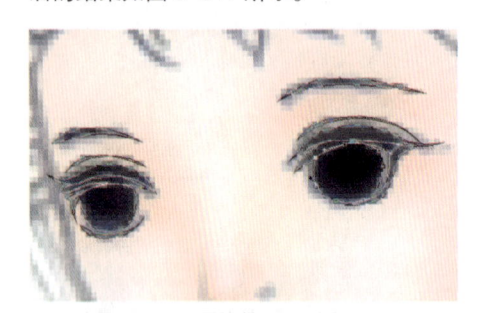

图8-347 用钢笔工具绘制眼睛

5. 在【图层】调板中新建一个图层为图层3，如图 8-348 所示，设置前景色为 #7ba7b0，点选画笔工具，在选项栏中设置参数为 不透明度:50% 流量:100%，然后在画面中眼珠内进行绘制，绘制后的效果如图 8-349 所示。

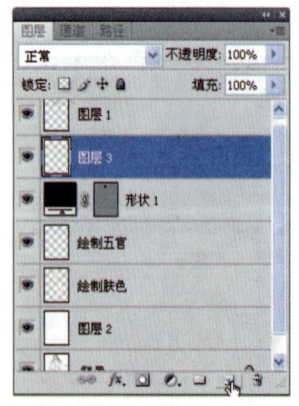

图8-348 新建一个图层

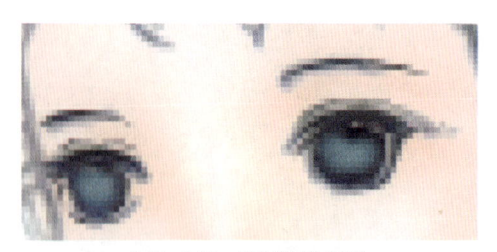

图8-349 绘制眼珠颜色

6. 设置前景色为 #b7eaf5，使用画笔工具在画面中绘制出眼睛的亮部，绘制后的效果如图 8-350 所示。

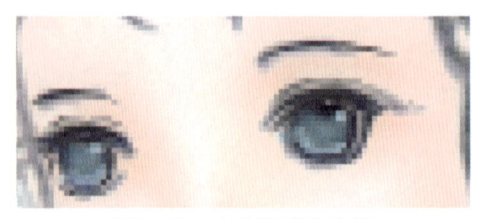

图8-350 绘制眼珠的亮部

7. 设置前景色为白色，使用画笔工具绘制出眼白与高光部，绘制后的效果如图 8-351 所示。

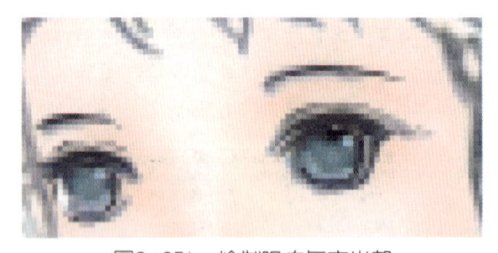

图8-351 绘制眼白与高光部

8. 在【图层】调板中激活图层1，如图 8-352 所示，在工具箱中点选橡皮擦工具，在画面中将不需要的线条擦除，擦除后的效果如图 8-353 所示。

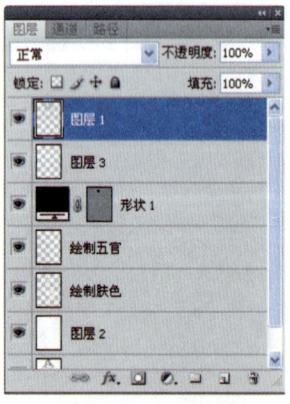

图8-352 选择图层

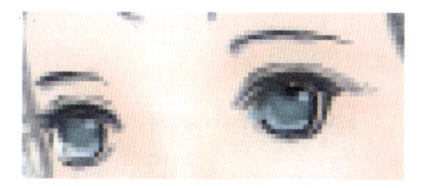

图8-353 用橡皮擦工具将不需要的线条擦除

9 在【图层】调板中激活图层3，如图8-354所示，在工具箱中点选 画笔工具，然后在画面中继续绘制眼白与高亮部位，绘制后的效果如图8-355所示。

点选画笔工具，并在选项栏中设置【不透明度】为10%，然后在画面中对脸的暗部进一步进行绘制使脸部结构清晰，绘制后的效果如图8-358所示。

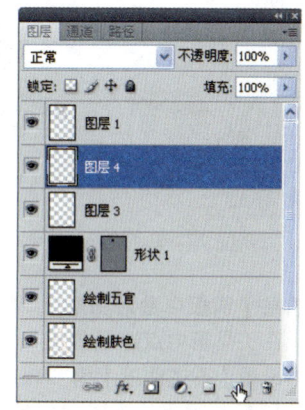

图8-357 新建一个图层

图8-354 选择图层

图8-355 用画笔工具绘制眼白与高亮部位

10 设置前景色为 #ffd3ca，使用画笔工具在画面中绘制出人物的鼻子与嘴唇的亮部，绘制好的效果如图8-356所示。

图8-358 用画笔工具绘制脸的暗部

12 感觉嘴与脸轮廓线有点不对，因此需要对其进行修改，设置前景色为 #5b2e1b，在【图层】调板中先激活图层1，再新建一个图层为图层，如图8-359所示，然后使用钢笔工具在画面中勾画出脸的轮廓与嘴唇缝隙线，绘制好后的效果如图8-360所示。

图8-356 绘制鼻子与嘴唇的亮部

11 设置前景色为 #fcbaa2，在【图层】调板中新建一个图层为图层4，如图8-357所示，再

图8-359 新建一个图层

图8-360　用钢笔工具勾画脸的轮廓与嘴唇缝隙线

13　在【图层】调板中激活图层1，如图8-361所示，在工具箱中点选橡皮擦工具，在选项栏中设置【不透明度】为80%，然后在画面中将脸部与嘴唇处不需要的轮廓线擦除，擦除后的效果如图8-362所示。

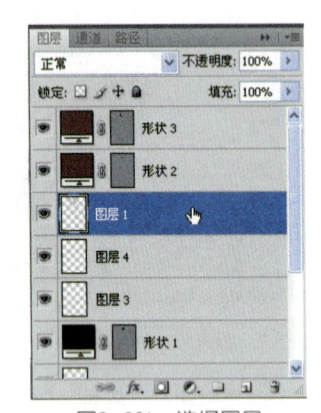

图8-361　选择图层

图8-362　将脸部与嘴唇不需要的轮廓线擦除

14　脸部轮廓线与嘴唇缝隙线感觉粗了一点，需要对其进行修改，在【图层】调板中激活形状3图层，如图8-363所示，使用钢笔工具

结合快捷键Ctrl键对路径进行调整，调整后的结果如图8-364所示。

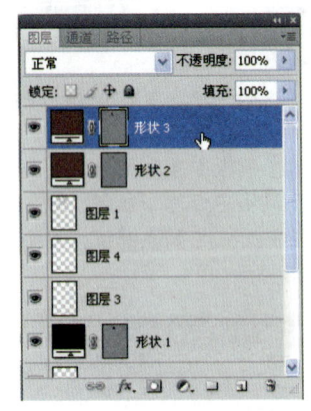

图8-363　选择图层

图8-364　调整脸部轮廓线

15　在【图层】调板中激活形状2图层，如图8-365所示，使用钢笔工具结合快捷键Ctrl键对路径进行调整，调整后的结果如图8-366所示。

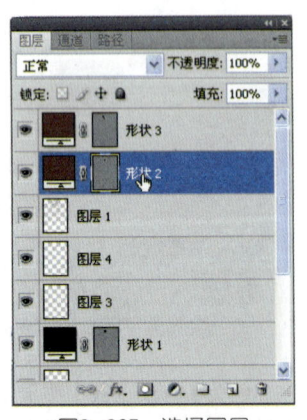

图8-365　选择图层

图8-366　调整嘴唇缝隙线

16 在工具箱中点选 ➤ 移动工具，在选项栏中选择【自动选择】选项，在其列表中选择"图层"，如图 8-367 所示，然后在画面中单击要修改的地方，如图 8-368 所示。

图8-367　使用自动选择选项

图8-368　选择嘴唇

17 使用 橡皮擦工具在画面中将不需要的部分擦除，擦除后的效果如图 8-369 所示。

图8-369　用橡皮擦工具对嘴唇进行擦除

提示

在擦除时可以按 Ctrl 键随时单击要擦除的地方，以选择要擦除的对象，然后松开 Ctrl 键用橡皮擦工具对其进行擦除。

18 按 Ctrl + - 键缩小到 100% 的显示效果如图 8-370 所示。

图8-370　缩小到100%显示的效果

19 在工具箱中点选 加深工具，在选项栏中右击工具图标，在弹出的快捷菜单中执行【复位工具】命令，使工具复位，然后在画面中需要加深颜色的地方进行涂抹，以加深其颜色，在涂抹时需要随时按"["与"]"键来调整画笔的直径，绘制后的效果如图 8-371 所示。

图8-371　用加深工具要画面中绘制暗部

（4）绘制头发

1 在【图层】调板中激活图层4，新建一个图层为图层5，如图 8-372 所示，使用多边形套索工具在画面中勾选出表示头发的区域，如图 8-373 所示。

267

中文版Photoshop CS4手绘艺术技法

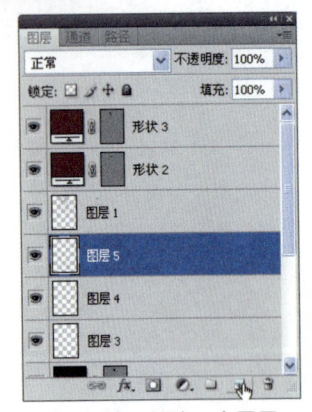

图8-372 新建一个图层

图8-373 用多边形套索工具勾选表示头发的区域

2. 设置前景色为 #820cee，按 Alt+Del 键填充前景色，填充颜色后的效果如图 8-374 所示。

图8-374 填充颜色后的效果

3. 设置前景色为 #c3ff7，点选 画笔工具，并在选项栏中设置【不透明度】为 40%，【流量】为 80%，然后在画面中表示头发亮部的区域进行绘制，绘制后的效果如图 8-375 所示。

图8-375 用画笔工具绘制头发亮部

4. 在【图层】调板中激活轮廓线所在图层（图层1），如图 8-376 所示，然后使用画笔工具在画面中绘制头发的亮部，绘制后的效果如图 8-377 所示。

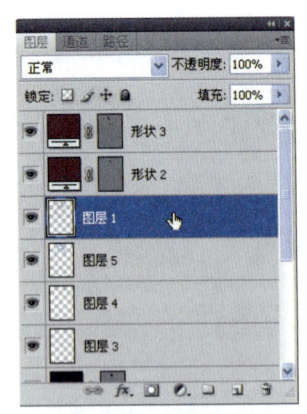

图8-376 选择图层

图8-377 用画笔工具绘制头发亮部

5. 在工具箱中点选 减淡工具，在画面中选区中将一些需要减淡颜色的地方进行涂抹，涂抹后的效果如图 8-378 所示。

商业绘画 **第8章**

图8-378 用减淡工具绘制头发亮部

图8-381 添加选区

6. 在【图层】调板中激活图层5,如图8-379所示,用减淡工具将图层5中的比较暗的部分加亮,加亮后的效果如图8-380所示。

8. 在【图层】调板中激活图层1,如图8-382所示,在工具箱中点选橡皮擦工具,并在选项栏中设置【不透明度】为50%,其他不变,然后在画面中不需要的地方进行擦除,擦除后的效果如图8-383所示。

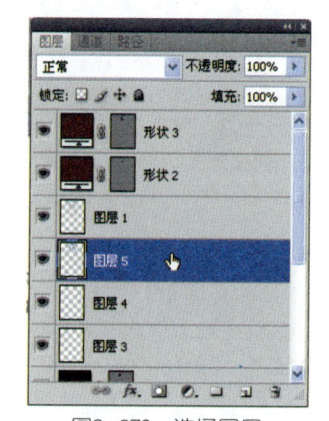

图8-379 选择图层

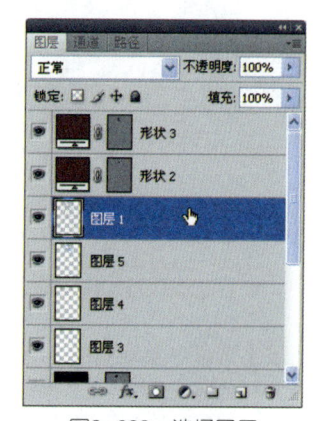

图8-382 选择图层

图8-380 用减淡工具绘制头发亮部

图8-383 用橡皮擦工具擦除不需要的头发

7. 使用多边形套索工具将头发末稍部分添加到选区,如图8-381所示。

9. 在【图层】调板中激活图层5,如图8-384所示,使用加深工具,在画面中选区内需要加深颜色的地方进行涂抹,将其颜色加深,加深颜色后的效果如图8-385所示。

269

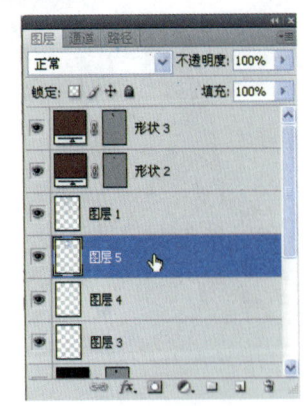

中文版Photoshop CS4手绘艺术技法

图8-384 选择图层

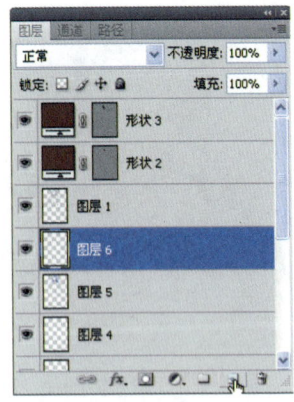

图8-387 新建一个图层

图8-385 用加深工具加深头发颜色

图8-388 勾选头饰

10 在【图层】调板中激活图层1，同样使用加深工具对部分头发进行颜色加深，加深颜色后按Ctrl+D键取消选择，其画面效果如图8-386所示。

12 设置前景色为#c92e2d，在画笔工具的选项栏中设置【不透明度】为100%，【流量】为80%，然后在画面中选区内进行绘制，绘制出边缘颜色，如图8-389所示。

图8-389 用画笔工具绘制头饰

13 设置前景色为#eb8b5b，使用画笔工具在画面中绘制出头饰的暗部颜色，如图8-390所示。

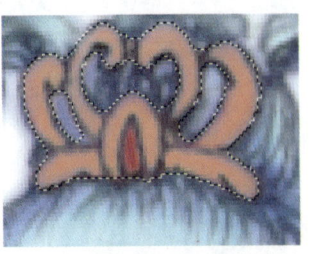

图8-386 用加深工具加深头发颜色

11 在【图层】调板中新建一个图层为图层6，如图8-387所示，再使用多边形套索工具在画面中勾选出头饰，如图8-388所示。

图8-390 用画笔工具绘制头饰

270

14 设置前景色为 #f9ee9f，使用画笔工具在画面中绘制出头饰的亮部颜色，如图 8-391 所示。

图8-391 用画笔工具绘制头饰

15 在选项栏中设置【不透明度】为 50%，对整个头饰进行整体绘制，如图 8-392 所示，绘制好后将画面缩小，取消选择后的效果如图 8-393 所示。

图8-392 用画笔工具绘制头饰

图8-393 缩小画面查看效果

16 在【图层】调板中新建一个图层为图层 7，如图 8-394 所示，使用多边形套索工具在画面中勾选出项链，如图 8-395 所示。

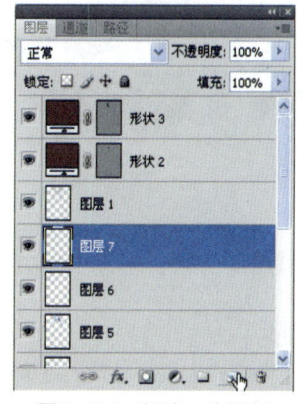

图8-394 新建一个图层

图8-395 勾选项链

17 设置画笔工具的【不透明度】为 100%，在选区内绘制出项链的亮部颜色，如图 8-396 所示。设置前景色为 #e9592d，并在选项栏中设置【不透明度】为 50%，然后在画面中绘制出项链的暗部，如图 8-397 所示，再按 Ctrl+D 键取消选择。

图8-396 填充颜色后的效果

图8-397 用画笔工具绘制项链的暗部

18 设置前景色为 #4329b0，在【图层】调板中新建一个图层为图层 8，如图 8-398 所示，选择多边形套索工具在画面中勾选出要填充为相同颜色的衣服与裙子，然后按 Alt+Del 键将选区填充为前景色，结果如图 8-399 所示。

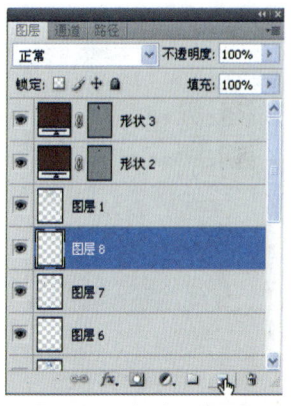

图8-398 新建一个图层

中文版Photoshop CS4手绘艺术技法

图8-399 绘制衣服与裙子的颜色

19 在工具箱中点选减淡工具，在画面中衣服与裙子的亮部进行涂抹，绘制出衣服与裙子的亮部，目的是加强立体效果，绘制好后取消选择，其画面效果如图8-400所示。

图8-400 用减淡工具绘制衣服与裙子的亮部

20 设置前景色为#f44cf6，背景色为白色，在【图层】调板中新建一个图层为图层9，如图8-401所示，再用多边形套索工具在画面中勾选出表示衣袖的对象，接着在工具箱点选渐变工具，并在选项栏中选择前景到背景渐变，如图8-402所示，然后在画面中拖动，以给选区进行渐变填充，填充颜色后的效果如图8-403所示。

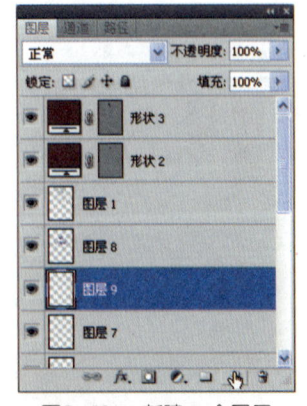

图8-401 新建一个图层

图8-402 选择渐变颜色

图8-403 对选区进行渐变颜色填充后的效果

21 在工具箱中点选加深工具，在选区内绘制出衣袖褶皱纹理，绘制后的效果如图8-404所示。

图8-404 用加深工具绘制衣袖褶皱纹理

22 在【图层】调板中选择轮廓线所在的图层1，再用橡皮擦工具将衣袖上不需要的线条擦除，擦除后的效果如图8-405所示。

商业绘画 **第8章**

图8-405 用橡皮擦工具将衣袖上不需要的线条擦除

23 在【图层】调板中激活图层9，新建一个图层为图层10，如图8-406所示，设置前景色为 #e42456，使用 ▊画笔工具在画面中绘制出衣袖的花纹，如图8-407所示，再按 Ctrl+D 键取消选择。

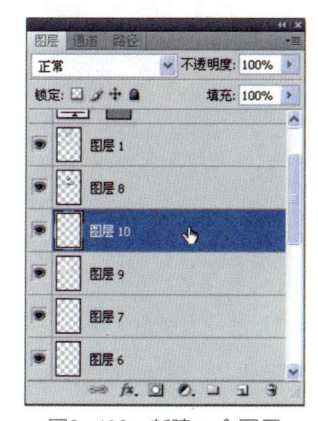

图8-406 新建一个图层

图8-407 用画笔工具绘制衣袖的花纹

24 使用多边形套索工具在画面中勾选出表示花边与内裙的区域，按 Alt+Del 键填充前景色，得到如图8-408所示的效果。

图8-408 绘制花边与内裙

25 设置前景色为 #e4d424，使用画笔工具在画面中绘制出花边与内裙的亮部，绘制后的效果如图8-409所示；使用 ▊减淡工具再将亮面加亮，加亮后的效果如图8-410所示。

图8-409 绘制花边与内裙的亮部

图8-410 绘制花边与内裙的亮部

273

26 设置前景色为 87deee，在【图层】调板中激活图层8，新建一个图层为图层11，如图8-411所示，使用多边形套索工具在画面中勾选出腰带上的飘带，点选画笔工具，并在选项栏中设置【不透明度】为30%，然后在画面中绘制出透明飘带的颜色，如图8-412所示。

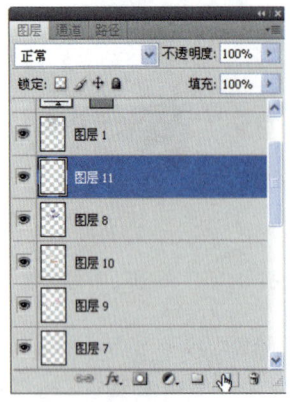

图8-411 新建一个图层

图8-412 绘制透明飘带的颜色

27 选择画笔工具，在选项栏中将不透明度改为100%，然后在画面中绘制出飘带的颜色，如图8-413所示。

图8-413 绘制飘带的颜色

28 切换前景与背景色，设置前景色为白色，并在选项栏中设置【不透明度】为50%，在画面中绘制出飘带的亮部，绘制后的效果如图8-414所示。在选项栏中将不透明度改为20%，继续绘制亮部，绘制后的效果如图8-415所示。

图8-414 绘制飘带的亮部

图8-415 绘制飘带的亮部

29 设置前景色为 e13224，在【图层】调板中新建一个图层，使用多边形套索工具在画面中勾选出衣服、裙子的花边与腰带，在画笔工具的选项栏中设置【不透明度】为100%，然后在画面中绘制出花边与腰带的颜色，如图8-416所示。

图8-416 绘制花边与腰带

商业绘画 第8章

30 设置前景色为 #29c7e4，使用画笔工具在画面中绘制出衣袖与裙子的花边颜色，绘制后的效果如图8-417所示。

图8-417 绘制衣袖与裙子

31 设置前景色为 #ecf738，在画笔工具的选项栏中设置【不透明度】为50%，然后在画面中绘制出花边与腰带的亮部颜色，如图8-418所示。

图8-418 绘制花边与腰带亮部

（5）进一步绘制头发

1 在【图层】调板中激活图层1，在工具箱中点选橡皮擦工具，在选项栏中设置【不透明度】为50%，然后在画面中将一些不些的线条擦除，擦除后的效果如图8-419所示。

图8-419 用橡皮擦工具擦除头发中不需要的线条

2 在【图层】调板中激活图层5，在画面中头发上进行擦除，将一些不需要的部分擦除，擦除后的效果如图8-420所示。

图8-420 擦除头发中不需要的部分

3 设置前景色为 #fcbaa9，点选画笔工具，并在选项栏中设置【不透明度】为30%，按Ctrl键单击腋窝下方的暗部，如图8-421所示，以选择它所在的图层，然后在画面中将其颜色加深，绘制后的效果如图8-422所示。

图8-421 选择对象

图8-422 用画笔工具修改腋窝下方颜色

275

4. 使用钢笔工具在画面中绘制出头发的轮廓路径，如图8-423所示，使用路径选择工具在画面中选择要描边的路径，如图8-424所示。

图8-423　用钢笔工具绘制头发的轮廓路径

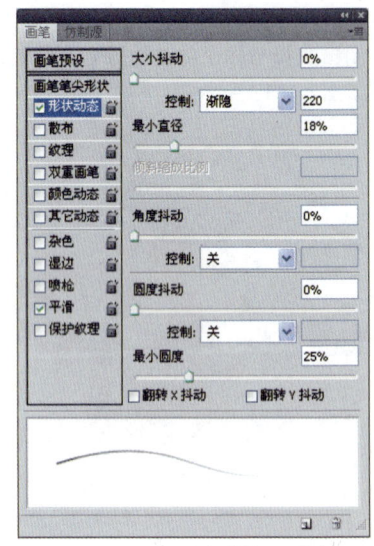

图8-426　设置画笔形状动态

6. 显示【路径】调板，在其中单击【用画笔描边路径】按钮，如图8-427所示，给选择的路径描边，结果如图8-428所示。

图8-427　【路径】调板

图8-424　描边后的效果

5. 在画笔工具的选项栏中设置画笔的【主直径】为2px，【硬度】为100%，如图8-425所示，在【画笔】调板中选择【形状动态】选项，并设置【控制】为渐隐，其参数为220，【最小直径】为18%，如图8-426所示。

图8-428　给选择的路径描边

7. 按A键切换至路径选择工具，在画面中选择要描边的路径，按B键切换至画笔工具，然后在【路径】调板中单击【用画笔描边路径】按钮，这样一直操作，直至将所有的路径描边为止，描好边后的效果如图8-429所示。

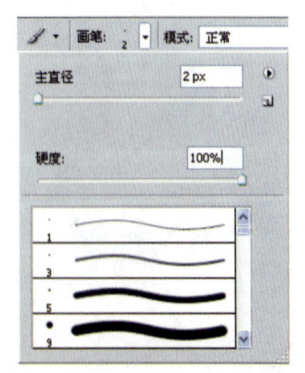

图8-425　设置画笔大小与硬度

图8-429　给选择的路径描边

8 在【路径】调板的灰色空白区域单击隐藏路径，在工具箱中点选涂抹工具，在选项栏中右击工具图标，弹出快捷菜单，在其中选择【复位工具】命令，将涂抹工具复位，在画笔弹出式调板中设置画笔为柔角5像素，如图8-430所示，然后在画面中对刚描边的线条进行涂抹，涂抹后的效果如图8-431所示。

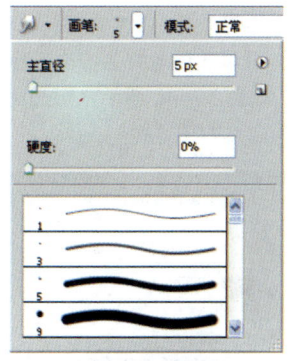

图8-430　设置画笔

图8-431　用涂抹工具涂抹头发的主要轮廓线

（6）绘制长枪

1 设置前景色为#4363f4，背景色为#f82f6，在【图层】调板中激活图层10，新建一个图层为图层13，如图8-432所示，接着用多边形套索工具将长枪选择，在工具箱中点选渐变工具，然后在画面中选区内拖动，以给选区进行渐变填充，填充渐变颜色后的效果如图8-433所示。

图8-432　新建一个图层

图8-433　对长枪进行渐变填充

2 在工具箱中点选加深工具，在画面中绘制出长枪的暗部颜色，如图8-434所示。

图8-434　用加深工具绘制长枪暗部

3 在工具箱中点选减淡工具，在画面中绘制出长枪的亮部，如图8-435所示。

图8-435　用减淡工具绘制长枪亮部

277

中文版Photoshop CS4手绘艺术技法

4 设置前景色为白色,使用多边形套索工具将枪尖勾选出来,按Alt+Del键填充前景色,得到如图8-436所示的效果。接着设置前景色为 #dbf4ff ,使用画笔工具在枪尖上绘制出稍暗的部位,绘制后的效果如图8-437所示。

图8-436 绘制枪尖

图8-437 绘制枪尖

5 按Ctrl+D键取消选择,设置前景色为 #e8815d ,使用多边形套索工具勾选出内裙下方的阴影,按Alt+Delete键填充前景色,得到如图8-438所示的效果,按Ctrl+D键取消选择。

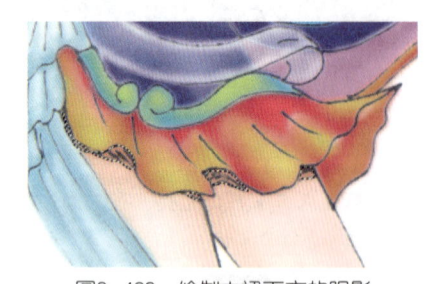

图8-438 绘制内裙下方的阴影

6 在【图层】调板中激活轮廓线所在的图层1,在工具箱中点选橡皮擦工具,然后在画面中将内裙下方的阴影线擦除,擦除后的效果如图8-439所示,再按Ctrl+S键将其存盘并命名为美少女战士。

图8-439 用橡皮擦工具将内裙下方的阴影线擦除

(7) 添加背景

1 在【图层】调板中激活"绘制肤色"图层,隐藏图层2与背景层,然后按Ctrl+Alt+Shift+E键将所有可见图层合并为一个新图层(如:图层14),如图8-440所示,打开前面已经绘制好的风景画,如图8-441所示。

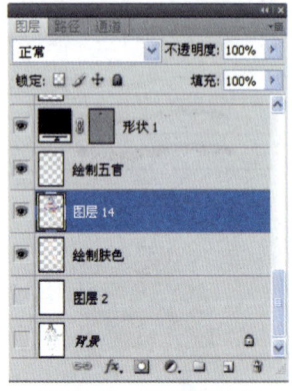

图8-440 【图层】调板

图8-441 打开的风景画

2. 激活刚绘制的美少女战士文件，在图层14上右击，在弹出的快捷菜单中选择【复制图层】命令，在弹出的【复制图层】对话框中设置【文档】为风景画_2.psd，如图8-442所示，其他不变，单击【确定】按钮，即可将合并的新图层内容复制到风景画_2.psd文件中，结果如图8-443所示。

图8-442　复制图层

图8-443　复制图层后的结果

3. 将美少女战士文件关闭，并不保存修改，再激活风景画_2.psd，按Ctrl+T键执行【自由变换】命令，并在选项栏中设置参数为W: 50.0% H: 50.0%，将变换框缩小，再在【编辑】菜单中执行【变换】→【水平翻转】命令，将美少女进行水平翻转，并移动到适当位置，如图8-444所示，然后在变换框中双击确认变换。

图8-444　变换调整人物

4. 在工具箱中点选裁剪工具，在画面中拖出一个裁掉框，在选项栏中选择【隐藏】选项，如图8-445所示，在裁剪框中双击确认裁剪，得到如图8-446所示的效果。

图8-445　用裁剪工具裁剪画面

图8-446　裁剪后的画面

5. 按D键将前景色与背景色设为默认值，按Ctrl+J键复制图层5为图层5副本，如图8-447所示，在【图层】调板中激活图层5，在其中单击（锁定透明像素）按钮，将透明像素锁定，然后按Alt+Del键填充前景色，结果如图8-448所示。

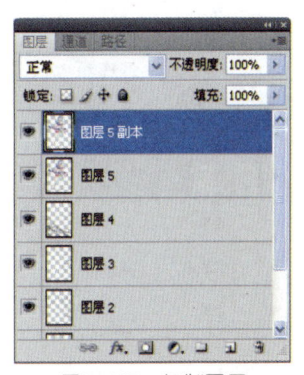

图8-447　复制图层

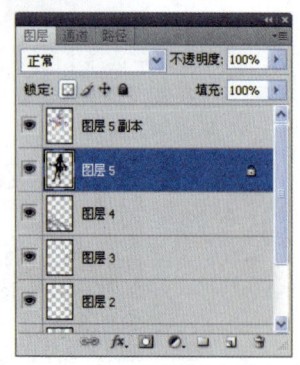

图8-448　锁定透明像素并填充颜色

6 按 Ctrl+T 键执行【自由变换】命令，按 Ctrl 键将变换框的四个角控制点分别拖动到适当位置，对黑影进行透视调整，调整后的结果如图 8-449 所示。

图8-449　变换调整投影

7 在【图层】调板中单击 ■（添加图层蒙版）按钮，给图层 5 添加图层蒙版，如图 8-450 所示，在工具箱中点选画笔工具，并在选项栏中设置【不透明度】与【流量】均为 100%，然后在画面中将不需要的投影擦除，擦除后的效果如图 8-451 所示。

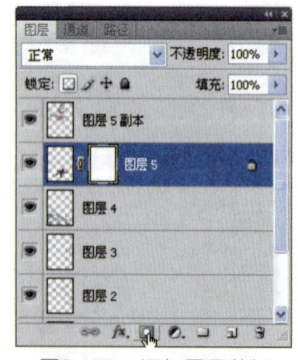

图8-450　添加图层蒙版

图8-451　修改蒙版后的效果

8 在画笔工具的选项栏中设置【不透明度】为 50%，在画面中投影上进行涂抹，隐藏一部分投影，涂抹后的效果如图 8-452 所示。

图8-452　修改蒙版后的效果

9 在【图层】调板中激活图层 5 副本，在工具箱中点选 ■ 减淡工具，然后在画面中长枪的樱上进行涂抹，以将其颜色减淡，减淡颜色后的效果如图 8-453 所示。这样，我们的作品就绘制好了。

图8-453　最终效果图

8.10 本章小结

本章简要介绍了什么是商业绘画。重点讲解了如何使用 Photoshop 中的画笔工具、椭圆选框工具、描边、填充、钢笔工具、路径选择工具、将路径作为选区载入、用画笔描边路径、创建新图层、图层不透明度、高斯模糊、羽化、加深工具、减淡工具、涂抹工具、云彩、分层云彩、反选、取消选择、多边形套索工具、通过拷贝的图层、自由变换、水平翻转、球面化、移动工具、混合模式、光照效果、添加图层蒙版、横排文字工具、投影、参考线、存储选区、载入选区、合并图层、旋转 90 度（顺时针）、斜切、曲线、矩形工具、直接选择工具、垂直翻转、直线工具、渐变工具、橡皮擦工具、打开、合并所有可见图层、复制图层、画笔调板、放大、缩小、裁剪工具、路径调板等工具与命令来绘制商业绘画。

8.11 上机练习题

根据本章所学内容将如图 8-454 所示的封面设计制作出来。其操作流程图如图 8-455 所示。

图8-454 制作好的封面设计

① 打开的背景图片
② 添加背景图片
③ 添加背景图片，并应用图层混合模式
④ 给两侧添加渐变方形
⑤ 添加主题人物
⑥ 添加文字，并应用图层样式

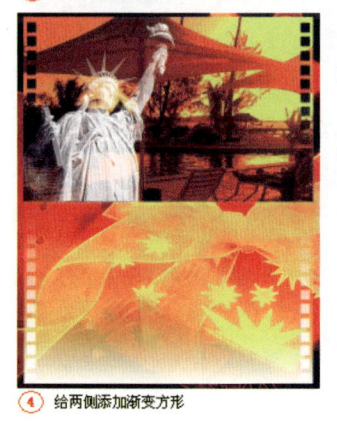

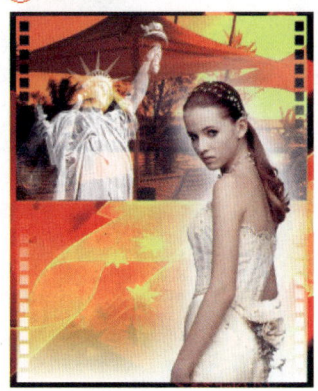

图8-455 制作封面设计的流程图